mitp EDITION PROFIFOTO
MAGAZIN FÜR PROFESSIONELLE FOTOGRAFIE

W0322651

Astrofotografie

Blick zum Himmel mit der digitalen Kamera

Roland Störmer

Bibliografische Information der Deutschen Nationalbibliothek

Die Deutsche Nationalbibliothek verzeichnet diese Publikation in der Deutschen Nationalbibliografie; detaillierte bibliografische Daten sind im Internet über <http://dnb.d-nb.de> abrufbar.

Bei der Herstellung des Werkes haben wir uns zukunftsbewusst für umweltverträgliche und wiederverwertbare Materialien entschieden. Der Inhalt ist auf elementar chlorfreiem Papier gedruckt.

ISBN 978-3-8266-9484-4
2. Auflage 2013

www.mitp.de

E-Mail: kundenservice@hjr-verlag.de
Telefon: +49 6221 / 489 -555
Telefax: +49 6221 / 489 -410

© 2013 mitp, eine Marke der Verlagsgruppe Hüthig Jehle Rehm GmbH Heidelberg, München, Landsberg, Frechen, Hamburg

Dieses Werk, einschließlich aller seiner Teile, ist urheberrechtlich geschützt. Jede Verwertung außerhalb der engen Grenzen des Urheberrechtsgesetzes ist ohne Zustimmung des Verlages unzulässig und strafbar. Dies gilt insbesondere für Vervielfältigungen, Übersetzungen, Mikroverfilmungen und die Einspeicherung und Verarbeitung in elektronischen Systemen.

Die Wiedergabe von Gebrauchsnamen, Handelsnamen, Warenbezeichnungen usw. in diesem Werk berechtigt auch ohne besondere Kennzeichnung nicht zu der Annahme, dass solche Namen im Sinne der Warenzeichen- und Markenschutz-Gesetzgebung als frei zu betrachten wären und daher von jedermann benutzt werden dürften.

Lektorat: Katja Völpel
Sprachkorrektorat: Petra Heubach-Erdmann
Covergestaltung: Christian Kalkert
Satz: III-Satz, Husby, www.drei-satz.de
Druck: Medienhaus Plump GmbH, Rheinbreitbach
Bildnachweis: Roland Störmer

mitp

Inhalt

Inhalt

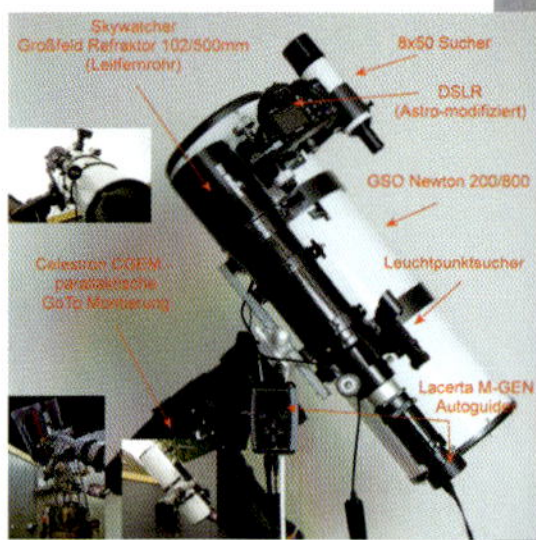

Kapitel 3

Kapitel 4

Inhalt

Kapitel 5

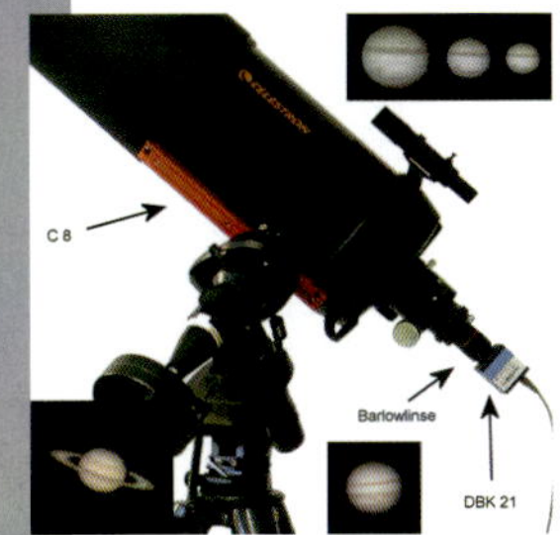

Kapitel 6

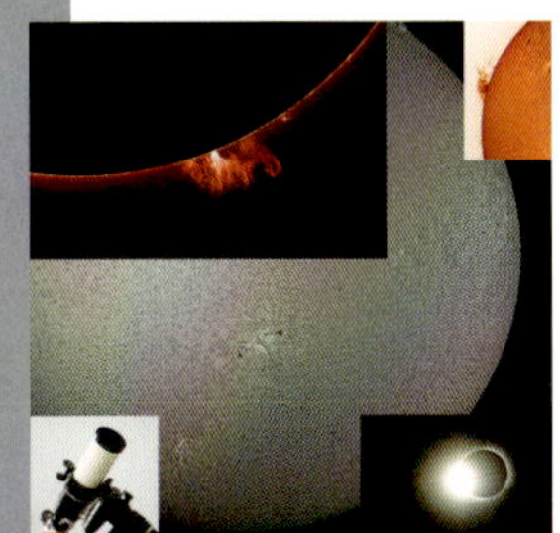

Inhalt

Inhalt

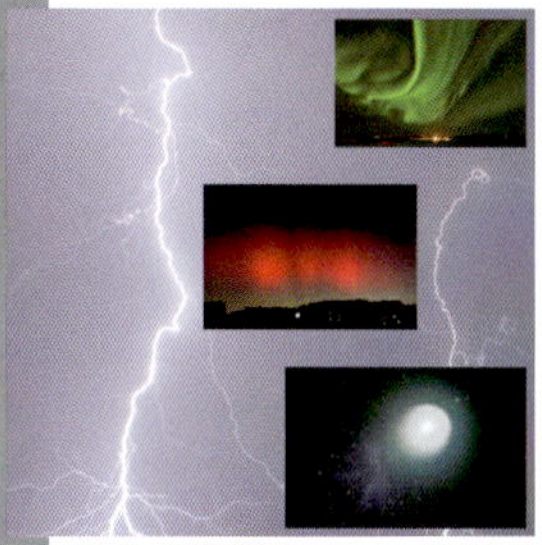

Vorwort

Wenn man die vielen faszinierenden Bilder unseres Weltalls z.B. im Internet, im Fernsehen oder in Büchern sieht, ist man sofort in den Bann gezogen. Manch einer fragt sich: Kann ich das auch? Ich sage Ihnen: Ja! Natürlich wird man nie die Qualität der Bilder eines Hubble-Teleskops erreichen. Aber wenn man, nach einigem Üben, es plötzlich schafft, Gaswolken oder Nebel abzulichten, die man teilweise noch nicht einmal durch ein Teleskop erblicken kann, oder die Wolkenstruktur des Jupiters, die Krater des Mondes oder die Protuberanzen der Sonne – dann ist man begeistert und motiviert, mehr zu versuchen. Jedes noch so unscheinbare Bild, das man selber von den Schönheiten des Universums gemacht hat, gewinnt an Bedeutung. Bedeutung für einen selbst, da man weiß: Man hat es selbst gemacht. Man war dabei. Draußen in der Nacht, irgendwo auf dem Feld oder dem Balkon und hat etwas Besonderes erlebt. Die Unendlichkeit und Größe des Universums wird einem bewusst – sowie man sich nur etwas mit der Astronomie und Astrofotografie beschäftigt – und dann erkennt man, wie klein unsere Welt doch ist.

Ich möchte in diesem Buch nicht nur meine bescheidenen Erfolge in der Astrofotografie zeigen, sondern dem aufmerksamen Leser erklären, wie es zu den Bildern kam bzw. welchen Weg ich gegangen bin, um zu dem jeweiligen Ergebnis zu kommen. Genauer ausgedrückt ist es ein Kochbuch. Die Rezepte darin sollen zum Nachmachen animieren und dem Anfänger in der Astrofotografie erste Wege zum eigenen Astrofoto aufzeigen. Sicherlich ist die Art und Weise, wie ich ein solches Fotothema angehe, nicht immer die gleiche, wie sie in Lehrbüchern oder Workshops erklärt wird, aber viele Wege führen ja bekanntlich nach Rom – somit auch zum Astrobild. Welche Wege ich da beschreite, zeige ich hier ausführlich – aber ich beginne mal ganz von vorne …

Es war der 21. Februar 2008, der mein Leben und das meiner Familie prägend verändert hat. An diesem Tag, genauer: in dieser Nacht war für den deutschen Raum eine totale Mondfinsternis angekündigt. Im Hinblick auf das kommende Ereignis kaufte ich mir etwa zwei Wochen zuvor ein kleines Teleskop (auf einer wackeligen Montierung). Ich wollte unbedingt die Mondfinsternis ablichten – ohne genau zu wissen, wie man das macht. Um es vorwegzunehmen, die Nacht war sehr lang und sehr wolkenreich, zeitweise hatte es sogar geregnet. Vom Mond und somit von der Mondfinsternis war fast nichts zu sehen. Ich hatte aber bis zuletzt die Hoffnung nicht aufgegeben und mein Teleskop mit der daran angeschlossenen digitalen Spiegelreflexkamera stand aufnahmebereit in der Einfahrt vor unserem Haus.

Die totale Verfinsterung war für 4.26 Uhr angekündigt. Eine lange Zeit bis dahin. Für 2.43 Uhr war der Eintritt in den Erdschatten angekündigt, das heißt, ab diesem Zeitpunkt wollte ich Fotos machen. Leider war es so sehr bewölkt, dass ich den Mond kaum finden konnte. Ich ließ das Teleskop also aufnahmebereit vor dem Haus stehen und ging ins Wohnzimmer zum PC. Und genau das war es, was diese Nacht so besonders für mich machte. Ich fand im Internet eine Seite, wo ein User eine Live-Schaltung bereitstellte, um alle Zuschauer an der Mondfinsternis teilhaben zu lassen. Zu sehen war ein aufgebautes Teleskop, mitten auf einem Feld. Dahinter ein Pkw-Kombi mit aufgeklappter Heckklappe. Im Kofferraum des Kombis saß der Besitzer des Teleskops und stellte mittels Webcam den aktuellen Status der Mondfinsternis ins Internet. In dieser Nacht war es sehr kalt. Der Mann im offenen Kombi hatte Decke und Heißgetränk dabei. Doch was war zu sehen? Die Live-Bilder, die die Webcam zeigte, sahen genauso aus wie bei mir zu Hause: Wolken über Wolken. Kein Mond. Ich machte mir auch ein Heißgetränk (Pfefferminztee) und schaute nach meinem Teleskop. Tatsächlich lugte zeitweise der Mond aus den Wolken hervor. Es war aber noch zu früh, um eine deutliche Verdunkelung zu erkennen, also ging ich wieder zum PC, um den Live-Bericht zu verfolgen. Es war mittlerweile so, dass viele andere User sich diesen Live-Bericht vom Mann im Kombi auch ansahen und dies fleißig im Forum diskutierten. Es war ein angenehmer reger Austausch. Ich habe auch daran teilgenommen und schon fast vergessen, dass draußen noch mein Teleskop mit der Kamera wartete. Als es bei dem Mann mit dem Kombi anfing zu regnen – nein, es goss wie aus Eimern –, erinnerte ich mich wieder daran, was ich eigentlich in dieser Nacht machen wollte …

Also hinaus zum Teleskop und siehe da, der Mond war zwischen den Wolken aufgetaucht und zur Hälfte verfinstert. Schnell machte ich einige Aufnahmen mit den unterschiedlichsten Einstellungen. Das Problem, das ich als Anfänger hatte, war, dass ich das Teleskop nicht richtig zur optimalen Nachführung ausgerichtet hatte, der Mond sich also schneller aus meinem Gesichtsfeld und somit dem der Kamera bewegte, als es mir lieb war. Ich setzte daher die ISO-Zahl der Kamera hoch, um eine noch einigermaßen kurze Verschlusszeit verwenden zu können. Gegen 4.05 Uhr war wieder alles dicht und es fing an zu regnen. Die totale Verfinsterung hatte ich somit nicht mehr erlebt. Aber ich war damit nicht alleine. Viele Astrofotografen standen in dieser Nacht draußen (bei minus zehn Grad) und waren sicherlich genauso enttäuscht wie ich.

Am nächsten Tag wertete ich meine Bilder aus. Eines davon schickte ich an eine Astrozeitschrift zu einem Wettbewerb (Abbildung 1.1 in Kapitel 1). Ich belegte den ersten Platz. Bestimmt nicht, weil mein Foto so gut war – sondern vielmehr, weil ich (vielleicht) der einzige Teilnehmer des Wettbewerbs war, der beim Auslösen der Kamera eine kleine Wolkenlücke hatte.

So begann mein Interesse an der Astrofotografie ...

Am 15. Juni 2011 verkündeten die Medien: Blutmond über Deutschland! Eine Mondfinsternis über Deutschland wurde sensationell angekündigt. Allerdings hatten nur die wenigsten Zuschauer Glück. Genauso wie am 21. Februar 2008 spielte das Wetter wieder nicht mit.

3 1/4 Jahre später also das gleiche Wolken-Desaster. Ich war aber nicht der Einzige, der statt Blutmond nur Wolken gesehen hat, die Fernsehsender verkündeten in den Nachrichten von der schlechten Sicht und des somit »ausgefallenen« Blutmondes über Deutschland. Ein schwacher Trost. Gegen 23.40 Uhr packte ich meine Fotoausrüstung ein und ging ins Haus. Sehnsuchtsvoll noch ein kurzer Blick zum Himmel ... und ...

Zu sehen war ein rechts angeknabberter Vollmond. Unser Erdmond schaute für einen kurzen Moment aus der dichten Wolkendecke hervor. Am rechten Mondrand war noch ein Teil der Verfinsterung zu sehen. Ohne Vorbereitung, ohne Teleskop, machte ich schnell ein paar Fotos. Wenn auch nicht gerade schön, aber als Erinnerung sollten diese Fotos reichen ... (Abbildung 1.2 in Kapitel 1)

Dieses Buch, das Sie in den Händen halten, ist nicht nur eine zweite überarbeitete Auflage, sondern mit den vielen zahlreichen neuen Bildern und neuen Kapiteln ein ideales Buch für den Einstieg in die Astrofotografie.

Roland Störmer

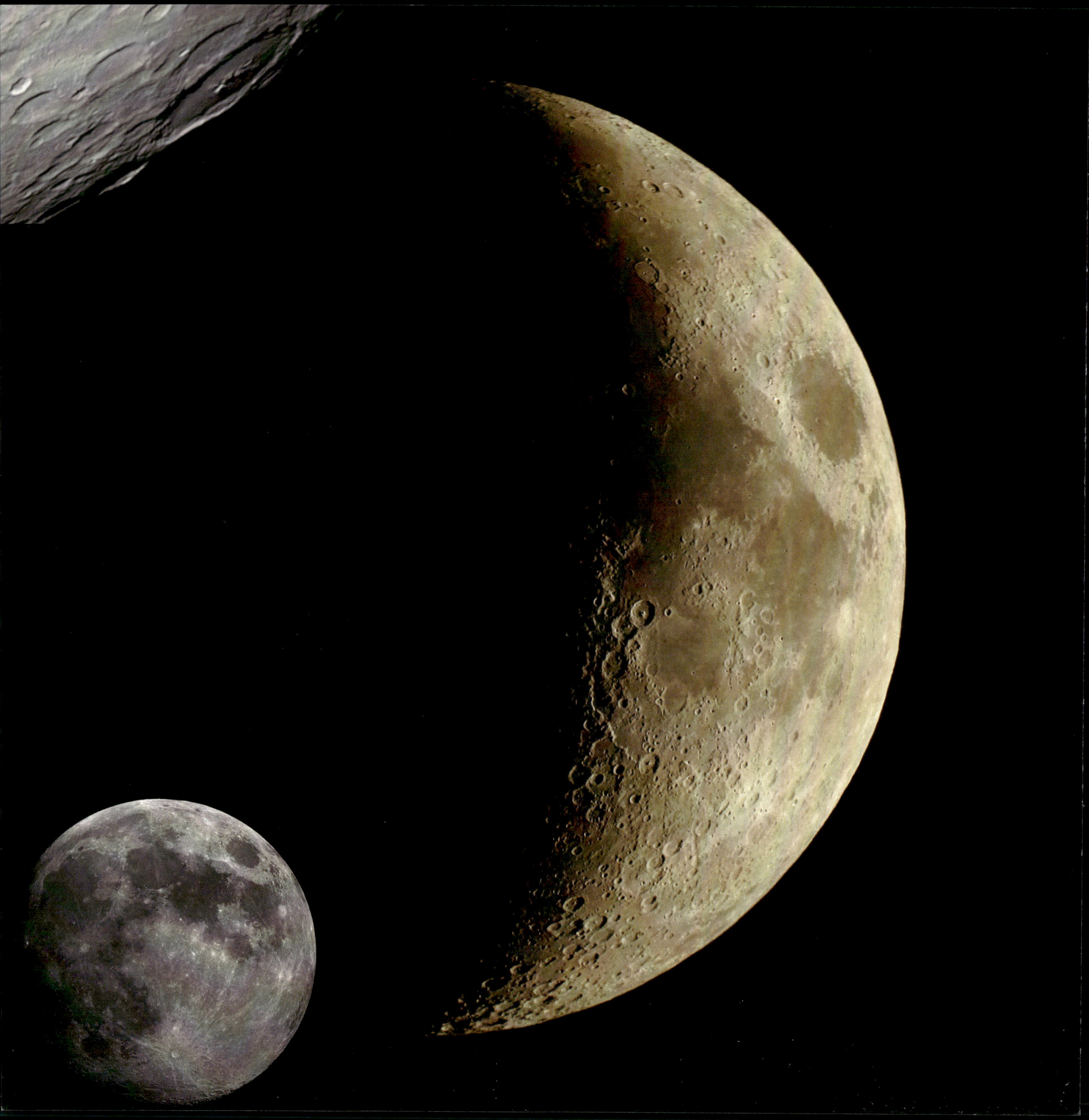

KAPITEL 1
Mondfotografie

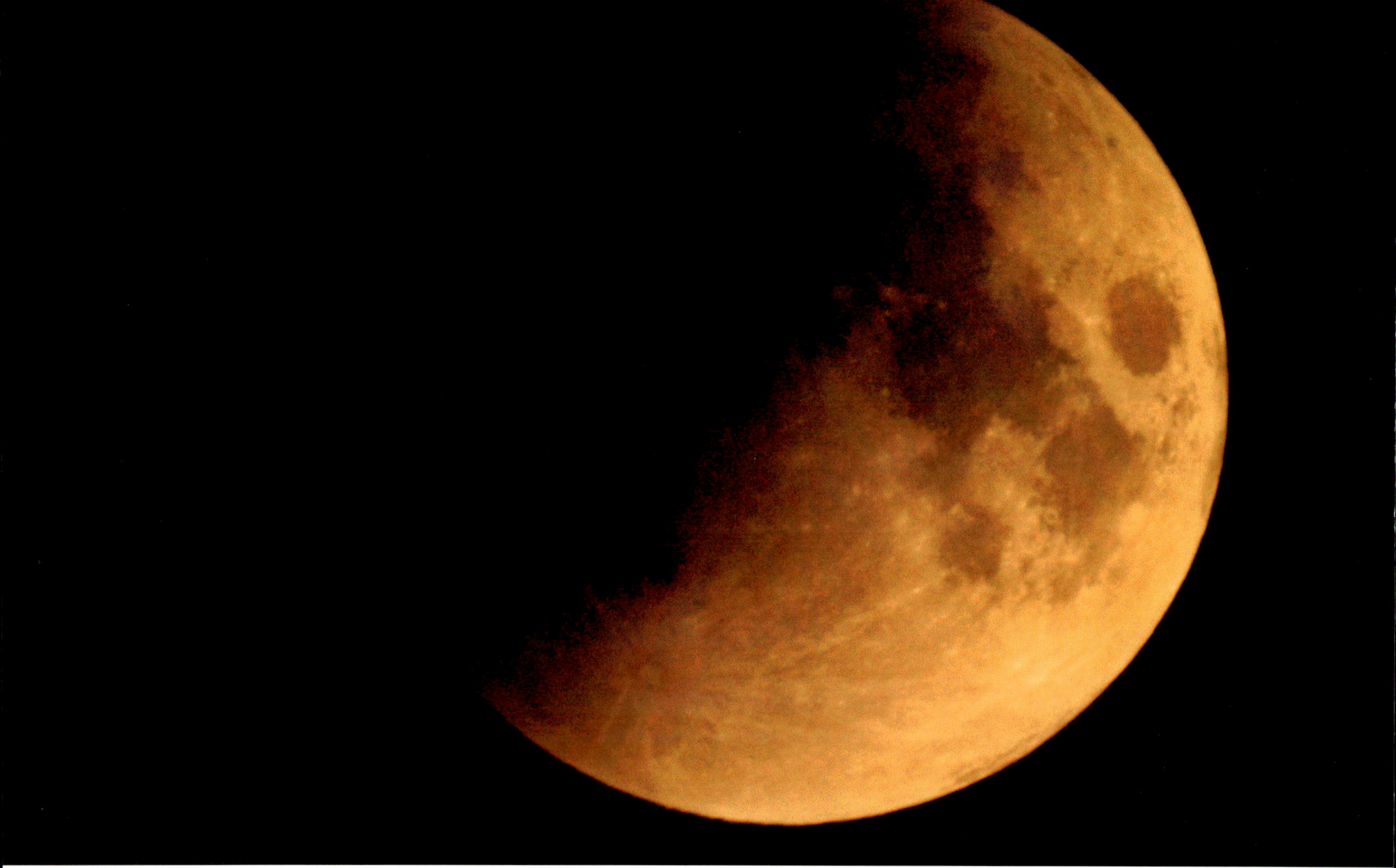

Abbildung 1.1
Mondfinsternis vom 21.02.2008 um 3.00 Uhr

Der einzige natürliche Satellit unserer Erde ist *Luna* (lat.): der Mond. Oftmals auch als Erdmond bezeichnet. Er ist mit einem Durchmesser von 3.476 km etwa 3,7-mal kleiner als unsere Erde. Der Erdmond umkreist in einer Ellipse die Erde in ca. 28 Tagen, dabei variiert der Abstand zwischen Erde und Mond von ca. 356.000 km bis 406.700 km.

Starten wird dieses Kapitel mit der Fotografie einer Mondfinsternis.

Wird der Mond vom Halb- oder Kernschatten der Erde teilweise oder ganz bedeckt, spricht man von einer Mondfinsternis. Halbschattenfinsternisse sind nur wenig auffällig (Abbildung 1.1) und daher für die Fotografie unbedeutend.

Die totale und die teilweise Mondfinsternis, bei denen der Mond vom Kernschatten der Erde bedeckt wird, sind die fotografisch interessantesten.

1.1 MONDFINSTERNIS – MONDFOTOGRAFIE

Eine Mondfinsternis gehört sicherlich zu einem der eindrucksvollsten Schauspiele am Himmel. Eine Mondfinsternis ist selten, oftmals liegen mehrere Jahre zwischen zwei Finsternissen. In unseren Breiten sind diese dazu noch oft, wie schon im Vorwort beschrieben, von Wolken verdeckt. Sie sollten daher, wenn möglich, versuchen, dieses Naturschauspiel zu erleben.

Wohl kaum einer, der schon mal das prächtige Farbenspiel einer Mondfinsternis erleben konnte, würde auf ein Foto verzichten, wenn er eine Kamera zur Hand hat. Die Fotografie von Mondfinsternissen bedarf keiner Spezialausrüstung bereits mit handelsüblichen Digitalkameras lässt sich das Ereignis eindrücklich festhalten. Es ist auch nicht unbedingt erforderlich, ein Teleskop zu besitzen, obwohl Sie mit einem (elektrisch) nachgeführten Teleskop die Belichtungszeit deutlich verlängern können. Dies ist besonders bei längeren Brennweiten nützlich. Aber auch eine auf einem Fotostativ befestigte Kamera erlaubt schon brauchbare Ergebnisse, wenn man sich an einige Regeln hält.

Da der Mond, wie unsere Sterne, sich von Osten nach Westen bewegt, werden Mondfotos bei längerer Belichtungszeit unscharf. Sie müssen also, der Brennweite entsprechend, eine passende kurze Belichtungszeit wählen, um der Mondbewegung entgegenzuwirken. Je größer die gewählte Brennweite, desto kürzer muss die Belichtung sein, damit der Mond scharf abgebildet wird.

Hier einige Beispiele von maximal möglichen Belichtungszeiten, wenn die Kamera nicht nachgeführt wird und noch ein scharfes Mondbild erreicht werden soll:

Brennweite	Belichtungszeit
28 mm	20 Sekunden
50 mm	8 Sekunden
100 mm	4 Sekunden
300 mm	1 Sekunde

Ab etwa 500 Millimeter Brennweite ist eine Nachführung der Optik erforderlich.

Während der Totalität einer Mondfinsternis ist die Belichtungszeit sehr schwer einzuschätzen. Es empfiehlt sich daher, eine Belichtungsreihe mit verschiedenen Belichtungszeiten anzufertigen. Damit überhaupt noch genügend Licht auf den Chip der Kamera gelangt, muss oftmals mit einer großen Blende (kleine Blendenzahl) gearbeitet werden. Reicht das Licht immer noch nicht, können Sie vorsichtig den ISO-Wert (Empfindlichkeit) erhöhen. Doch hierbei ist Vorsicht geboten. Ein zu hoher ISO-Wert (über 400) führt zu Bildrauschen, was nicht gewünscht ist. Durch einen Trick lässt sich das Bildrauschen reduzieren: Sie machen schnell hintereinander mehrere Bilder. Diese werden mittels einer Spezialsoftware (Avistack 2, RegiStax 5/6, Fitswork 4) addiert und gemittelt. Das Rauschen wird bei diesem Prozess stark reduziert. Wenn vorhanden, sollte, um Erschütterungen an der Kamera zu vermeiden, ein Fernauslöser benutzt werden. Hat die Kamera dafür keinen Anschluss oder ist ein solcher Fernauslöser nicht vorhanden, kann man auch mit dem Selbstauslöser der Kamera arbeiten.

Abbildung 1.1 zeigt die im Vorwort beschriebene Mondfinsternis vom 21.02.2008.

Der zeitliche Ablauf der Mondfinsternis war wie folgt:

- *01.35 Uhr* *Eintritt in den Halbschatten*
- *02.10 Uhr* *Sichtbarkeitsbeginn*
- *02.43 Uhr* *Eintritt in den Kernschatten*
- *04.01 Uhr* *Beginn der totalen Phase*
- *04.26 Uhr* *Maximale Verfinsterung*
- *04.51 Uhr* *Ende der totalen Phase*

Das schlechte Wetter in dieser Nacht hat aus der Mondfinsternis eine Wolkenfinsternis gemacht.

Trotz Schleierwolken über Deutschland war allerdings die partielle Mondfinsternis vom 16.08.2008 (Abbildung 1.2 bis Abbildung 1.4) sehr gut zu beobachten.

Abbildung 1.2
Mondfinsternis vom 16.08.2008 um 23.00 Uhr

Der zeitliche Ablauf der Mondfinsternis war wie folgt:

21.00 Uhr MESZ Sichtbarkeitsbeginn
21.36 Uhr MESZ Eintritt in den Kernschatten
23.10 Uhr MESZ Maximale Verfinsterung 81%
00.45 Uhr MESZ Austritt aus dem Kernschatten
01.20 Uhr MESZ Sichtbarkeitsende

Abbildung 1.5 zeigt die im Vorwort beschriebene Mondfinsternis vom 15.06.2011.

Ähnlich wie bei einer partiellen Mondfinsternis können Sie den Mond im *Erdschein* – dem sogenannten aschgrauen Mondlicht – fotografieren. Bei schmaler Mondsichel erkennen Sie schon mit bloßem Auge, dass die Nachtseite des Mondes grau erscheint. Wenn Sonnenlicht von der Erde auf die Nachtseite des Mondes reflektiert wird, entsteht diese mystische Beleuchtung. Die Helligkeit des aschgrauen Mondlichts ist abhängig von der Größe der Mondsichel sowie der Höhe des Mondes.

Abbildung 1.3
Mondfinsternis vom 16.08.2008

Abbildung 1.4
Mondfinsternis vom 16.08.2008

Abbildung 1.5
Mondfinsternis vom 15.06.2011

Um mit einer digitalen Spiegelreflexkamera (DSLR) den Mond formatfüllend aufzunehmen, wird (bei einem Crop-Faktor des Kamerasensors von 1,6) eine Brennweite von ca. 1400 mm benötigt, für eine optimale Abbildung der Mondsichel sogar 2200 mm. Bei einer Vollformat-DSLR (ohne Crop-Faktor) ist sogar noch mehr Brennweite erforderlich. Gegebenenfalls müssen Sie mit einer Barlowlinse oder einem Telekonverter arbeiten, um die gewünschte Brennweite zu erhalten. Bei der Brennweitenverlängerung wird das Bild dunkler, das heißt, Sie müssen länger belichten oder den ISO-Wert der Kamera erhöhen. Ein zu hoher ISO-Wert führt wiederum zu Bildrauschen – das möglichst gering gehalten werden soll. Je nach Gegebenheit (Seeing) ist man gezwungen, hier einen Kompromiss einzugehen.

Ratsam ist es auch, Bilder mit unterschiedlichen Belichtungen anzufertigen und sich später das beste Bild herauszusuchen.

Abbildung 1.6
Mond im Erdschein

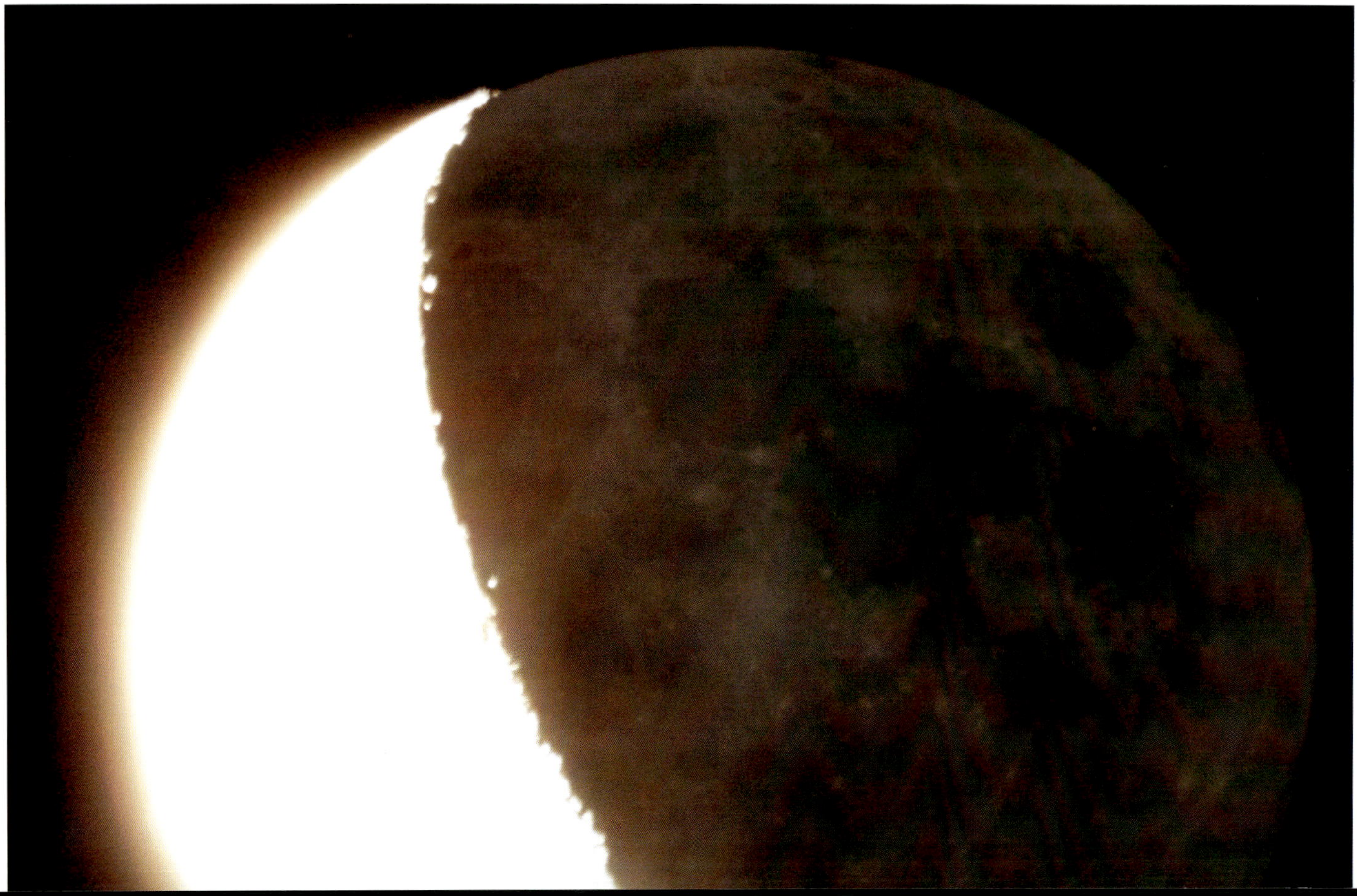

Abbildung 1.7
Mond im aschgrauen Licht am 24.09.2008

Bei so hohen Vergrößerungen ist es unumgänglich, dass das Teleskop nachgeführt wird (siehe Abschnitt 3.3). Möchte man ohne Nachführung arbeiten, muss eine kleinere Brennweite (zum Beispiel 500 mm) gewählt werden. Die Nachführung der Montierung sollte in einem solchen Fall mit Mondgeschwindigkeit laufen.

Der Erdschein ist mit ruhender Kamera (Stativ) eindrucksvoll fotografisch festzuhalten (Abbildung 1.5 und Abbildung 1.6).

Die Belichtungszeiten ähneln der bei einer partiellen Mondfinsternis. Zu rechnen ist mit 1–2 Sekunden bei Blende 1:4 und einer ISO-Empfindlichkeit von 200 bis 400. Wie schon erwähnt ist bei Aufnahmen ohne Nachführung das Limit, wenn die scheinbare Bewegung des Mondes nicht zu sehr stören soll, bei 500 mm Brennweite erreicht. Digitale Spiegelreflexkameras mit APS-C-Sensor haben meist einen Formatfaktor (auch Crop-Faktor genannt) von 1,5 bis 1,6 (Sensorformat ca. 22,5 mm × 15,0 mm). In diesem Fall sollte die Brennweite nicht länger als 300 Millimeter sein, da man sich durch den Formatfaktor schon im Bereich von 450 bis 480 mm bewegt.

Einmal im Monat ist, bei gutem Seeing (= Grad der Luftunruhe), der *Goldene Henkel* zu sehen. Bei einem Mondalter von etwa zehn Tagen verläuft der Terminator durch das *Sinus Iridum* hindurch. Der bogenförmige Wall und der Rand des *Jura-Gebirges* sind zur Hälfte beleuchtet. Etwa die Hälfte des *Maresbodens* in der Bucht liegt im Schatten. Der hell erleuchtete Gebirgsbogen des *Montes Jura* scheint in den Himmel hinauszuragen. Dies ist der *Goldene Henkel* – ein schönes Motiv für ein Foto (Abbildung 1.8).

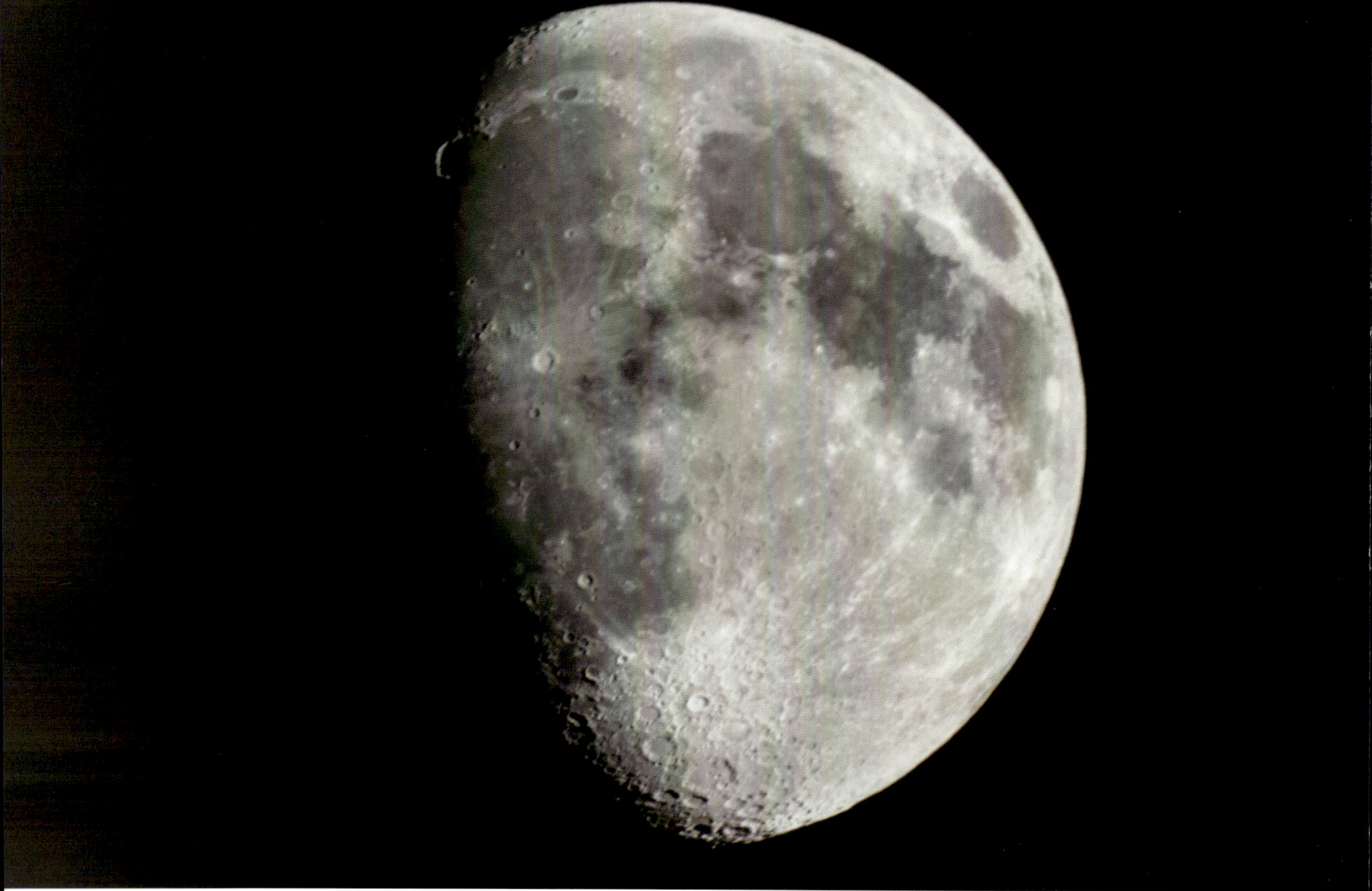

Abbildung 1.8
Oben links ist der Goldene Henkel zu sehen. Aufnahme vom 08.11.2008

Eine hohe Luftverschmutzung der Erdatmosphäre lässt den Mond oftmals auch rötlich erscheinen. So zum Beispiel Anfang 2010, als der isländische Vulkan *Eyjafjallajökull* ausbrach und seine Aschewolke über weiten Teilen Europas die Atmosphäre verschmutzte (Abbildung 1.9).

Ein weiteres lohnenswertes Motiv ist der *Mondaufgang*. Hierbei kann, je nach Wetterlage und Verschmutzung der Erdatmosphäre, eine fast gespenstische Szenerie entstehen.

Abbildung 1.9
Mond bei Luftverschmutzung durch den Vulkan Eyjafjallajökull

Abbildung 1.10
Mondaufgang am 28.06.2010 kurz vor Mitternacht. Aufgenommen mit 2880 mm Brennweite (KB)

High Dynamic Range Images

Möchten Sie ein Mondbild mit hohen Kontrasten und kräftigen Farben, bietet es sich an, ein HDR(I)-Bild zu erzeugen. HDRI bedeutet High Dynamic Range Images – Bild mit hohem Dynamikumfang; also ein Hochkontrastbild. In einem solchen Bild werden die in der Natur vorkommenden großen Helligkeitsunterschiede detailgetreu gespeichert. Herkömmliche digitale Bilder – die sogenannten Low Dynamic Range Images (LDRI) – sind dazu nicht in der Lage.

Ein normales Foto kann einen Kontrastumfang von bis zu 1:1.000 haben. Ein HDR(I)-Bild ist eine Bilddatei, deren Tonwerte einen Kontrastumfang von über 1:10.000 darstellen kann. Zur Gewinnung eines HDRI ist entweder eine Spezialkamera oder eine Rekonstruktion verschieden belichteter LDRI (Belichtungsreihe) am Computer erforderlich. Dazu fertigt man von ein und demselben Motiv eine Belichtungsreihe von mehreren (meist fünf) Fotos an. Diese sollten in der Regel um je eine Blendenstufe unter- bzw. überbelichtet sein. Eine Belichtungsreihe könnte wie folgt aussehen: -2, -1, 0, +1, +2 Blendenstufen. Um bei der Erstellung der Belichtungsreihen deckungsgleiche Bilder zu erhalten, sollte unbedingt ein Stativ verwendet werden (was bei Mondaufnahmen ohnehin erforderlich ist).

Abbildung 1.11
Aufnahme vom 17.02.2008

1.2 MONDKRATER – WEBCAM-FOTOGRAFIE

Eine Methode, hohe Vergrößerungen der Mondoberfläche zu erhalten, ist die Okularprojektion. Bei der Okularprojektion wird die Kamera (digitale Spiegelreflex), ohne Objektiv, mit einem T2-Adapter hinter dem Okular befestigt (siehe Abschnitt 4.2). Diese Vorgehensweise stellt hohe Ansprüche an die Nachführgenauigkeit der Montierung. Viel einfacher und ebenso groß vergrößernd ist die Aufnahme mit einer Webcam oder CCD-Kamera. Die Arbeitsweise mit einer Webcam oder CCD-Kamera ist grundlegend anders als bei der Okularprojektion:

Abbildung 1.12
Mosaikaufnahme vom 29.08.2012

Mondkrater werden idealerweise mit einer entsprechenden Kamera gefilmt und nicht fotografiert. Ich verwende dazu aktuell eine DMK41 (USB-CCD-Monochrome-Kamera, Imaging Source), die statt des Okulars am Teleskop angeschlossen wird. Früher kam eine DMK21 sowie eine Philips-SPC900NC-Webcam zum Einsatz. DMK-Industriekameras sowie Webcams setzen sich in der Mondfotografie immer mehr gegen andere Aufnahmesysteme durch. Das hat seinen guten Grund. Diese Kameras haben einen kleinen CCD-Sensor und nehmen anstelle eines Bildes einen Film mit gleich mehreren Tausend Bildern auf.

CCD-Kameras bieten eine hervorragende Schärfe, wie Sie in dem Mosaikbild in Abbildung 1.12 erkennen können.

Die so gewonnenen Filme werden mit einer astronomischen Software in Einzelbilder zerlegt, die besten davon ausgerichtet und überlagert. Das überlagerte Bild kann dann zum Beispiel mit dem Wavelet-Filter geschärft und entrauscht werden. Aus den gewonnenen überlagerten Fotos lassen sich auch Mosaike des gesamten Mondes erstellen. Sie benötigen dann natürlich für jede Mondregion einen entsprechenden Film. Diese sollten alle die gleiche Belichtung haben, damit die überlagerten Einzelbilder später auch zusammengesetzt werden können. Eine relativ gut polar ausgerichtete Montierung (siehe Abschnitt 3.2) wird bei Mosaikaufnahmen empfohlen, damit bei längeren Aufnahmeserien die Bilder sich nicht gegeneinander verdrehen.

Abbildung 1.13 bis Abbildung 1.16 zeigen weitere Mosaikbilder.

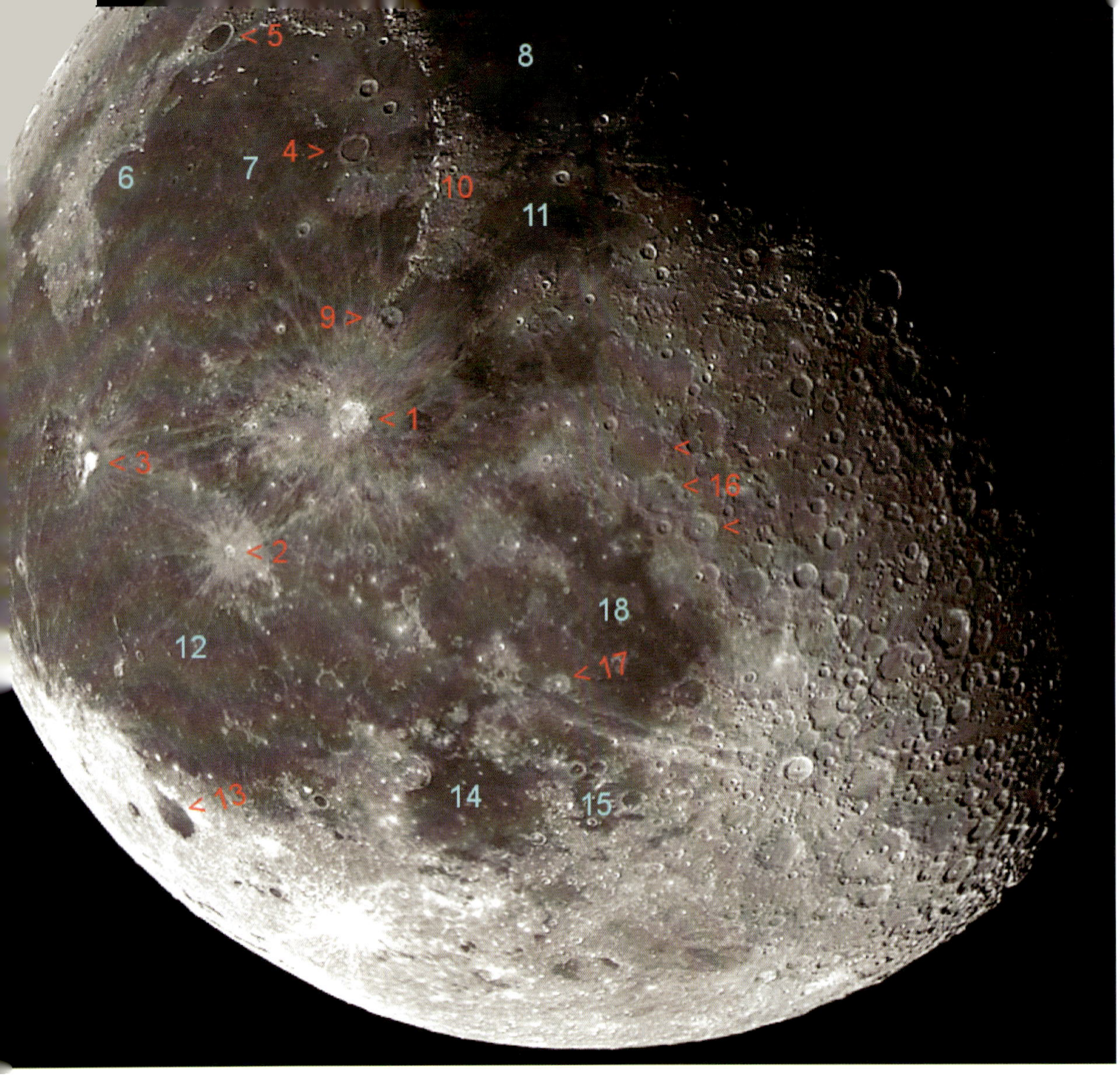

Abbildung 1.13
Mondmosaik vom 09.10.2009. DMK21 am Skywatcher ED 102/900 mm, IR- und Grünfilter

Legende Abbildung 1.13

1. *Copernicus*
2. *Kepler*
3. *Aristarchus / Herodotus*
4. *Archimedes*
5. *Plato*
6. *Regenbogenbucht*
7. *Regenmeer*
8. *Meer der Heiterkeit*
9. *Erastohenes*
10. *Appeninen*
11. *Meer der Dünste*
12. *Ozean der Stürme*
13. *Grimaldi*
14. *Meer der Feuchtigkeit*
15. *Sumpf der Seuchen*
16. *Alphonsus / Arzachel / Ptolemaeus*
17. *Boulliau*
18. *Wolkenmeer*

Abbildung 1.14
Mondmosaik vom 22.10.2012. DMK 41 am Skywatcher ED120/900 mm, IR- und Grünfilter

Abbildung 1.15
Mondmosaik vom 23.10.2012. DMK 41 am Skywatcher ED120/900 mm, IR- und Grünfilter

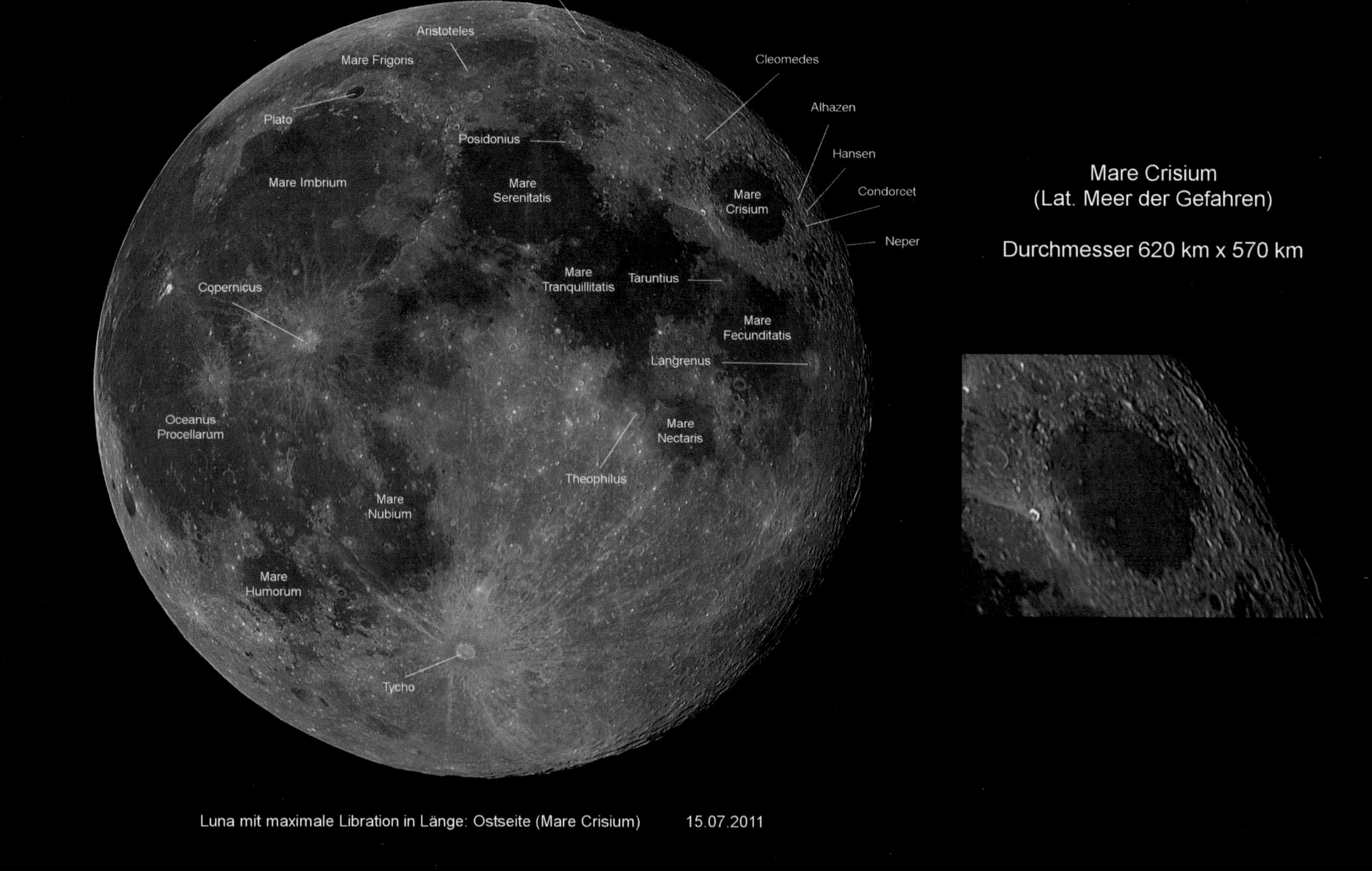

Abbildung 1.16
Mondmosaik vom 15.07.2011. Mare Crisium

Barlowlinse

Möchten Sie die Brennweite und somit die Vergrößerung eines Teleskops erhöhen, bietet sich die Verwendung einer Barlowlinse an. Bei der Barlowlinse – die nach ihrem Erfinder Peter Barlow benannt wird – handelt es sich um eine Zerstreuungslinse, die je nach Bauart die Brennweite verdoppelt, verdreifacht oder gar noch mehr erhöht. Es gibt auch Barlowlinsen mit variabler Vergrößerung.

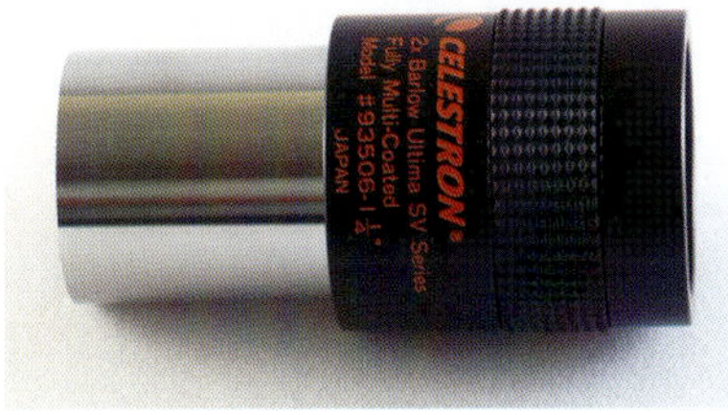

Abbildung 1.17
Die Abbildung zeigt eine 2x-Barlow der Größe 1,25".

1.3 DIE FILMAUFNAHME

Für die hochauflösende Fotografie von Mondkratern mit einer Webcam oder CCD-Kamera wird, wie schon erwähnt, ein nachgeführtes polar ausgerichtetes Teleskop benötigt (Aufstellung und Ausrichtung werden in Abschnitt 3.2 und 3.3 beschrieben).

Mit dem Sucher zentrieren Sie das Teleskop auf die Mondmitte. Anschließend stellen Sie das Okular scharf und suchen die Region auf, die Sie fotografieren bzw. filmen möchten. Haben Sie diese gefunden, tauschen Sie das Okular gegen die Webcam oder CCD-Kamera aus (siehe auch Abschnitt 4.3), die an einem PC oder Laptop angeschlossen ist. Ich empfehle die Verwendung eines IR-UV-Sperrfilters (Abbildung 1.18) vor dem Kamerachip. Um den Kontrast zu steigern, ist bei SW-Aufnahmen auch ein Grün-Filter (Abbildung 1.19) angebracht.

Abbildung 1.18
IR-UV-Sperrfilter

Abbildung 1.19
Grün-Filter zur Kontraststeigerung

Das Bild der Mondoberfläche sollte nun in der Vorschau des jeweiligen Aufnahmeprogramms am PC oder Laptop zu sehen sein. In den meisten Fällen muss zuerst die Schärfe nachgestellt werden. Bei der Philips-SPC900NC-Webcam hat sich *Giotto* als Aufnahmesoftware bewährt, bei der DMK 21 und DMK 41 das der Kamera beiliegende Aufnahmeprogramm IC-Capture.

Belichtungszeit und Bildfolge

Solange es nicht zur Überbelichtung führt, gilt: Je mehr Licht, desto besser. Versuchen Sie daher, eine längere Belichtungszeit zu wählen, was allerdings bei schlechtem Seeing nicht immer möglich ist. Wichtig ist auch die Kombination aus der Bilderzahl pro Sekunde und der Belichtungszeit. Gute Einstellungen wären hier 15 fps in Kombination mit 1/15 s Belichtung. Arbeiten Sie mit einer Webcam, sollten allerdings nur 5 fps gewählt werden, da nur so unkomprimierte Bilder schnell genug durch den Flaschenhals des USB-Kabels zum Computer weitergeleitet werden. Die DMK-Kameras sind da schon besser geeignet. Ich habe sogar mit 30 fps gute Ergebnisse erzielt.

Verstärkung

Mit der Verstellung des Gain-Wertes (Punkt 3 in Abbildung 1.20) wird die Verstärkung des Bildsignals bewirkt. Diesen Regler sollte man nur so weit wie nötig erhöhen, da eine zu starke Verstärkung zu übermäßigem, nicht gewolltem Bildrauschen führt.

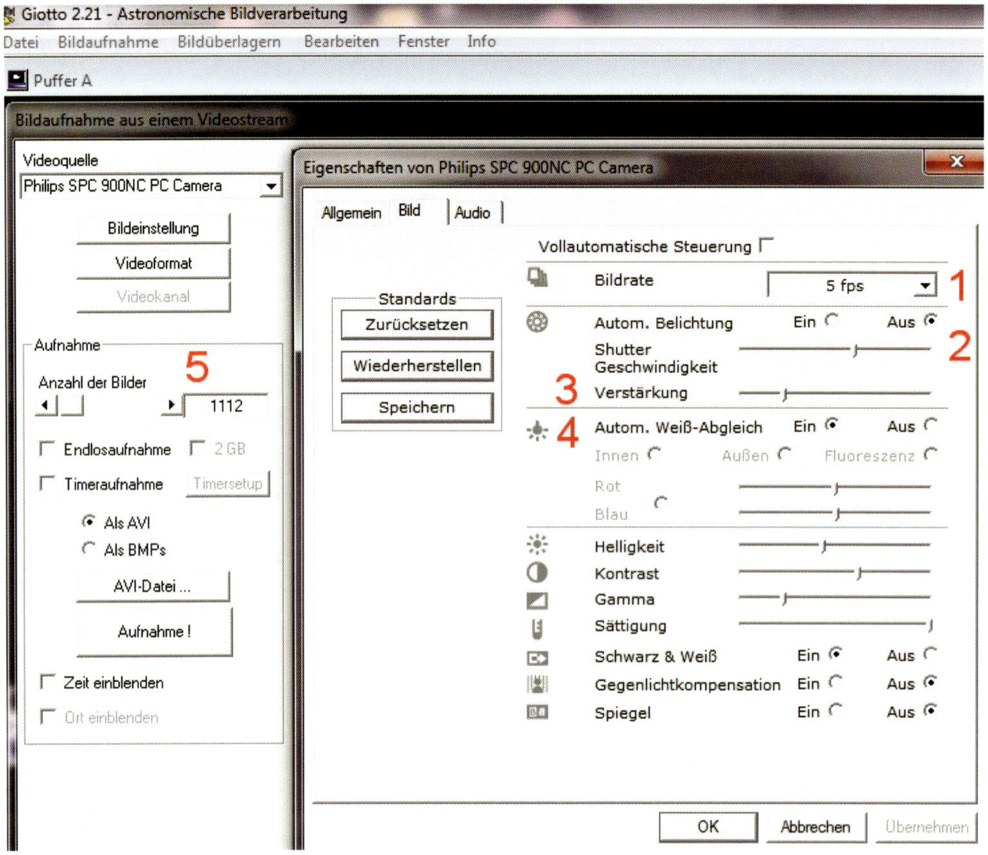

Abbildung 1.20
Die Aufnahmeeinstellungen

Abbildung 1.21
Philips-SPC900NC-Webcam

Am Beispiel in Abbildung 1.20 sehen Sie die Aufnahmeeinstellungen in Giotto. Unter (1) wird die Bildrate eingestellt. Bei (2) die Belichtungszeit. (3) ist die mit Vorsicht zu verwendende Verstärkung des Bildsignals. Mit dem Weißabgleich müssen Sie experimentieren. Bei der Philips-Webcam stelle ich die Weißabgleich-Automatik aus und wähle den Punkt AUSSEN. Bei SW-Aufnahmen des Mondes spielt das kaum eine Rolle. Vor der Aufnahme sollte noch die Anzahl der aufzunehmenden Bilder (5) eingestellt werden. Aufgenommen und gespeichert wird dann als AVI.

Die Aufnahmeeinstellungen in IC-Capture sind ähnlich. Die umgebaute Webcam ist in Abbildung 1.21 zu sehen. Zur Adaption an ein Teleskop wird eine 1,25"-Steckhülse angebracht. Abbildung 1.22 zeigt eine DBK-CCD-Kamera (die DMK-Kameras sehen äußerlich genauso aus).

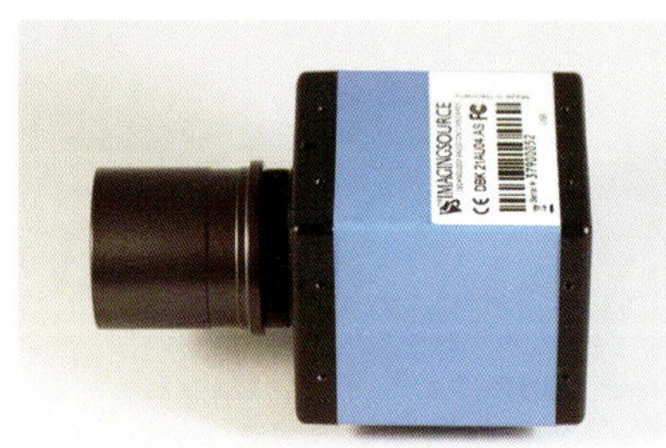

Abbildung 1.22
DBK-Farb-CCD-Kamera

1.4 MONDKRATER – DIE BILDBEARBEITUNG

Im Internet gibt es zahlreiche Programme, die bei der Verarbeitung der gewonnenen Mondfilme (AVI) behilflich sind. Diese Programme sind Freeware und können kostenlos heruntergeladen und benutzt werden (siehe Link-Liste im Anhang).

Avistack 2 ist eines davon. Schauen wir es uns etwas genauer an (Abbildung 1.23).

Nach dem Programmstart öffnen Sie (unter 1) das zu bearbeitende Video mit einem Mausklick auf (2) und bestätigen den Dialog (3). Anschließend startet die Bearbeitung des AVI-Files. Als Nächstes legen Sie zwei Ausrichtungspunkte (zwei markante Stellen mit möglichst viel Kontrast und weit voneinander entfernt) fest.

Punkt P1 (Abbildung 1.24) wird mit einem linken Mausklick und P2 mit einem rechten Mausklick bestimmt.

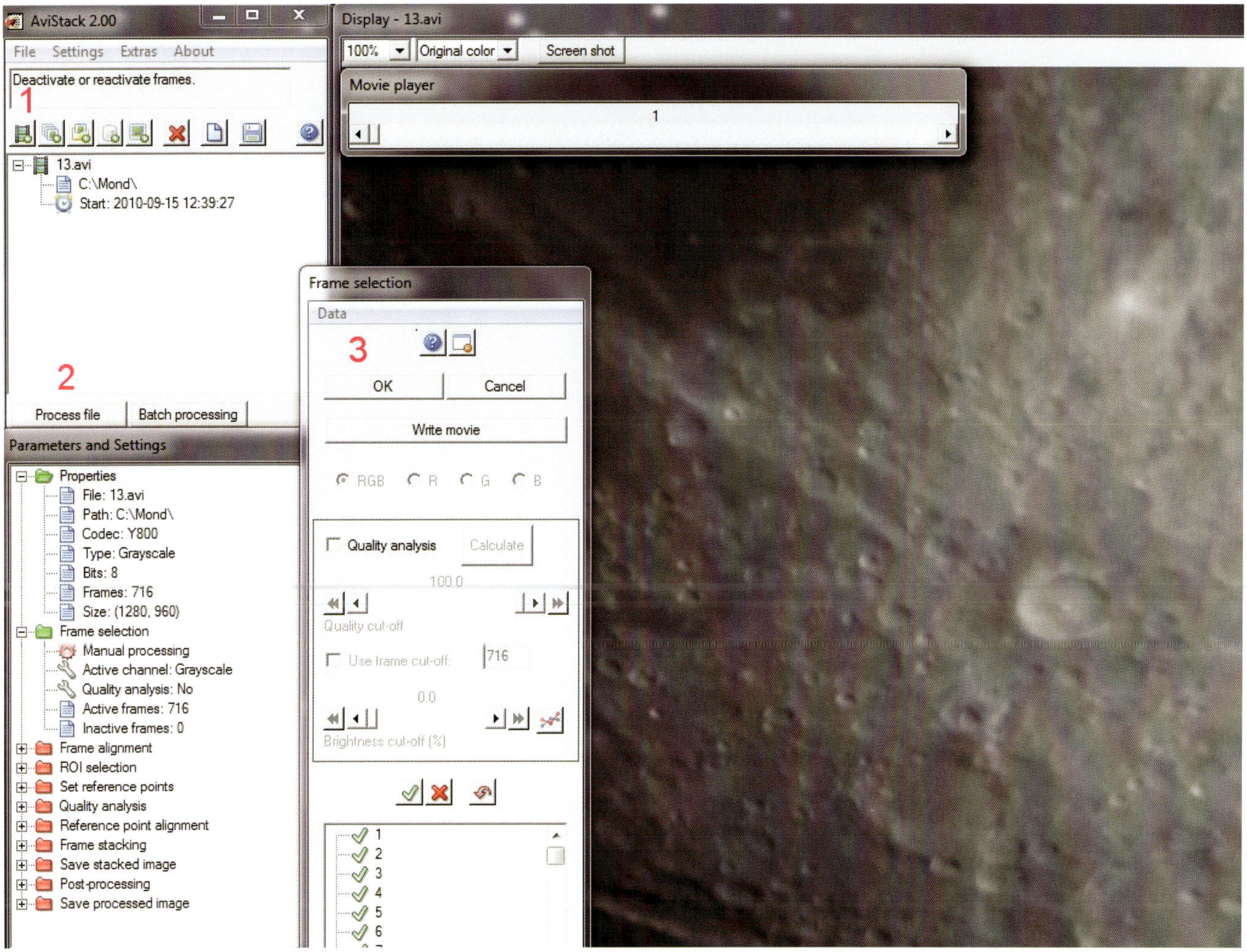

Abbildung 1.23
Bearbeitung mit Avistack 2

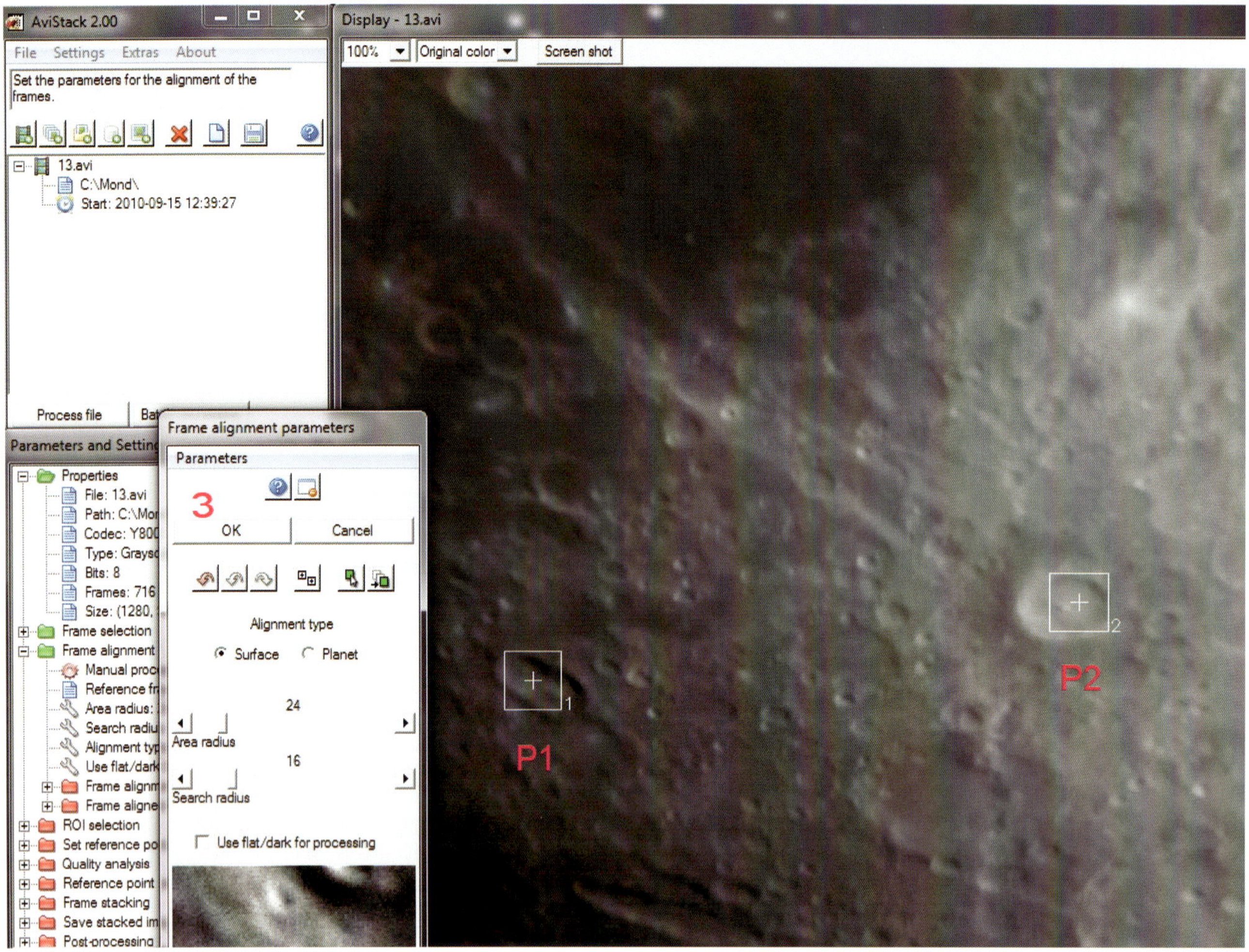

Abbildung 1.24
Ausrichtungspunkte festlegen

Unter (3) können noch die Parameter zum Überlagern verändert werden. Die Grundeinstellung liefert hier aber gute Ergebnisse. Der Dialog wird mit OK (bei 3) bestätigt.

Avistack beginnt nun seine Berechnungen. Die auftauchenden Dialoge können Sie mit OK bestätigen (Abbildung 1.25).

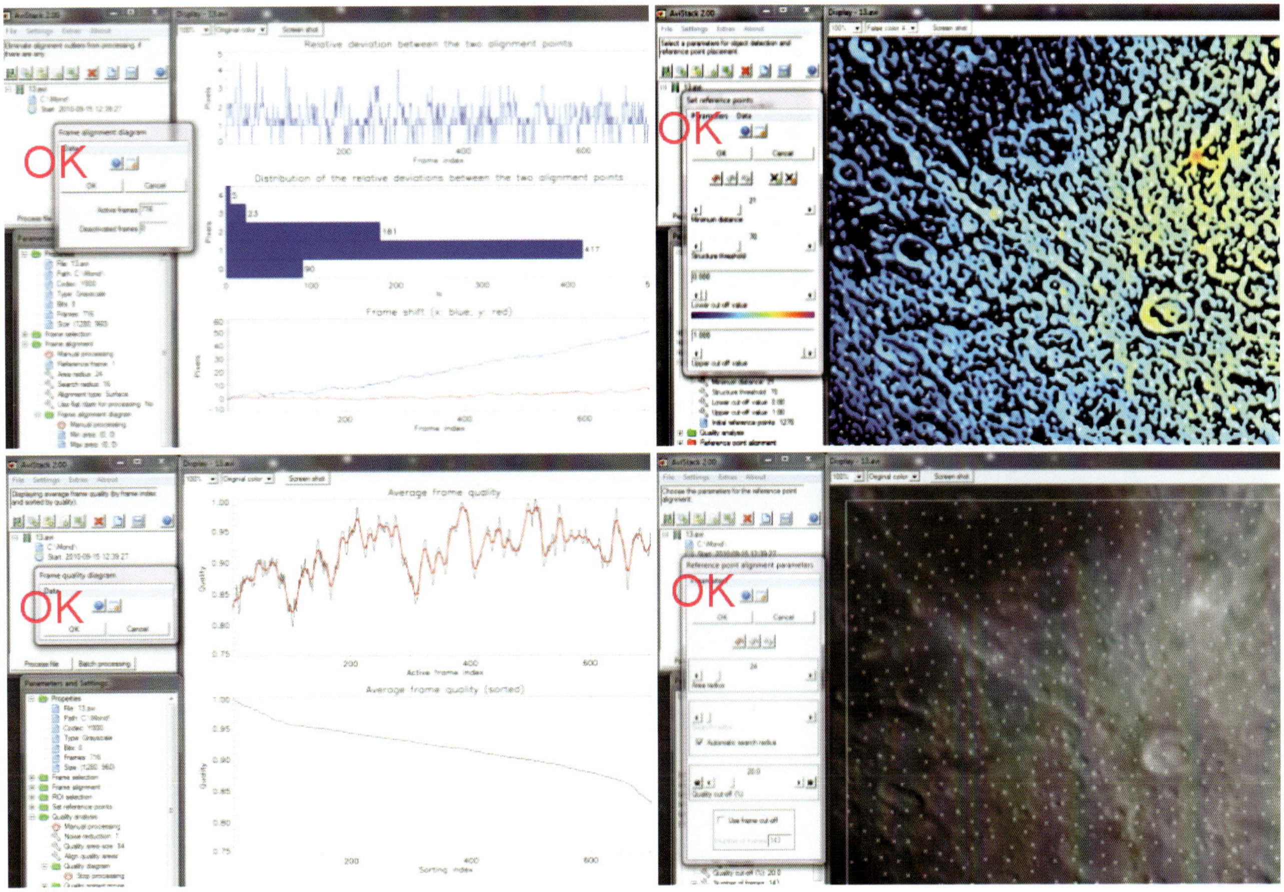

Abbildung 1.25
Dialoge bestätigen

Am Ende wird das fertig überlagerte Bild angezeigt. Dieses wird zur weiteren Bearbeitung als TIF gespeichert. Bevor es zur Weiterbearbeitung geht, möchte ich noch einen zweiten Weg der Ausrichtung und Überlagerung von Frames aufzeigen.

Dies ist das Stacken (Überlagern) in *RegiStax.* RegiStax ist, wie Avistack 2 Freeware. Siehe hierzu Abbildung 1.26.

Begonnen wird wieder mit dem Öffnen des AVI-Files (1). Anschließend suchen Sie sich ein gutes Referenzbild aus, indem Sie den Schieberegler (2) so weit verschieben, bis Sie ein gutes Bild gefunden haben. Dann wählen Sie unter (3) METHODE die Art der Ausrichtung. Bei Mondkratern sollte hier MULTI stehen.

Multi bedeutet, dass mehrere Ausrichtungspunkte gewählt werden können. Die Größe der Auswahlbox wird bei (4) bestimmt. Durch Klicks mit der linken Maustaste innerhalb des Auswahlbildes (5) wählen Sie die Ausrichtungspunkte.

Sind alle Punkte gesetzt, starten Sie das Ausrichten durch Klick auf den Button ALIGN (6).

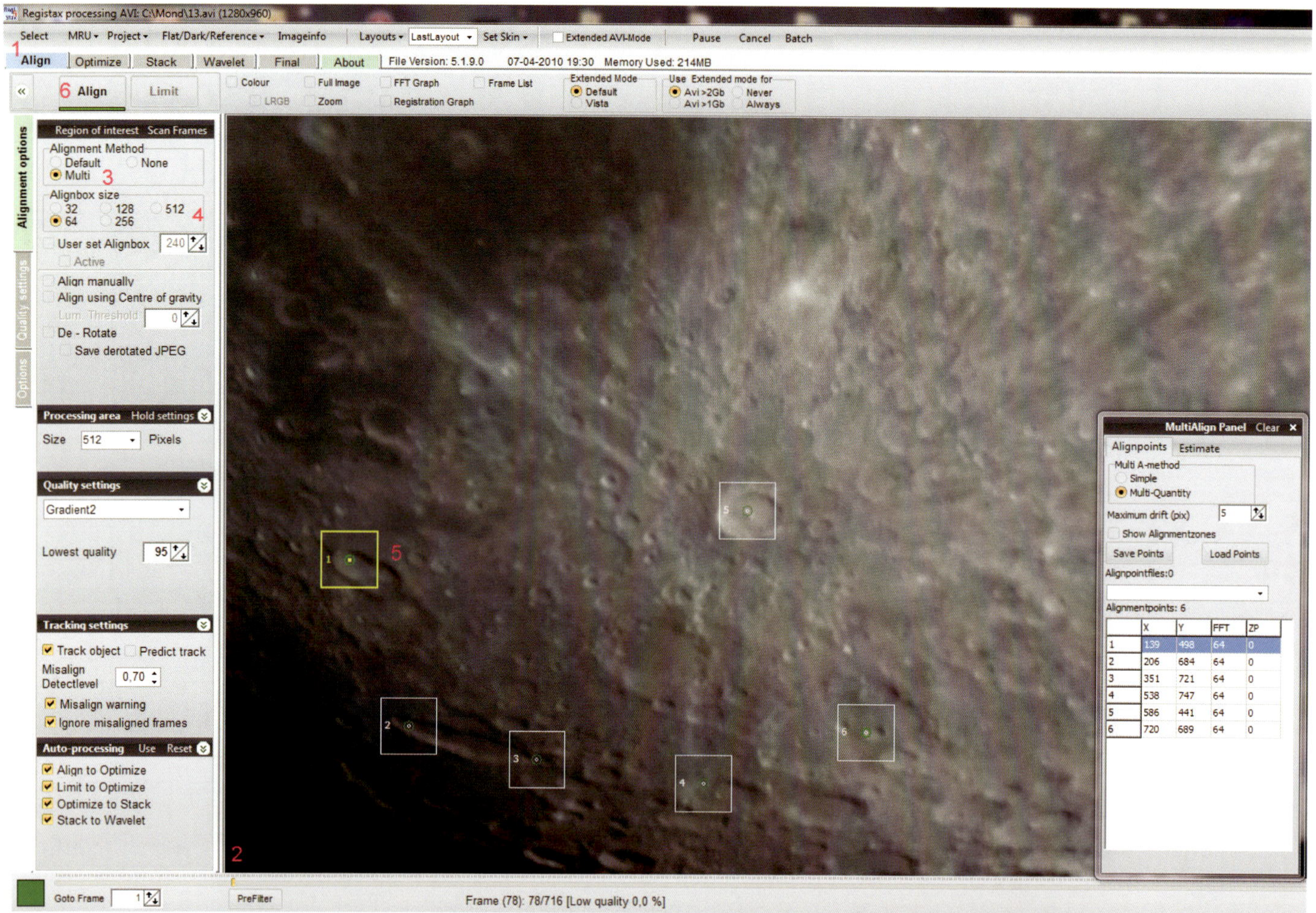

Abbildung 1.26
Ausrichten der Frames in RegiStax

Sobald RegiStax mit dem Ausrichten der Bilder fertig ist, wechselt der Dialog automatisch zum nächsten Arbeitsschritt: dem LIMIT (1 in Abbildung 1.27).

Hier kommt wieder der sich im unteren Bereich befindliche Schieberegler zum Einsatz (2). Die Bilder sind von gut nach schlecht – also von links nach rechts sortiert worden. Verschieben Sie nun den Schieberegler (2) nach rechts, werden nur die Bilder auf der linken Seite (die guten) zur weiteren Verarbeitung herangezogen. Sie sollten die Bilder beim Verschieben des Reglers genau beobachten und dann mit dem Verschieben aufhören, wenn die Bilder sichtbar schlechter werden.

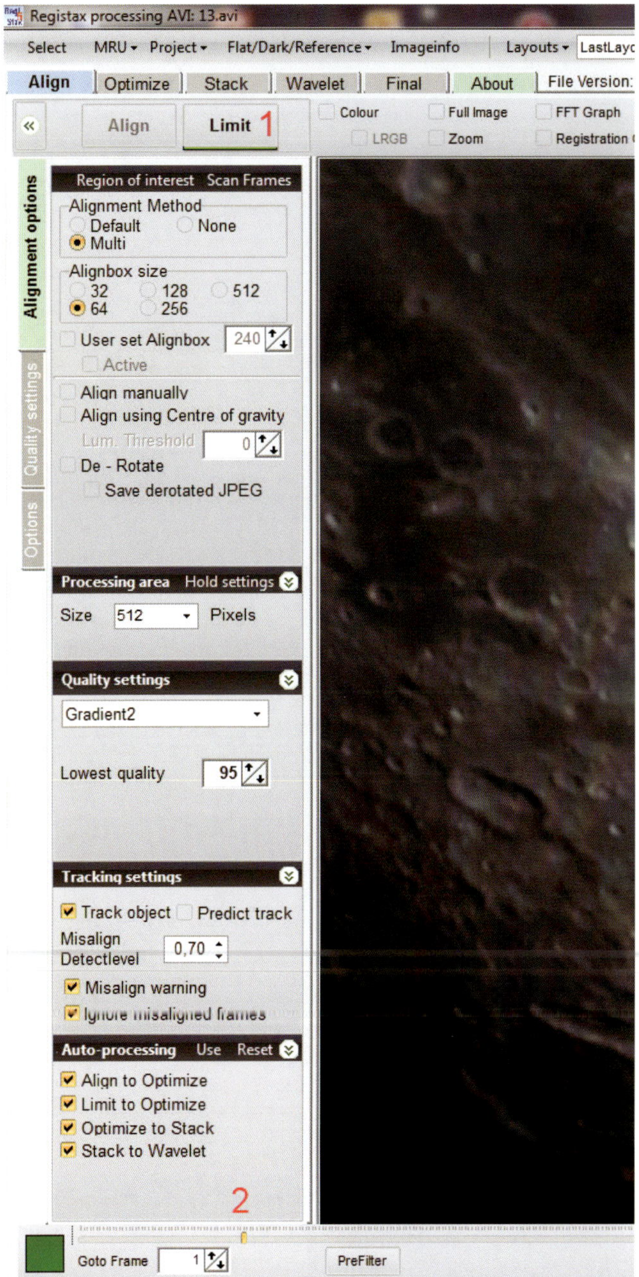

Abbildung 1.27
Auswahl der besten Frames in RegiStax

Mit dem Button (1) OPTIMIZE & STACK in Abbildung 1.28 werden die ausgewählten Bilder nochmals besser ausgerichtet, anschließend beginnt das Stacken (Überlagern) der Bilder.

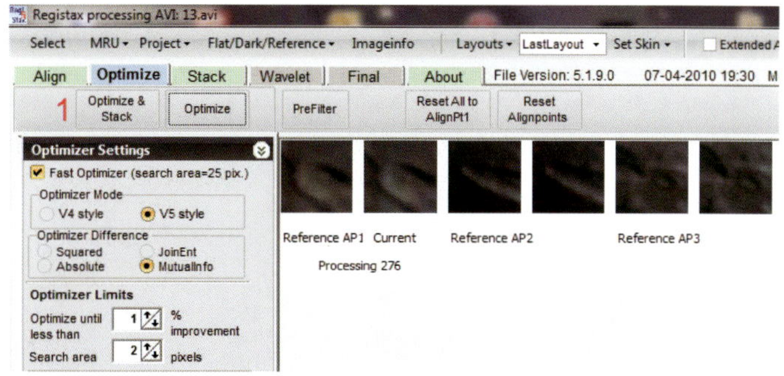

Abbildung 1.28
Optimieren der Ausrichtung

RegiStax wechselt nach dem Stacken ins *Wavelet-Filter-Menü*. Dies ist ein mächtiges Werkzeug. Damit können Sie das gestackte Bild schärfen und gleichzeitig das Bildrauschen verringern.

Wie funktioniert das nun?

1. Zunächst wählen Sie den Menüpunkt (1 in Abbildung 1.29) GAUSSIAN. Anschließend verschieben Sie die Regler bei (2) nach rechts. Das schärft das Bild.
2. Die kleinen Regler (2:1, 3:1) verstärken die kleinen Details, die großen Regler (4:1, 5:1) die großen Bilddetails.
3. Das nun bearbeitete Bild ist wesentlich schärfer als das gestackte Ausgangsbild. Durch leichtes Erhöhen des Filterradius beim ersten Filter (3) vermindert man wieder das Bildrauschen.
4. Sind Sie mit dem Ergebnis zufrieden, wird mit DOALL (4) das Bild berechnet und anschließend als TIF gespeichert.

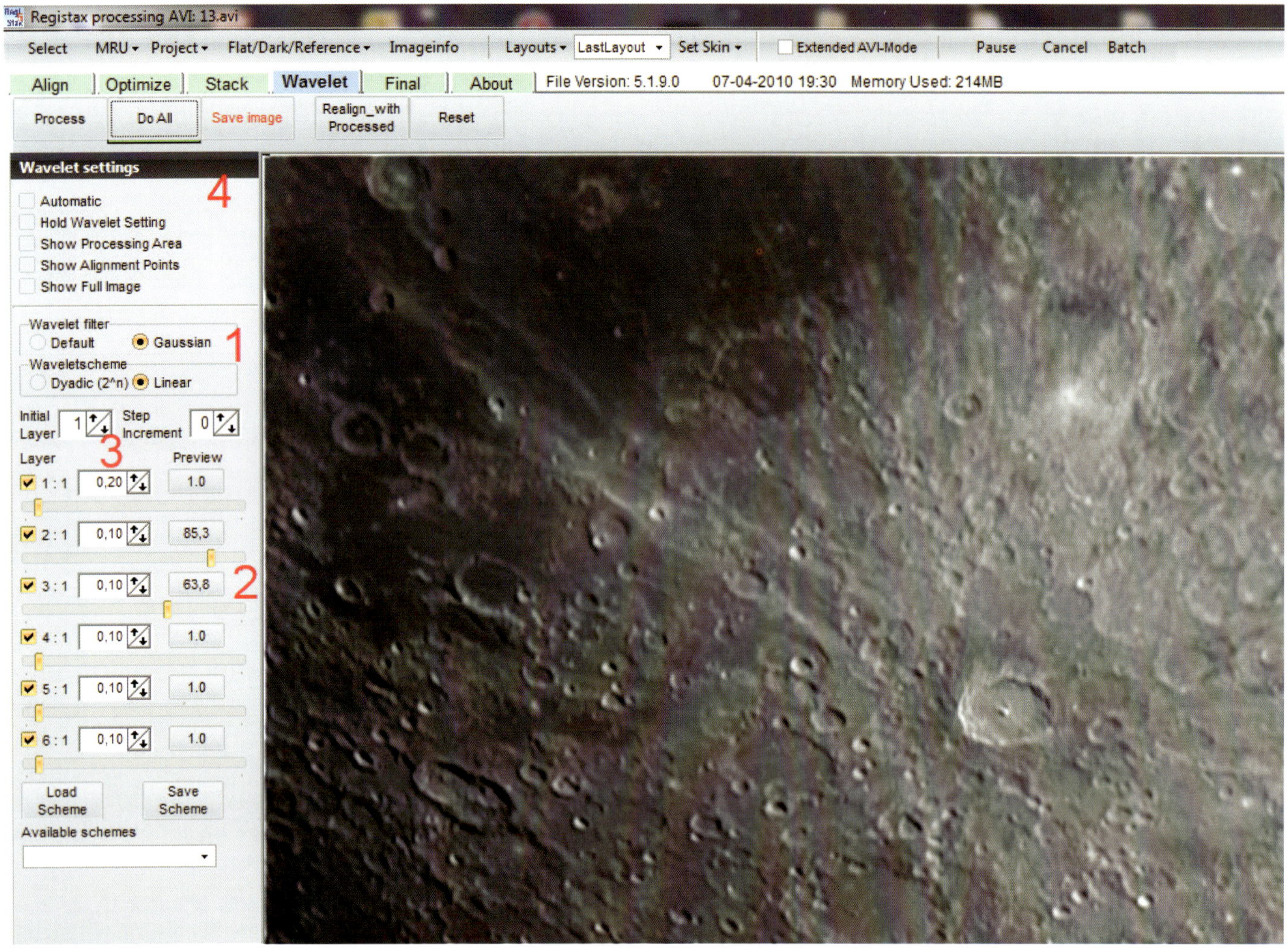

Abbildung 1.29
Das Schärfen mit Wavelet

Nun geht es zum Feintuning. Das gespeicherte Bild laden Sie in ein Fotobearbeitungsprogramm (Photoshop, Corel etc.) und schärfen vorsichtig nach. Helligkeit und Kontrast können Sie natürlich auch noch nach Belieben anpassen. Ich verwende bei Mondkratern gerne den Hochpass-Filter Weiches Licht. Eine dezente Schärfung in Photoshop mit Unscharf Maskieren kann das Ergebnis auch noch einmal verbessern (Abbildung 1.30).

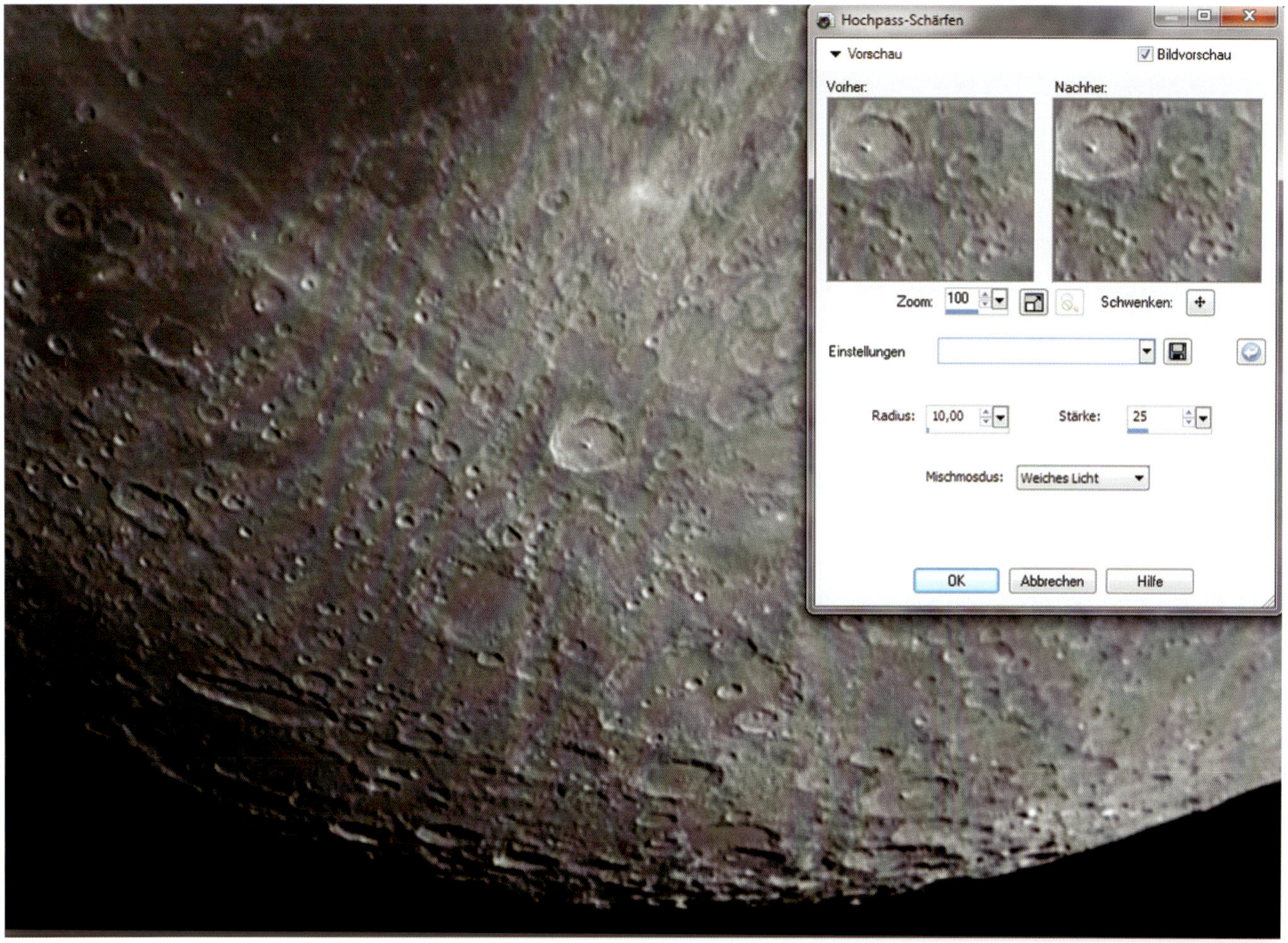

Abbildung 1.30
Schärfung Weiches Licht

Kurz erwähnen möchte ich noch die Möglichkeit, das Bild in Giotto 2.21 zu schärfen. *Giotto* ist ebenfalls eine astronomische Bildverarbeitung, die das Ausrichten und Stacken der Bilder beherrscht.

Interessant ist die Schärfung mit dem Mexican-Hat-Filter (Abbildung 1.31). Entnehmen Sie der Abbildung die Einstellungen, die ich bei meinem Mondbild verwendet habe.

Sie können mit den verschiedenen Reglern und Einstellungen bei Ihren Bildern experimentieren. Das für Sie ansprechendste Ergebnis speichern Sie ab. Aber Vorsicht: Weniger Schärfe ist manchmal besser.

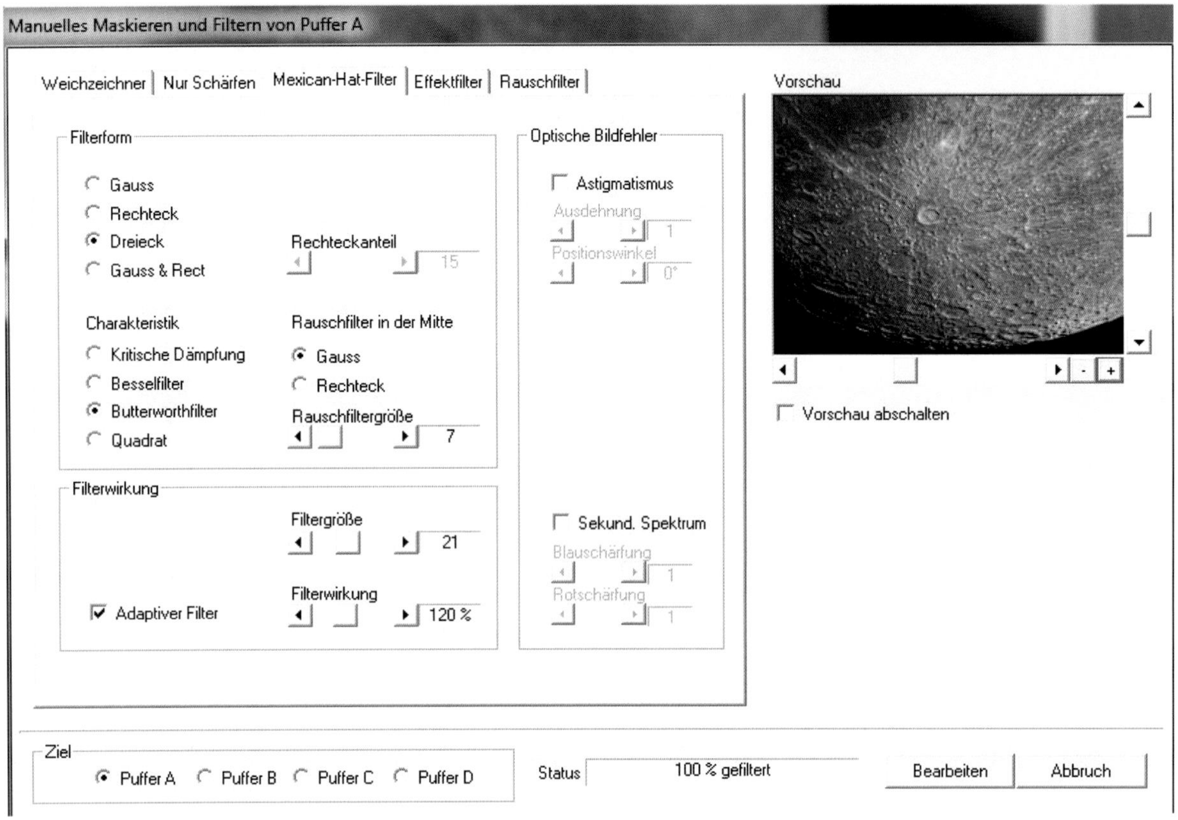

Abbildung 1.31
Der Mexican-Hat-Filter

Die beschriebenen Programme werden im Laufe der Zeit immer wieder aktualisiert und durch neuere Versionen ersetzt. Vorstellen möchte ich hier die Entwicklung bei dem Programm RegiStax. Die zuvor gezeigten Bildbeispiele wurden mit der Version 5.1 erstellt. Diese Version ist sehr gut für die Verarbeitung von Planetenbildern und Mondbilder geeignet. Mit der neuen Version 6 konnte ich allerdings noch etwas bessere Ergebnisse beim Verarbeiten von Mondkrater-Aufnahmen erzielen. Die Bedienung des Programms ist fast analog zur Vorversion und sehr leicht zu erlernen. Experimentieren Sie einfach mal mit beiden Versionen.

Nachfolgend einige Bildbeispiele:

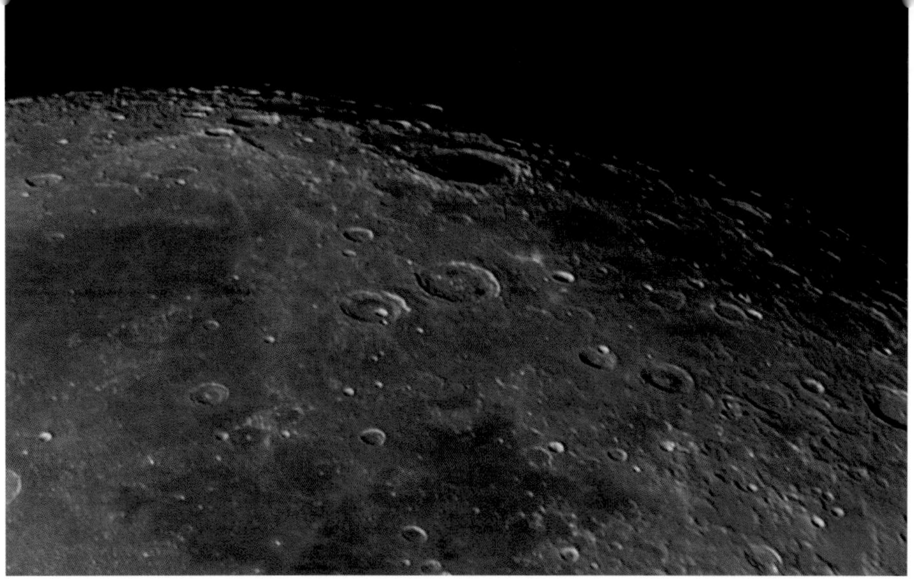

Abbildung 1.32
Mondkrater vom 04.08.2012

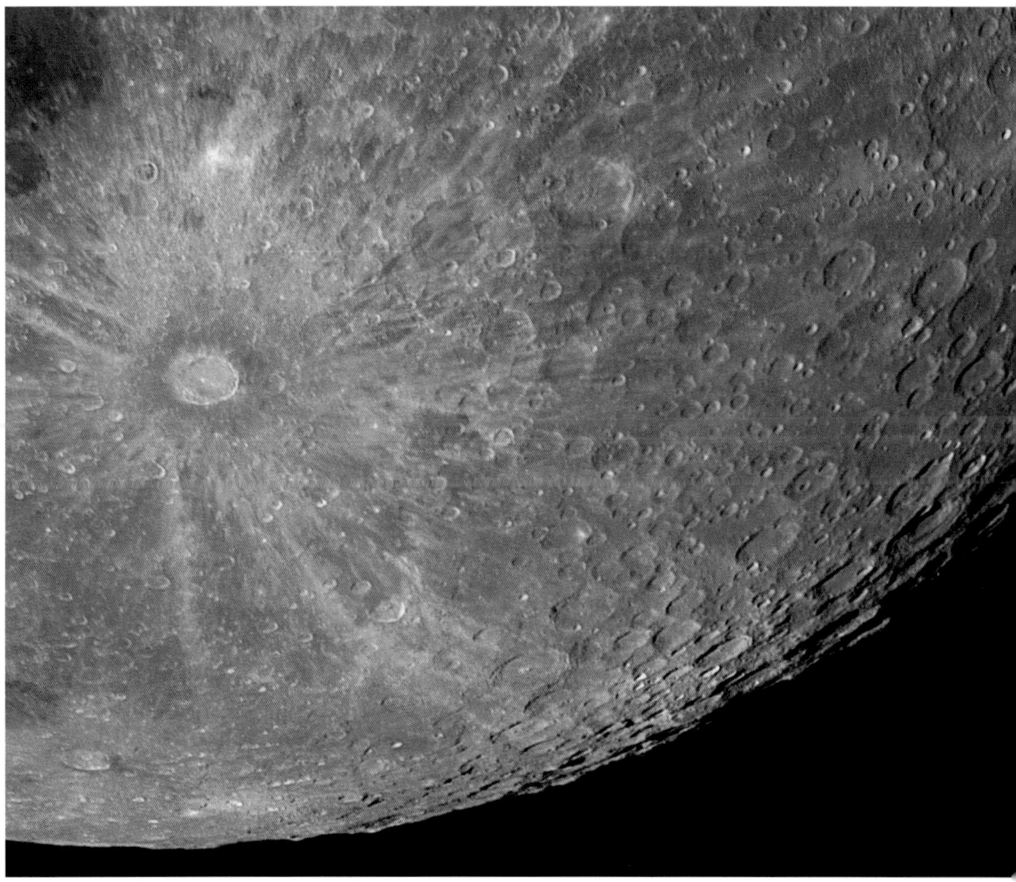

Abbildung 1.33
Mondkrater vom 04.08.2012

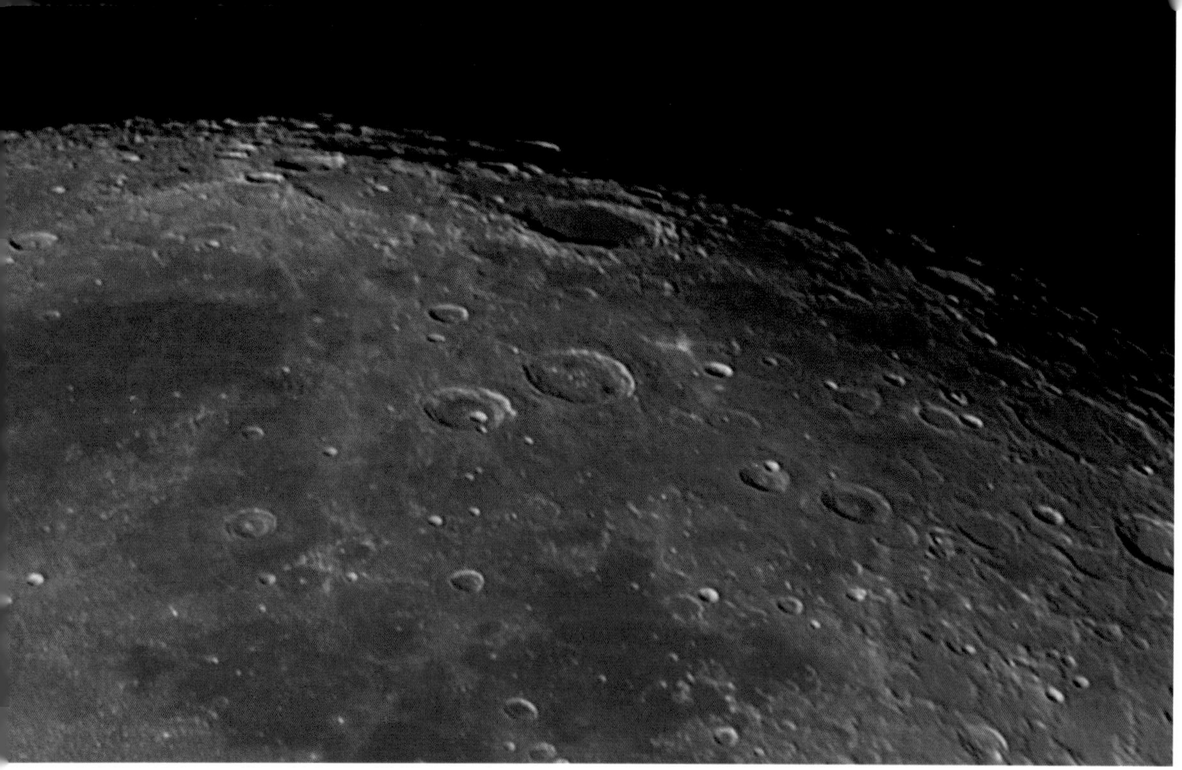

Abbildung 1.34
Mondkrater vom 04.08.2012

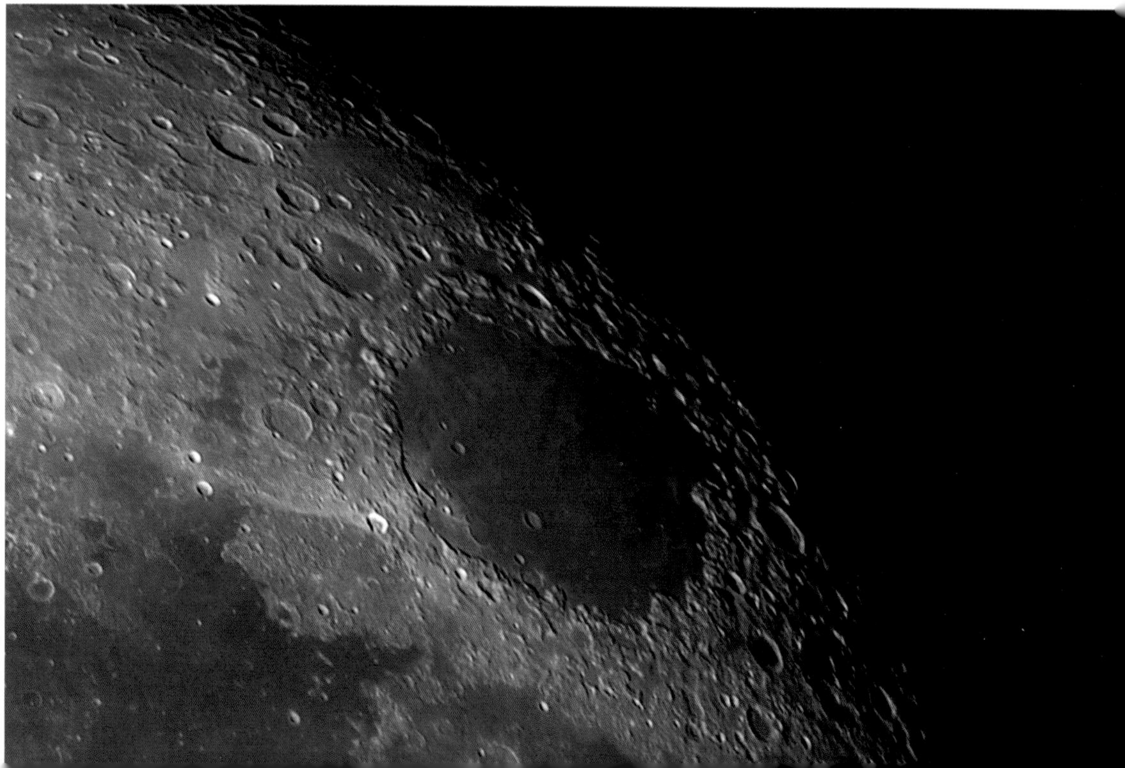

Abbildung 1.35
Mondkrater vom 04.08.2012

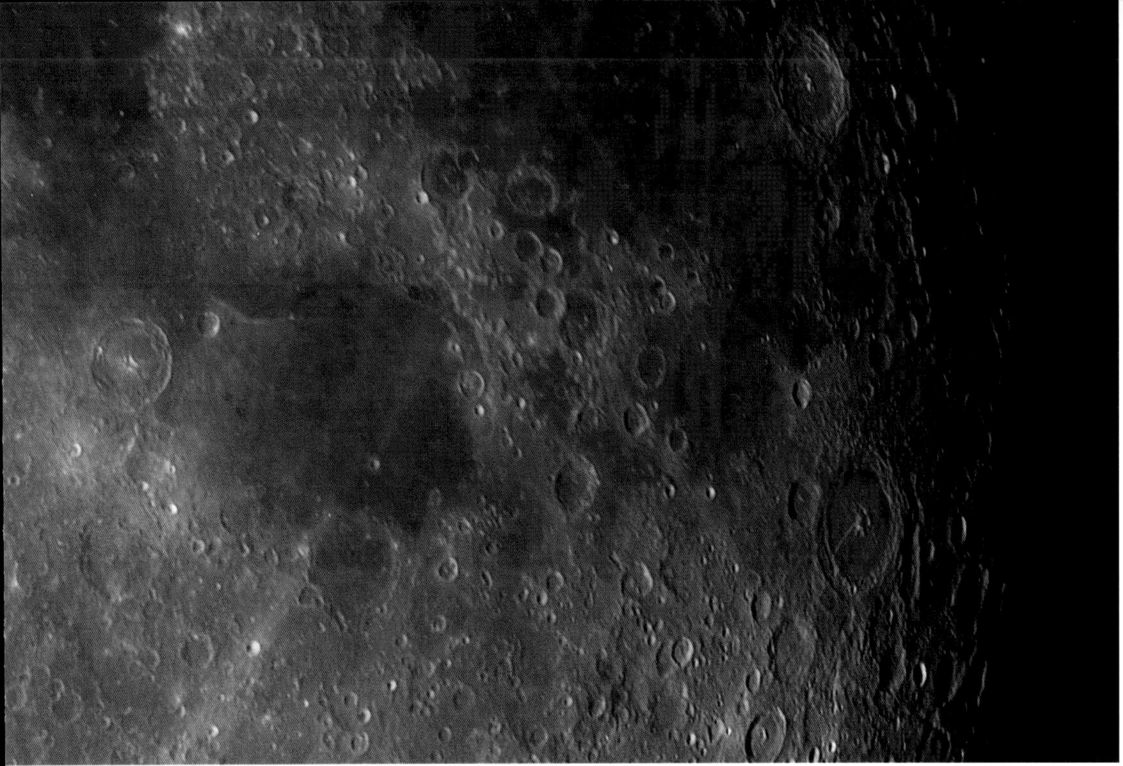

Abbildung 1.36
Mondkrater vom 04.08.2012

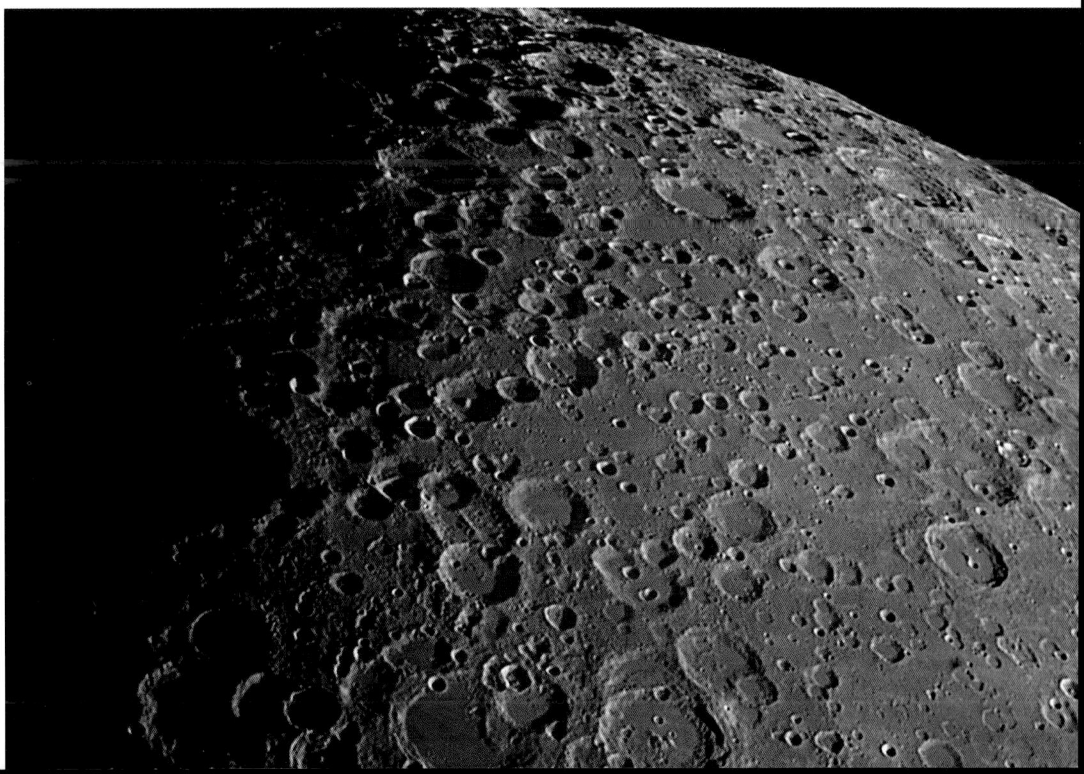

Abbildung 1.37
Mondkrater vom 31.01.2012

Abbildung 1.38
Mondkrater vom 31.01.2012

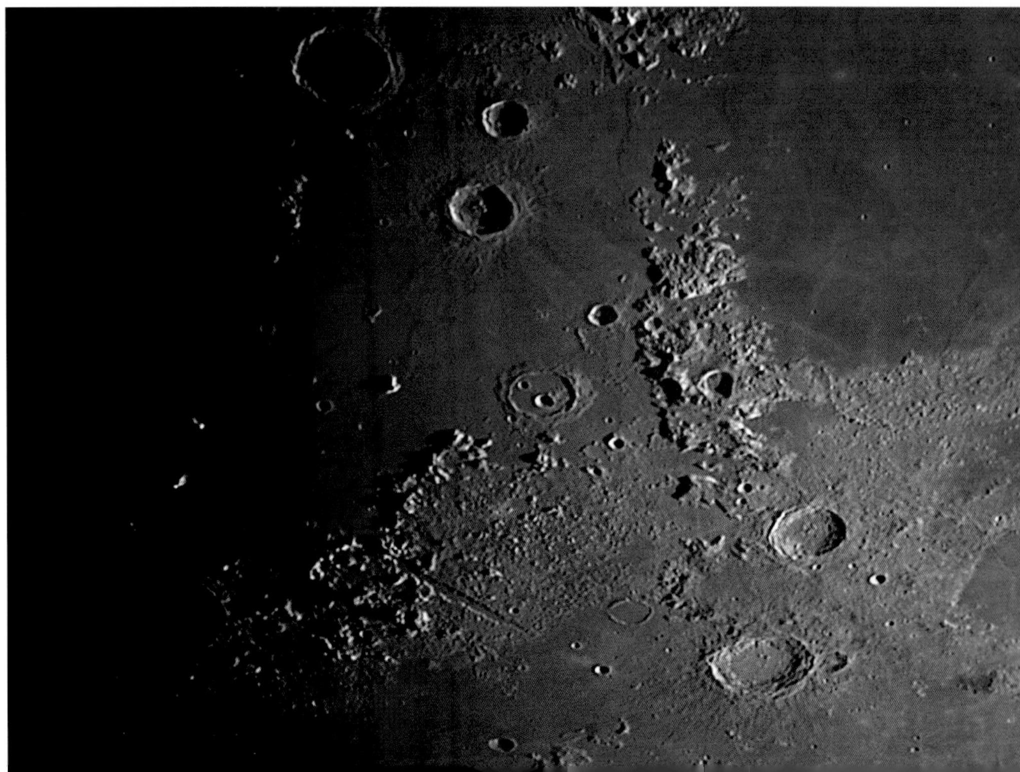

Abbildung 1.39
Mondkrater vom 31.01.2012

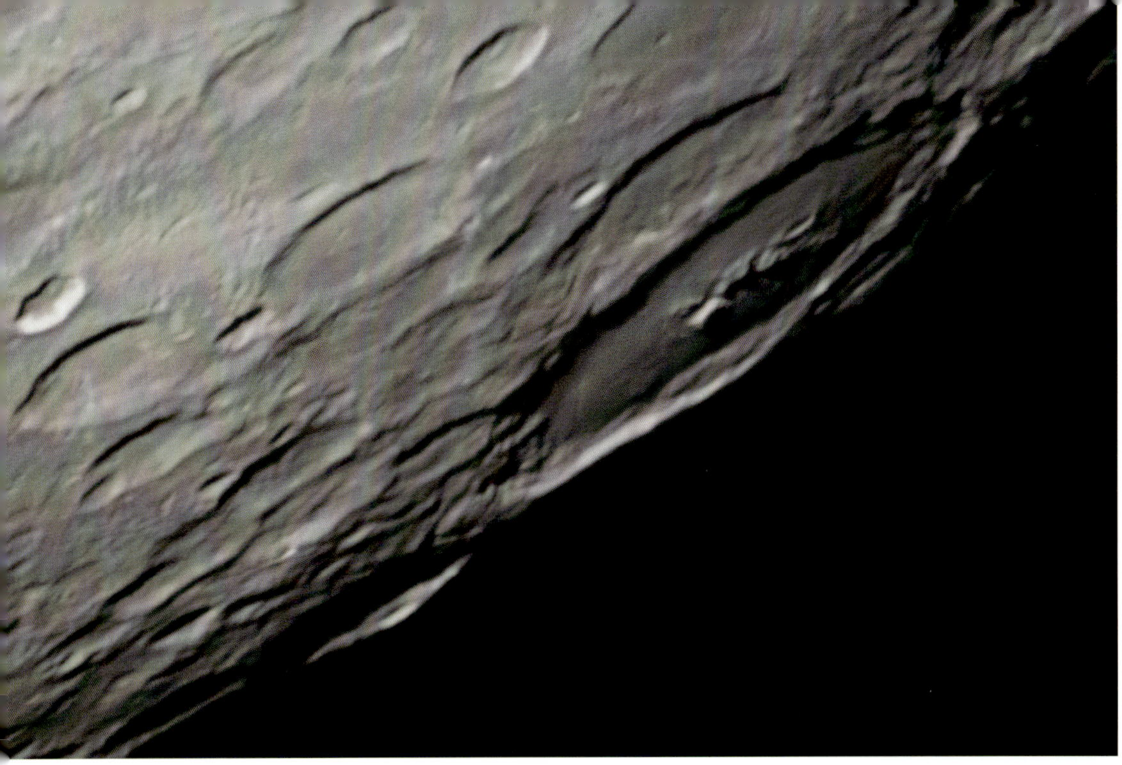

Abbildung 1.40
Der Mondkrater Humboldt/N (rechts) vom 01.10.2012

Abbildung 1.41
Breite Mondsichel vom 10.01.2011

1.5 KONSTELLATIONEN – ERDMOND TRIFFT PLANETEN

Unter Konstellationen versteht man in der Astronomie die scheinbare Stellung der Himmelskörper und Fixsterne zueinander in Bezug auf den Standort des Beobachters.

Hier geht es um die Konstellation zwischen Erdmond und Planeten. Mond und Planeten stehen scheinbar so dicht beieinander, dass es sich lohnen kann, davon ein Foto zu machen. Solche Aufnahmen gelingen schon mit einfachen Kompaktkameras. Besonders interessant wirken die Bilder, wenn noch das Umgebungslicht der Stadt oder eine interessante Landschaft mit in die Szenerie eingebaut wird. Daher ist es ratsam, solche Bilder in der Dämmerung bzw. zur Blauen Stunde zu machen. Als Blaue Stunde bezeichnet man die Zeit zwischen Sonnenuntergang und der nächtlichen Dunkelheit sowie die Zeit kurz vor Sonnenaufgang. Gegenüber Aufnahmen bei absoluter Dunkelheit ist die Umgebung leicht erhellt. Die Kontraste zwischen Hell und Dunkel sind abgemildert. Straßen- und Gebäudebeleuchtung bilden mit dem dunkelblau schimmernden Himmel fotografische Anreize, die mit dem astronomischen Geschehen am Himmel kombiniert werden können.

Abbildung 1.42
Mond und Jupiter am 16.04.2010

Abbildung 1.43
Mond und Jupiter am 16.04.2010

Abbildung 1.44
Mond und Jupiter am 01.06.2009

Abbildung 1.45
Mond und Venus am 30.01.2009

Abbildung 1.46
26.02.2012, von links nach rechts: Jupiter-Mond-Venus (an der Baumspitze)

1.6 DER MOND IN 3D

Am Schluss dieses Kapitels möchte ich noch erwähnen, dass es auch möglich ist, ein 3D-Bild des Mondes zu erstellen. Genauer ausgedrückt ein Anaglyphenbild, das je nach Anaglyphenart mit der entsprechenden 3D-Anaglyhenbrille betrachtet werden kann. Dazu müssen zwei unterschiedliche Bilder des Vollmondes gemacht werden. Zunächst eines für das linke Auge und vier bis sechs Monate später eines für das rechte Auge. Durch die Libration – das ist die Taumelbewegung des Mondes – kann man im Laufe der Zeit bis zu maximal 59 Prozent des Mondes sehen. Durch das Rotationsverhalten des Mondes bleibt für irdische Beobachter die Rückseite des Mondes zu 41 Prozent verborgen. Die maximalen 9 Prozent, die wir mit der Zeit am Rand des Mondes zusätzlich erhaschen können, reichen aus, diesen 3D-Effekt zu erzeugen.

Mit einer geeigneten Software (Photoshop oder auch die Freeware *Stereo Photo Maker*) werden die beiden Einzelbilder (bei einem Rot/Cyan-Anaglyphenbild) mit der Farbe Rot (linkes Auge) und Cyan (rechtes Auge) überlagert. Beide Bilder werden dann anschließend zusammengefügt. Das Ergebnis können Sie mit einer Rot/Cyan-Anaglyphenbrille betrachten. Der Mond wird dann als Kugel dargestellt, die scheinbar, zum Beispiel aus dem PC-Monitor, hervorsteht. Beste Ergebnisse erzielen Sie bei einem Betrachtungsabstand von ca. einem Meter.

Abbildung 1.47
3D-Anaglyphenbild. Zum Betrachten wird eine Rot/Cyan-Brille benötigt.

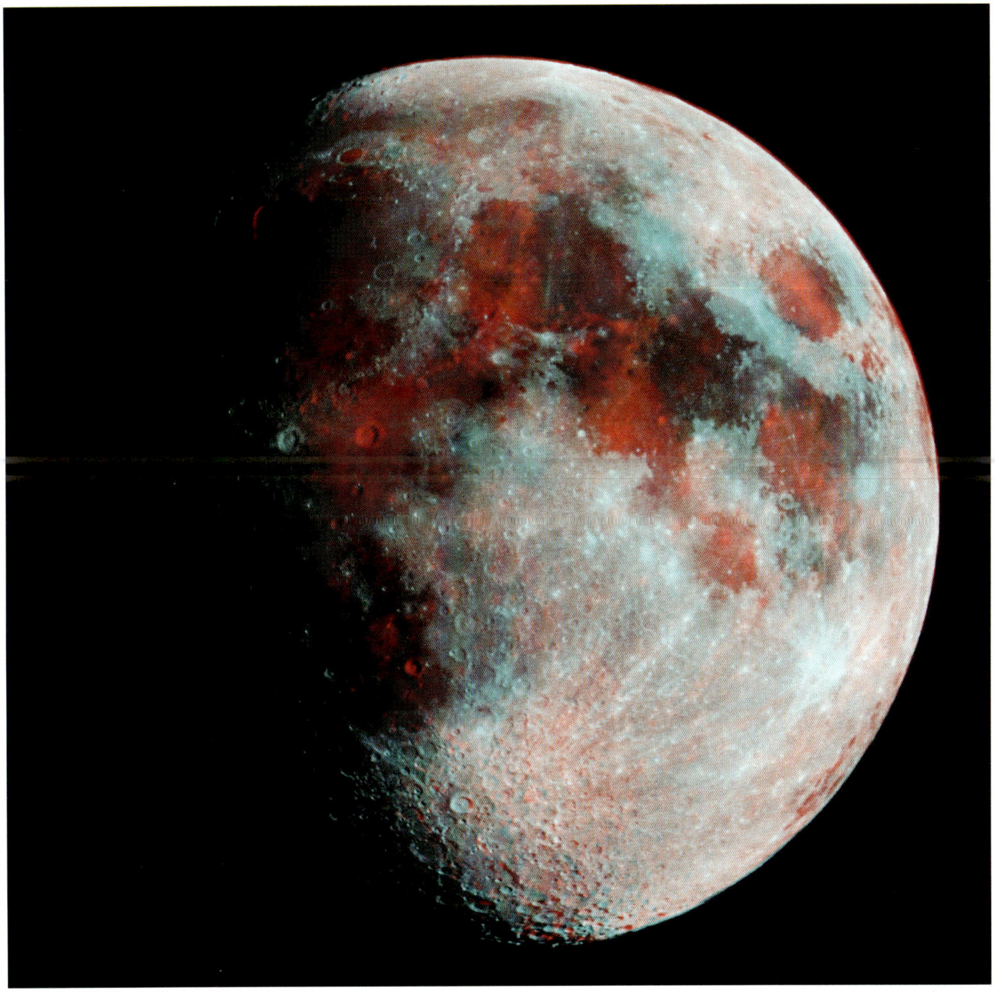

1.7 SELTENE BOOT-FORM

Die nur 46,5 Stunden alte Mondsichel zeigte sich am 13.03.2013 gegen 19.00 Uhr, tief in der Abenddämmerung. Sie war zu 4,2% beleuchtet. Während es in den Tropen zum gewohnten Bild gehört, ist es in unseren Breiten sehr selten, dass sich die Mondsichel nahezu horizontal – wie ein Boot – zeigt.

Abbildung 1.48
Schmale Mondsichel am 13.03.2013

Abbildung 1.49
Schmale Mondsichel am 13.03.2013

Abbildung 1.50
Schmale Mondsichel am 13.03.2013

KAPITEL 2
Strichspur-aufnahmen

Abbildung 2.1
Aufnahme vom 09.10.2010

Bestimmt haben Sie Strichspuraufnahmen schon einmal gesehen und sich gefragt: Wie macht man eine solche Aufnahme? Sie werden überrascht sein, wie einfach das ist. Man benötigt dafür auch kein teures Equipment – eine einfache digitale Spiegelreflexkamera mit Stativ und Auslösekabel reicht schon.

2.1 STARTRAILS

Richten wir eine auf einem Fotostativ befestigte Kamera auf den Sternenhimmel und fotografieren mit langen Belichtungszeiten, hinterlassen die Sterne, aufgrund ihrer scheinbaren Bewegung, lange Lichtspuren. Natürlich ist es die Erde, wie wir alle wissen, die sich bewegt, und nicht die Sterne. Je weiter die zu fotografierende Himmelsregion von einer der beiden Himmelspole (Nord-/Südhalbkugel) entfernt ist, desto länger werden die Lichtspuren, die wir mit unserer Kamera aufnehmen. Ebenso spielt die verwendete Brennweite sowie die Belichtungszeit eine Rolle. Bei langen Brennweiten sowie langen Belichtungszeiten sind die Lichtspuren/Strichspuren länger als bei kurzen Brennweiten und Zeiten. In der analogen (chemischen) Fotografie hat man sehr lange (über Stunden) belichtet, um eine Strichspuraufnahme zu erhalten. Bei der jetzigen digitalen Fotografie ist ein solches Vorgehen nicht ratsam. Sehr lange Belichtungszeiten würden nicht nur zu einem erhöhten Bildrauschen, sondern auch zu taghellen Bildern führen. Bei der digitalen Startrail-Fotografie macht man mehrere ca. 30 Sekunden lange Belichtungen. Diese Bilder werden dann per Bildbearbeitung zu einem Strichspurbild zusammengefügt.

Um Strichspuraufnahmen besser planen zu können, ist es hilfreich, die Himmelsrichtung zu kennen. Ein Kompass kann da nützlich sein. Ein geübtes Auge am Sternenhimmel erkennt Polaris, der sich nahe am Himmelspol der Nordhalbkugel befindet, aber auch ohne Hilfsmittel. Alle Sterne der Nordhalbkugel scheinen sich um den Himmelspol zu drehen. Dieses Schauspiel lässt sich eindrucksvoll im Bild der Strichspuraufnahme festhalten.

2.2 DAS SETUP

Die verwendete Ausrüstung für Startrails hält sich in Grenzen. Eine handelsübliche digitale Spiegelreflexkamera, ein Stativ, ein Kabelauslöser oder programmierbarer Timer. Bei der Verwendung einer DSLR von Canon kann mit dem der Kamera beiliegenden Programm *Canon-Utilities* und einem Laptop gearbeitet werden. Eine Sonnenblende (Störlichtblende) hält während der Aufnahme seitliches Fremdlicht fern und schützt vor Taubeschlag. Neben dem zuvor voll aufgeladenen Akku der Kamera ist ein Zweitakku sinnvoll, da Digitalkameras auch während einer Langzeitbelichtung Energie benötigen.

Als Speicherformat empfehle ich bei der Aufnahme von Strichspuren das JPG-Format. Da sehr viele Aufnahmen, vielleicht sogar über 100 gemacht werden, würde bei der nachfolgenden Bearbeitung das RAW-Format wegen der Dateigröße schnell den Arbeitsspeicher überlasten. Schließlich müssen alle Bilder nach dem Erstellen in ein Bildverarbeitungsprogramm geladen und zu einem Strichspurbild verarbeitet werden. Ein weiterer Grund, der für das JPG-Format und gegen das RAW-Format spricht, ist der Zeitaufwand beim Abspeichern der Bilder direkt nach der Aufnahme in der Kamera. Das Abspeichern von RAW-Dateien nimmt mehr Zeit in Anspruch, da sie größer sind, als das Speichern von JPG-Dateien. Würde die Kamera zu lange für den Speichervorgang benötigen, entstehen später bei der Montage der Einzelbilder Lücken zwischen den Sternspuren.

2.3 DIE AUFNAHME

Bei der Bildgröße wählen Sie an Ihrer Kamera die größtmögliche. Verkleinern kann man die Bilder später immer noch, aber nichts ist ärgerlicher als zu wenig Pixel, wenn Sie das Bild später auf Fotopapier belichten wollen und es interpoliert werden müsste. Neben der Einstellung des Speicherformats und der Bildgröße sollten Sie beim Anfertigen von Strichspuraufnahmen noch weitere Einstellungen an Ihrer Kamera vornehmen. Dazu zählt zunächst einmal der Bildstil – oft auch als *Picture-Style* bezeichnet. Wählen Sie einen neutralen Bildstil ohne zusätzliche Schärfung. Ein zusätzliches Schärfen von Sternen ist bei Strichspuraufnahmen nicht ratsam (Abbildung 2.2).

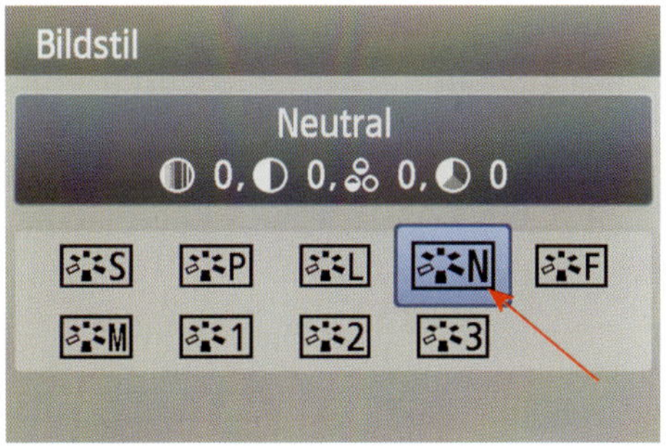

Abbildung 2.2
Einstellung des Bildstils

Um unterschiedliche farbige Ergebnisse bei den Einzelaufnahmen zu verhindern, sollten Sie den automatischen Weißabgleich an Ihrer Kamera ausschalten und diesen manuell auf Tageslicht einstellen (Abbildung 2.3).

Abbildung 2.3
Symbol Sonne für Tageslicht

Für Reihenaufnahmen sollte unbedingt die *Rauschreduzierung bei Langzeitbelichtungen* an der Kamera ausgeschaltet sein (Abbildung 2.4). Wäre diese eingeschaltet, würde die Kamera nach jedem Einzelbild etwa noch einmal die gleiche Zeit benötigen, um die Rauschreduzierung durchzuführen. Dies würde später beim Zusammenfügen der Einzelbilder zu einer Strichspuraufnahme zu Lücken führen und die erzielte Strichspur entspräche nicht Ihren Erwartungen.

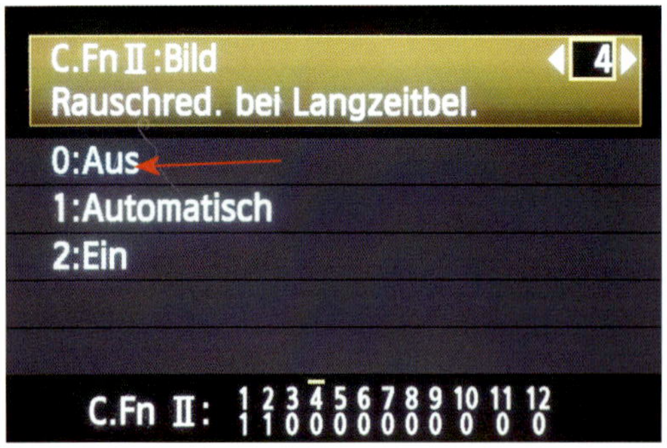

Abbildung 2.4
Rauschreduzierung ausschalten

Den ISO-Wert stelle ich meistens auf 800 oder 1600 ein. Da ich bei nur knappen 20 bis 30 Sekunden Belichtungszeit ausreichend helle Sterne haben möchte, nehme ich das Bildrauschen bei hohen ISO-Werten in Kauf. Sie können natürlich hier, je nach Gegebenheit, mit verwendeter Zeit bzw. Blende sowie Resthelligkeit des Himmels mit verschiedenen ISO-Einstellungen experimentieren.

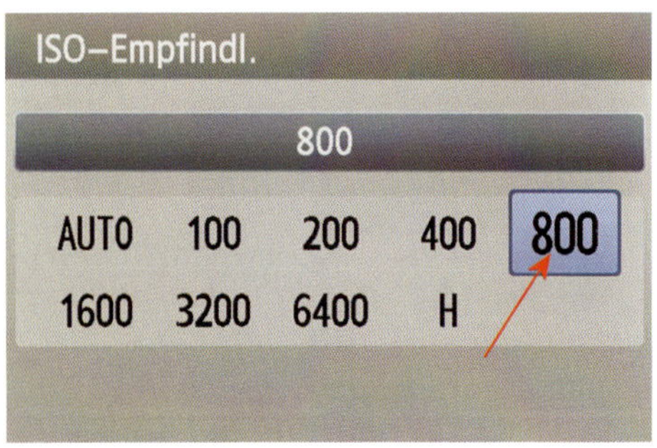

Abbildung 2.5
Einstellen der Empfindlichkeit

Als Belichtungsprogramm kommt nur die manuelle Einstellung M infrage (Abbildung 2.6). Wählen Sie eine Zeit von 30 Sekunden und eine große Blende, zum Beispiel 2.4 (Abbildung 2.7). Möchten Sie länger als 30 Sekunden belichten, stellen Sie die Kamera auf B (Bulb), allerdings benötigen Sie dann, wenn Sie die Kamera nicht mit dem Laptop steuern, einen Timer (Abbildung 2.8).

Abbildung 2.6
Stellen Sie das Belichtungsprogramm auf M.

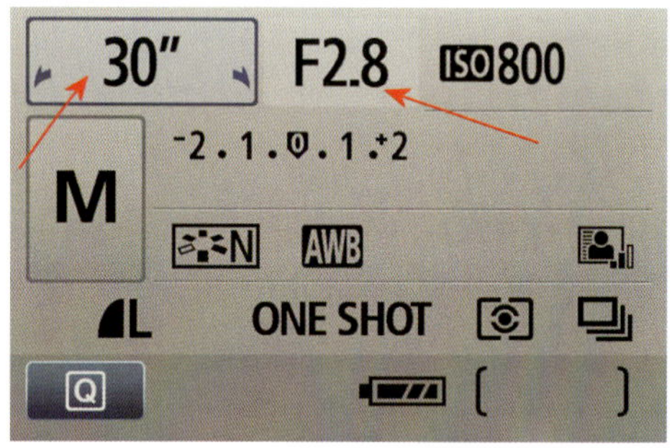

Abbildung 2.7
Einstellen von Zeit und Blende

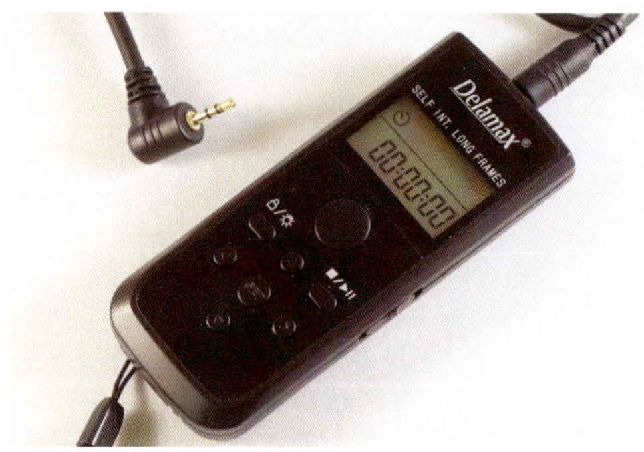

Abbildung 2.8
Timer für Canon-Kameras

Nachdem alle Einstellungen vorgenommen wurden, befestigen Sie die Kamera auf einem Stativ und wählen den Bildausschnitt. Lassen Sie die Kamera zur Temperaturanpassung einige Minuten so stehen, ohne sie auszulösen. Dies ist wichtig, damit sich durch den Temperaturgradienten im Laufe der Aufnahmeserie nicht der Fokuspunkt verstellt. Ist alles so weit zur Aufnahme bereit, stellen Sie manuell den Fokus ein und machen ein paar Probeaufnahmen zur Überprüfung der Schärfe. Es ist nicht immer leicht, den exakten Fokuspunkt auf Anhieb zu finden, da er nicht genau bei unendlich liegt. Haben Sie den Fokuspunkt gefunden, können Sie die Aufnahmeserie starten. Damit die Bilder später zu einer Strichspuraufnahme verarbeitet werden können, ist es wichtig, dass die Kamera während der gesamten Aufnahmeserie nicht bewegt wird.

2.4 DIE BILDBEARBEITUNG

Um die vielen Einzelbilder zu einer einzigen Strichspuraufnahme zu verarbeiten, kommt nicht, wie vielleicht erwartet, Photoshop zum Einsatz, sondern ein kleines Freeware-Programm namens *Startrails* (`www.startrails.de`). Starten Sie das Programm und öffnen Sie alle Bilder, die verarbeitet werden sollen. Mit einem Klick auf den Button STRICHSPUREN starten Sie die Bildverarbeitung (Abbildung 2.9). Den Fortschritt der Verarbeitung können Sie dabei im Programmfenster mitverfolgen. Nach kurzer Zeit ist die Strichspuraufnahme fertig berechnet. Speichern Sie das Bild dann im TIFF-Format ab.

Abbildung 2.9
Verarbeitung der Bilder in Startrails

Abbildung 2.10 Startrails

Abbildung 2.11 Startrails

Abbildung 2.12 Startrails

Abbildung 2.13 Startrails

Abbildung 2.14 Startrails

Abbildung 2.15 Startrails

Abbildung 2.16 Startrails

Abbildung 2.17 Startrails

Abbildung 2.18 Startrails

Abbildung 2.19 Startrails

Abbildung 2.20
Startrails

Abbildung 2.21
Startrails

Abbildung 2.19 zeigt die Polarie im Einsatz mit einer DSLR. Die Polarie ist ein Star-Tracker, der es ermöglicht, dass Sie mit Ihrer Kamera die Sterne punktförmig scharf abbilden können. In Abschnitt 3.5 gehe ich darauf genauer ein.

Abbildung 2.22
Foto: Carsten Frenzl

Abbildung 2.22 ist eine besonders schöne Strichspur-Aufnahme. Sie stammt von Carsten Frenzl. Er nahm diese Aufnahme bei seiner Polarlichtreise 2013 am Lyngenfjord (in Djupvik, Troms Fylke, Norwegen) auf. Die Aufnahme besteht aus 9 Einzelbildern zu je 300 Sekunden bei Blende 3,5 und ISO 200. Zusammengeführt wurden die Bilder mit dem Programm Startrails.exe.

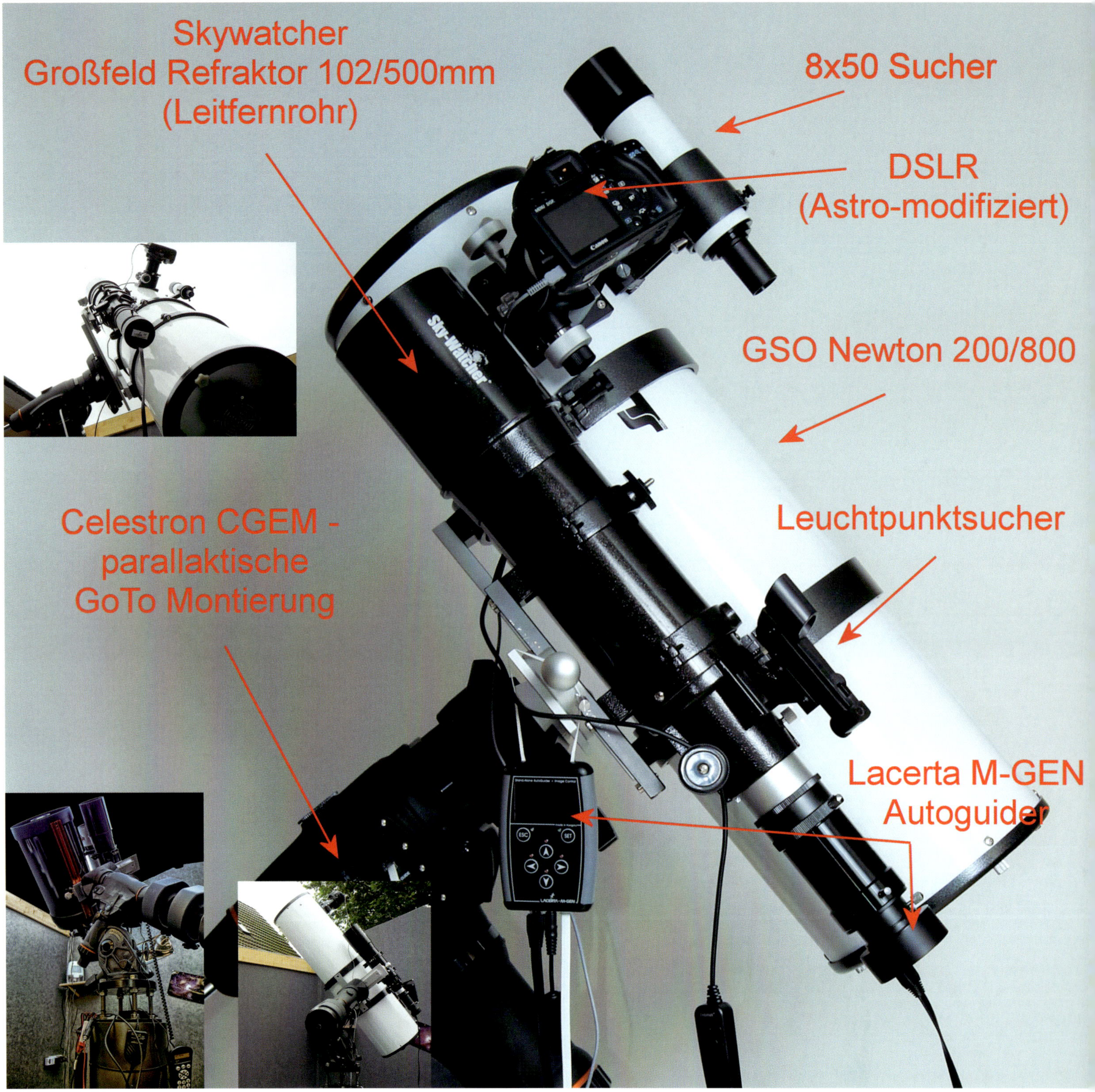
Skywatcher
Großfeld Refraktor 102/500mm
(Leitfernrohr)
8x50 Sucher
DSLR
(Astro-modifiziert)
GSO Newton 200/800
Celestron CGEM -
parallaktische
GoTo Montierung
Leuchtpunktsucher
Lacerta M-GEN
Autoguider

KAPITEL 3
Das Teleskop

Im Folgenden werde ich einige wichtige Teleskoptypen vorstellen. Es gibt sehr viele verschiedene Bauarten. Ich habe jene Teleskoptypen ausgewählt, die am meisten bei der Amateur-Astrofotografie eingesetzt werden. Um die Himmelsobjekte detailreich und formatfüllend ablichten zu können, kommen Sie oftmals nicht um lange Brennweiten herum. Nichts liegt da näher, als ein Teleskop als Teleobjektiv zu benutzen. Die Kamera, sei es eine CCD-Astrokamera oder eine digitale Spiegelreflexkamera, wird einfach statt des Okulars an das Teleskop adaptiert.

Abbildung 3.1
C8-Schmidt-Cassegrain – 2032mm

Sie haben auch die Möglichkeit, die Kamera hinter dem Okular (Okularprojektion) zu positionieren und so noch mehr Vergrößerung zu erhalten. Teleskope haben gegenüber langbrennweitigen Teleobjektiven noch den Vorteil, dass sie, da sie auf Autofokus und Bildstabilisation verzichten, relativ preiswert sind. Bei den Teleskopen kommt es auf das Lichtsammelvermögen an. Je größer die Frontlinse oder der Spiegel, desto größer ist auch das Lichtsammelvermögen. Die Größe bzw. Öffnung der Frontlinse, oder des Hauptspiegels, wird bei Teleskopen in Zoll angegeben. Je mehr Zoll, desto besser ist das Lichtsammelvermögen. Abbildung 3.1 zeigt ein 8"-Schmidt-Cassegrain-Teleskop mit einer Öffnung von 8 Zoll. Dies entspricht 203 Millimeter im Durchmesser. 1 Zoll = 25,4 Millimeter. Das Öffnungsverhältnis beträgt bei diesem Teleskop 1:10. Dies bedeutet, dass es mit einer Blende von 10 arbeitet. Es hat eine Brennweite von 2032 mm.

Etwas größer in Öffnung und Brennweite ist das C9 1/4"-Schmidt-Cassegrain – 235 mm/2350 mm (Abbildung 3.2). Während ich das Erstgenannte für Aufnahmen von Mondkratern und ISS verwende, ist das C9 ein Spezialist für Planeten.

Bei entsprechender Nachführung ist es auch für die Deep-Sky-Fotografie geeignet, was allerdings aufgrund der hohen Brennweite sehr schwer zu händeln ist. Preiswerte Teleskope haben allerdings auch einige Nachteile: die Abbildungsfehler. Diese gilt es, bei der Fotografie zuvor zu eliminieren. Dunkle Bildecken, sogenannte Vignettierungen, zeugen davon, dass der Bereich, den ein Teleskop ausleuchten kann, kleiner ist als der Sensor der Kamera. Daher verwende ich bei der Astrofotografie mit einer digitalen Spiegelreflexkamera immer nur Kameras mit (kleinem) APS-C-Sensor und nie eine Vollformatkamera. Dies hat auch noch den Nebeneffekt, dass der Geldbeutel geschont wird, da Kameras mit APS-C-Sensor günstiger sind als solche mit Vollformatsensor. Ist die Schärfeebene eines Teleskops keine plane Ebene, sondern wie eine Hohlkugel gekrümmt, entsteht ein weiterer Abbildungsfehler: die Bildfeldkrümmung. Diese lässt sich durch spezielle Bildfeldebnungslinsen, die genau auf das jeweilige Teleskop abgestimmt sein müssen, beseitigen. Abbildung 3.2 zeigt eine Bildfeldebnungslinse für Refraktoren mit der Blende F4 bis F9. Sie ermöglicht Astro-Aufnahmen mit hoher Schärfeleistung sowie Ausleuchtung über das gesamte Bildfeld.

Abbildung 3.2
C9 1/4"-Schmidt-Cassegrain
– 235 mm/2350 mm
mit Leitfernrohr und
Quadruplet-Astrograph

Abbildung 3.3
Bildfeldebnung

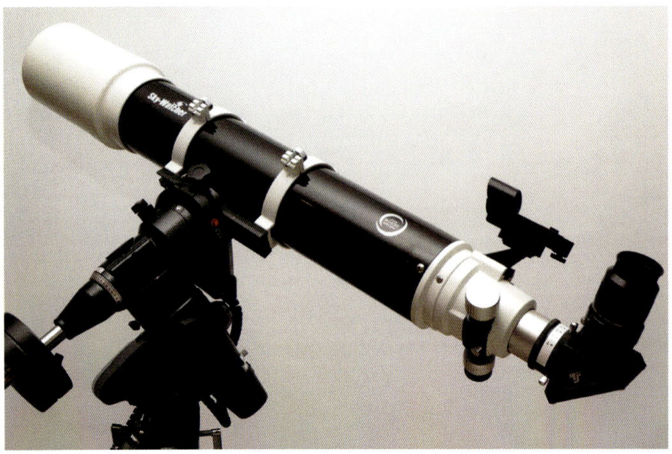

Abbildung 3.4
EVOSTAR ED120 Pro

Ohne den Einsatz einer solchen Linse würden die Sterne in einem Bild zum Rand hin unscharf und länglich abgebildet werden. Abbildung 3.4 zeigt einen Refraktor Skywatcher EVOSTAR ED120 Pro – ED APO 120/900 mm, an dem ich diese Korrekturlinse verwende. Der Hersteller bietet auch eine speziell für dieses Teleskop gerechnete Brennweitenreduzierung und Feldkorrektor mit dem Faktor 0,85x. Dieser reduziert die Brennweite, korrigiert das Bildfeld und erhöht die Lichtstärke.

Newton-Spiegelteleskope leiden hingegen unter dem sogenannten Koma (Aberration bzw. Abbildungsfehler in den Bildecken). Dieser lässt sich durch entsprechende Koma-Korrektoren beseitigen. Abbildung 3.5 zeigt einen solchen Koma-Korrektor für Spiegelteleskope.

Abbildung 3.5
Koma-Korrektor

Refraktor

Refraktoren, auch Linsenteleskope genannt, haben ein aus mehreren Linsen bestehendes Objektiv, das das einfallende Licht bricht und zum Brennpunkt hin bündelt. Das im Teleskop gewonnene Bild wird durch ein Okular betrachtet. Bei der Fotografie durch ein solches Teleskop kann die Kamera entweder hinter dem Okular (afokal) angebracht werden oder statt des Okulars direkt an den Teleskop-Tubus (fokal). In diesem Fall wirkt der Teleskop-Tubus wie ein großes Teleobjektiv. Refraktoren eignen sich besonders für die Fotografie von Sonne, Mond, Doppelsternen und Planeten. Abbildung 3.6 zeigt zwei Skywatcher-Refraktoren auf einer parallaktischen Montierung.

Abbildung 3.6
ED80 und ED100

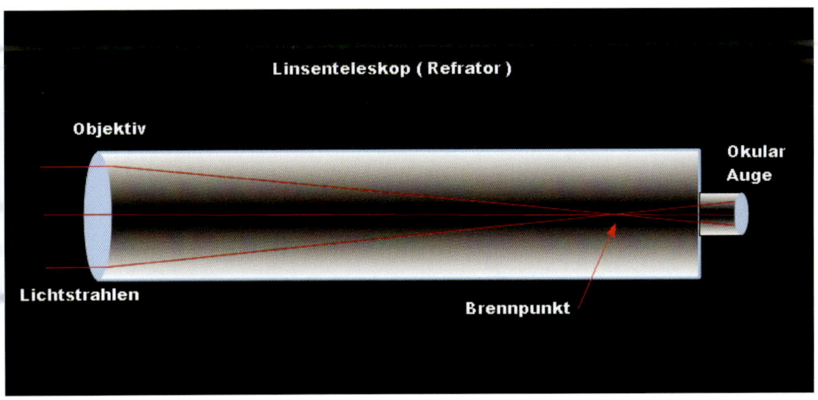

Abbildung 3.7
Strahlengang im Refraktor

Reflektor

Reflektoren (auch Newton-Teleskop genannt) arbeiten mit Spiegeln. Im hinteren Tubus befindet sich der große Hauptspiegel, im vorderen Bereich der kleinere Fangspiegel. Der Hauptspiegel sammelt das einfallende Licht und leitet es zum Fangspiegel. Dieser leitet das Licht zum Okular bzw. zur Fotokamera. Der Fangspiegel wird von vier schmalen Streben im Tubus gehalten. Bei sehr hellen Sternen entstehen durch diese Streben vier kleine Lichtstrahlen am Stern, die als Spikes bezeichnet werden. Die lichtstarken Newton-Teleskope eignen sich hervorragend für die Deep-Sky-Fotografie, können aber auch für alle anderen Objekte eingesetzt werden. Abbildung 3.8 zeigt einen schnellen (lichtstarken) Newton (F/4) mit angeschlossener DSLR.

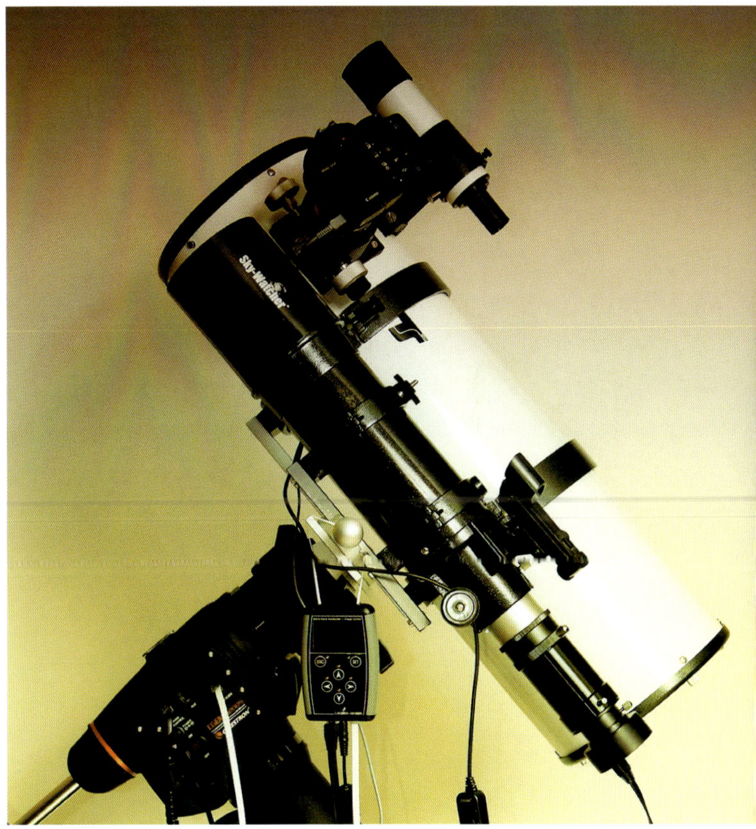

Abbildung 3.8
Newton (hinten in Weiß) mit Leitfernrohr (schwarz) mit DSLR und Sucherfernrohr

Abbildung 3.9 zeigt einen GSO Newton mit einer Öffnung von 254 mm bei einer Brennweite von 1250 mm. Parallel montiert ein Leitfernrohr mit CCD-Kamera zur automatischen Nachführung (dazu später mehr).

Abbildung 3.9
Newton 10"

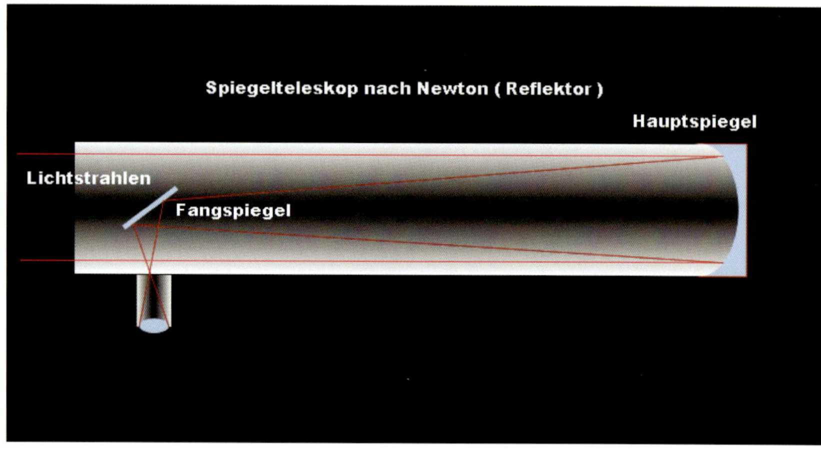

Abbildung 3.10
Strahlengang im Reflektor

Schmidt- und Maksutov-Cassegrain

Neben Refraktoren und Reflektoren gibt es noch viele weitere Teleskoparten. Eine sehr beliebte und weitverbreitete Bauart sind die Schmidt-Cassegrain und die Maksutov-Cassegrain. Beide Teleskoptypen haben bauartbedingt oft eine sehr große Brennweite und eignen sich daher vorzugsweise für die Planetenfotografie, sind bei entsprechender Nachführung aber auch für die Fotografie anderer Himmelsobjekte geeignet. Abbildung 3.11 und Abbildung 3.12 zeigen solche Teleskope.

Abbildung 3.11
Schmidt-Cassegrain

Abbildung 3.12
Maksutov-Cassegrain

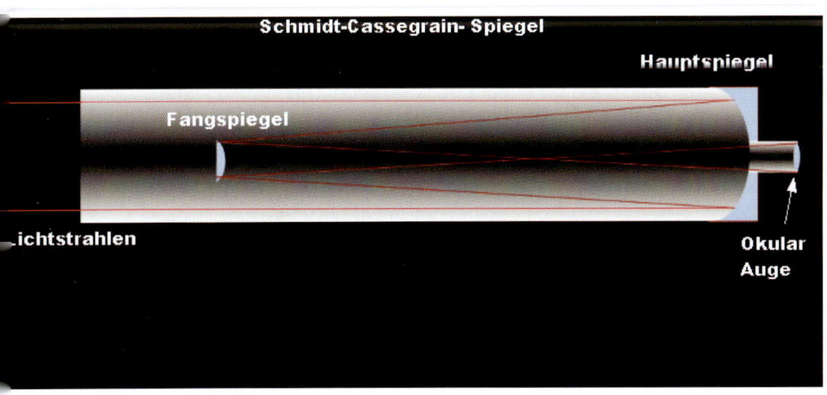

Abbildung 3.13
Strahlengang im Schmidt-Cassegrain

Anstatt jetzt noch weitere Teleskoptypen vorzustellen, möchte ich Ihnen noch einen Schutzbau – eine kleine Sternwarte – für Ihr Teleskop vorstellen. Beachten Sie Abbildung 3.14. Sie zeigt ein Schmidt-Cassegrain C11 mit Montierung und Säule, umgeben von einer Schutzhütte mit Rolldach. Dieses wird bei Bedarf einfach zur Seite geschoben und das Teleskop in Stellung gebracht.

Abbildung 3.14
Schutzhütte mit Rolldach

Zwei besondere Vorteile hat eine solche Sternwarte. Zum einen brauchen Sie Ihr Teleskop nicht jedes Mal neu aufzubauen, es ist praktisch immer betriebsbereit, und zum anderen: Sie müssen nicht immer aufs Neue das Teleskop für die Beobachtung und Fotografie ausrichten bzw. einscheinern (siehe weiter unten). Dies spart enorm viel Zeit. Bei den kurzen klaren Nächten in unserer Region kann man nicht genug Zeit haben.

3.1 AUFSTELLEN EINES TELESKOPS

Um bei der Astrofotografie punktförmige Sterne zu erhalten, bedarf es einer astronomischen Montierung, bei der eine Achse parallel zur Erdrotation ausgerichtet ist. Diese Achse muss dann in der richtigen Geschwindigkeit bewegt werden. Diese sogenannten parallaktischen Montierungen sind mit Elektromotoren oder sogar noch mit einer Computersteuerung (GoTo) ausgestattet. Da die sogenannte deutsche Montierung, die für Astrofotos am besten geeignete Montierung ist, gehe ich hier nur auf diese Bauart ein. Abbildung 3.15 zeigt die einzelnen Komponenten einer solchen Montierung am Beispiel einer Celestron CGEM.

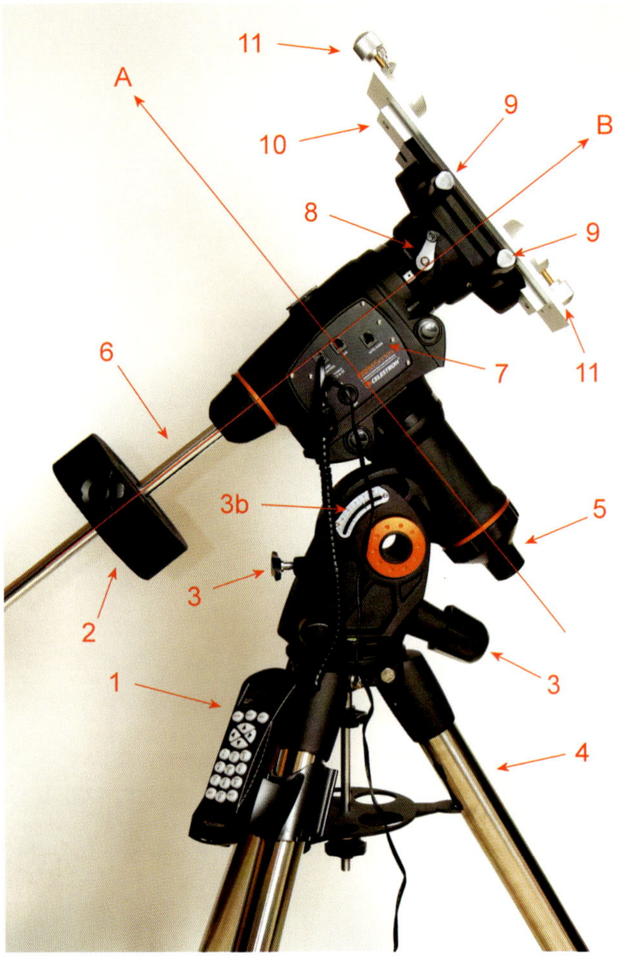

Abbildung 3.15

1 = Steuerung	2 = Gegengewicht
3 = Polhöhe einstellen	4 = Dreibeinstativ
5 = Polsucher	6 = Gegengewicht-Stange
7 = Autoguideranschluss	8 = Klemme DEC
9 = Klemmung	10 = Prismenschiene
11 = Klemmung	
A = Stundenachse	B = DEC-Achse

Bei der parallaktischen Montierung wird die Stundenachse parallel zur Erdachse ausgerichtet. In einem Winkel von 90 Grad dazu gibt es eine zweite Achse. Dieses ist die Deklinationsachse. Die deutsche Montierung besteht aus einem Achsenkreuz. An einem Ende der Deklinationsachse wird die Teleskopoptik befestigt, ihr gegenüber ein oder mehrere Gegengewichte. Unterhalb des Achsenkreuzes befindet sich dann ein stabiles Dreibeinstativ oder eine (Beton-) Säule. Viele Montierungen werden im Handel bereits mit Schritt- oder Servomotoren zur Achsensteuerung ausgeliefert. Bei einigen können Sie diese nachrüsten. Eine GoTo-Funktion, also eine Computersteuerung, die das Teleskop automatisch auf ein bestimmtes Himmelsobjekt positioniert, ist von Vorteil, bei der Astrofotografie aber nicht unbedingt nötig. Viel wichtiger ist da die genaue Aufstellung und Ausrichtung der Montierung, damit Langzeitbelichtungen mit der Kamera möglich werden. Beachten sollten Sie bei einer Neuanschaffung einer Teleskopmontierung, dass diese über einen Autoguider-Anschluss verfügt. Früher oder später möchten Sie sicherlich Ihr Teleskop mit der angeschlossenen Kamera automatisch nachführen, um lange Belichtungszeiten zu erreichen, bei denen die Sternabbildungen noch rund sind. Um dies zu realisieren, benötigen Sie einen solchen Anschluss für Ihren Autoguider. Die Bedienung Ihrer Montierung über eine Handsteuerbox, mit oder ohne GoTo-Steuerung, entnehmen Sie bitte der Anleitung zu Ihrem Modell. Je nach Hersteller weichen die Bedienungsschritte voneinander ab. Ich möchte hier aber auf das genaue Aufstellen einer Teleskopmontierung eingehen, da diese Arbeitsschritte für alle Montierungen gleich sind.

Die Teleskopmontierung müssen Sie so aufstellen, dass die Stundenachse auf den Himmelspol zeigt. Dieser Himmelspol (am Nordhimmel) befindet sich in der Nähe des Polarsterns. Am schnellsten gelingt dies mithilfe eines Polsucherfernrohres, das sich im Inneren der hohlen Stundenachse befindet. Ist Ihre Montierung nicht mit einem solchen Polsucherfernrohr ausgestattet, lässt sich dies bei vielen Modellen nachträglich installieren. Neigung und Blickrichtung der Montierung wird nun so weit verstellt, bis der Polarstern im Polsucherfernrohr, das mit entsprechenden Markierungen auf der Mattscheibe ausgestattet ist, seine vorgesehene Position einnimmt. Hilfreich zur genauen Bestimmung des Himmelspols ist hier das Programm *Polsuche.exe* (Link im Anhang). Mit diesem kleinen PC-Programm können Sie sich die genaue Position von Polaris (Polarstern) zum tatsächlichen Himmelspol zu jeder Zeit und bezogen auf jeden Beobachtungsort errechnen lassen. Eine sehr genaue Einordnung der Montierung erreichen Sie mit dem Einscheinern.

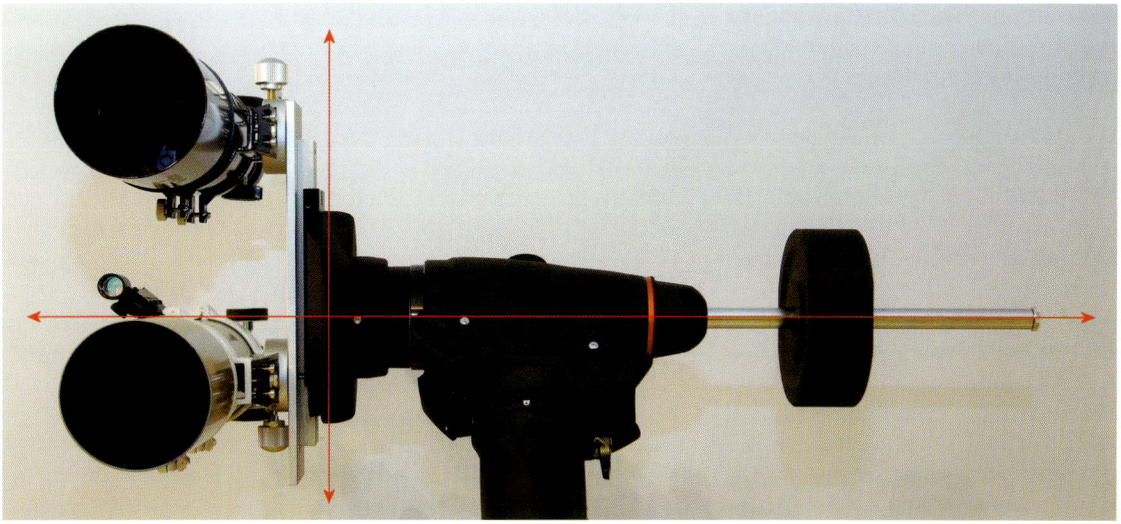

Abbildung 3.16
Ausbalanciertes Teleskop

Dieser Vorgang wird weiter unten noch erläutert. Damit die Motoren bei der Bewegung der Montierung möglichst präzise arbeiten, ist es sehr wichtig, dass die Montierung mit Gegengewichten ausbalanciert ist. Dies erreichen Sie durch Verschieben der Gegengewichte an der Gegengewichtsstange sowie durch Verschieben der Teleskopoptik durch Längsverschiebung der Prismenschiene. Bei gelösten Feststellklemmen sollte sich dann die Teleskopoptik mit den Gegengewichten im Gleichgewicht befinden und im Idealfall auch bei gelösten Klemmen in ihrer Position verharren (Abbildung 3.16).

Ausrichten der Teleskopmontierung nach der Scheiner-Methode

Sollen Teleskope für die Langzeitfotografie zum Einsatz kommen, benötigen sie eine genau definierte Aufstellung. Eine optimale Ausrichtung für fotografische Zwecke ist nur mit einer parallaktischen (deutschen) Montierung sinnvoll. Die Rektaszensionsachse (Polachse) der Montierung müssen Sie genau parallel zur gedachten Erdrotationsachse bringen. Dies bedeutet, dass sie horizontal exakt in Nord-Südrichtung stehen muss. Der Polhöhenwinkel muss genau der geografischen Breite des Beobachtungsstandortes entsprechen. Liegt Ihr Beobachtungsstandort bei einer geografischen Breite von 53 Grad, muss der Polhöhenwinkel ebenfalls auf 53 Grad eingestellt werden. Dies setzt natürlich voraus, dass die Montierung mit einer Wasserwaagenlibelle ausgerichtet aufgestellt ist. Abbildung 3.17 zeigt die grobe Ausrichtung eines Refraktors.

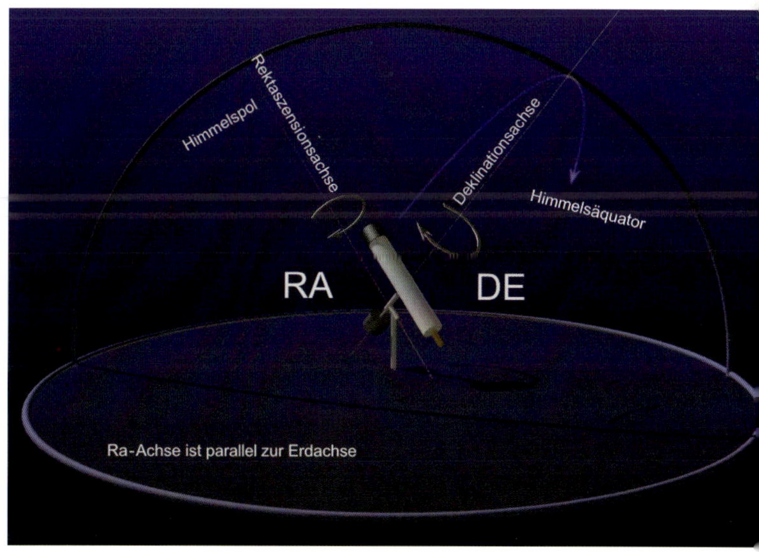

Abbildung 3.17
Ausrichten eines Refraktors

Mit dem Einscheinern eines Teleskops ist es möglich, es sehr genau auszurichten. Der gesamte Vorgang des Einscheinerns ist sehr zeitintensiv und kann schon einmal mehrere Stunden dauern, ist für eine Montierung, die Sie für die Astrofotografie nutzen wollen, oftmals aber unerlässlich. Belohnt werden Sie dafür mit kreisrunden Sternen auf Ihren Fotografien. Entwickelt wurde die Methode von dem deutschen Astrophysiker Julius Scheiner. Aber wie funktioniert der Vorgang des Einscheinerns genau? Beginnen Sie damit, Ihre Montierung mit dem Polsucher möglichst genau nach dem Himmelspol auszurichten. Um den nördlichen bzw. südlichen Himmelspol scheinen sich alle Sterne in einem Kreisbogen zu bewegen. Dieser Effekt ist natürlich nur die Projektion der Erdrotation. Mit einem Abstand von ca. einem Grad steht Polaris – der Polarstern – dem nördlichen Himmelspol als heller Stern sehr nahe. Er umschreibt ebenfalls einen kleinen Kreisbogen, ist aber ideal, um den genauen nördlichen Himmelspol zu finden. Am Südhimmel ist dies etwas schwieriger, da es in der Nähe des südlichen Himmelspols keinen hellen Stern gibt. Sigma Octantis ist das südliche Gegenstück zum nördlichen Polarstern. Er ist der dem südlichen Himmelspol nächstgelegene mit freiem Auge sichtbare Stern. In Abbildung 3.18 wird der nördliche Himmelspol zur Demonstration dargestellt.

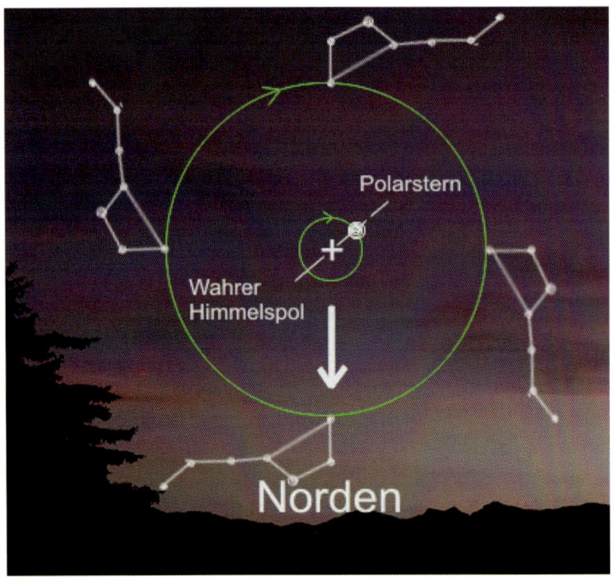

Abbildung 3.18
Nördlicher Himmelspol

Das Kreuz in der Mitte markiert die Position des Himmelspols. Polaris umkreist diesen in geringem Abstand. Um den Polarstern besser auffinden zu können, nehmen Sie das bekannte Sternbild Großer Wagen zur Hilfe. In Abbildung 3.18 wird dieses Sternbild vier Mal abgebildet. Verlängern Sie nun gedanklich (am Sternenhimmel, nicht in der Abbildung) den Abstand der hinteren beiden Kastensterne um ihre 5-fache Länge, treffen Sie genau auf den Polarstern. Moderne parallaktische Montierungen haben oftmals ein Polsucherfernrohr eingebaut oder besitzen zumindest eine Vorrichtung, um ein solches Hilfsmittel anzubringen. Mit diesem Polsucher ist es möglich, die Montierung schnell und einfach auf den Himmelspol auszurichten. Für Langzeitaufnahmen ist dies jedoch noch zu ungenau. Da hilft das Einscheinern weiter. Das Verfahren erkläre ich Ihnen nun anhand eines Refraktors, ohne Zenitspiegel: Richten Sie zunächst die Montierung auf den Himmelspol. Haben Sie keine freie Sicht zum Himmelspol, können Sie auch einen Peilkompass einsetzen. Stellen Sie den Polhöhenwinkel ein. Breitengrad = Polhöhenwinkel. Was Sie jetzt noch benötigen, ist ein stark vergrößerndes (beleuchtetes) Fadenkreuzokular.

1. Zu Beginn des Einscheinerns suchen Sie sich einen hellen Stern grob in Südrichtung, nahe dem Meridian und nicht weit vom Himmelsäquator entfernt.
2. Positionieren Sie nun den Stern in das Gesichtsfeld auf den waagerechten (vorher das Okular entsprechend drehen) Faden des Fadenkreuzokulars. Bei korrekter Bildorientierung und ausgeschalteten Nachführmotoren bewegt sich der Stern auf dem Faden von rechts nach links. Ab jetzt dürfen Sie die Position des Fadenkreuzokulars nicht mehr verdrehen.
3. Positionieren Sie den Stern wieder in die Mitte des Okulars und beobachten Sie seine Bewegung auf dem senkrechten Faden. Mit der Stundenachse (Rektaszensionsachse) dürfen Sie die Position des Sterns jederzeit verstellen. Weicht der Stern im Laufe der Zeit nach oben (Süden) ab, müssen Sie das Nordende der Stundenachse nach Westen drehen. Weicht der Stern auf dem senkrechten Faden nach unten (Norden) ab, müssen Sie das Nordende der Stundenachse nach Osten drehen.

Diese Arbeitsschritte wiederholen Sie so oft, bis sich der Stern ca. 15 Minuten auf dem senkrechten Faden nicht bewegt. Ist dies erreicht, geht es weiter mit der Justage der Polhöhe.

1. Wählen Sie nun einen Stern in östlicher Richtung, ca. 30 Grad über dem Horizont.

2. Zentrieren Sie den Stern genau in der Fadenkreuzmitte. Beobachten Sie nun die Abweichung auf dem senkrechten Faden, der etwa in einem Winkel von 45° steht. Bei ausgeschalteter Nachführung sollte sich der Stern von rechts oben (Osten) nach links unten (Westen) bewegen. Sollte der Stern nach links oben (Süden) abweichen, müssen Sie die Rektaszensionsachse (Polhöhe) höher (steiler) einstellen. Bei einer Abweichung nach rechts unten (Norden) müssen Sie die Rektaszensionsachse niedriger (flacher) einstellen.

Jetzt wiederholen Sie die Arbeitsschritte so oft, bis sich der Stern ca. 15 Minuten auf dem senkrechten Faden nicht bewegt. Kehren Sie zum Ausgangspunkt (dem Stern in Südrichtung) zurück. Kontrollieren Sie, ob es eine Abweichung gibt. Ist dies der Fall, müssen Sie die gesamten Arbeitsschritte wiederholen. Je öfter Sie diesen Prozess durchführen, desto genauer ist die Montierung am Ende ausgerichtet.

Für einige Teleskope mit automatischer Positionierung (GoTo) werden von der Steuerung automatische Programmabläufe angeboten, um die Montierung genauer einzuordnen. Am Beispiel der Celestron CGEM möchte ich Ihnen dies kurz vorstellen:

Vereinfachtes Einscheinern einer Celestron CGEM

1. Die Montierung (unabhängig ob Säule oder Stativ) wird so gut wie möglich nach Norden ausgerichtet.
2. Mittels eingebauter Dosenlibelle wird die Montierung in Waage gebracht.
3. Tubus, Leitrohr, Kameras und Gegengewichte montieren und austarieren.
4. Ist ein Polsucher vorhanden, jetzt die Montierung nach Polaris ausrichten (Hilfe: Polsuche2.exe).
5. Durch Lösen der Klemmschrauben die Montierung auf die zwei Pfeile der Anfangsposition stellen. (Bei Verwendung einer um 90 Grad gedrehten Doppelklemmung, dies der Steuerung mitteilen.) Klemmung festziehen.
6. Einschalten der Steuerung
7. Datum und Standort eingeben
8. »Two Star Alignment« auswählen.
9. Jetzt wird ein (bekannter) Stern östlich (»E«) des Meridians (im Süden) angefahren. Die DSLR sollte sich an der Hauptoptik befinden. Mithilfe eines Laptops und den Canon Utilities wird der Stern bei 200-facher Vergrößerung im Live-View-Fenster zentriert. Ein Kalibrieren des Suchers (Leichtpunktsucher) bietet sich jetzt ebenfalls an.
10. Es folgt nun der Calibstern (ebenfalls im Osten »E«). Nach dem Calibstern das Kalibrieren mit UNDO beenden.
11. Oben links am Handcontroler wird nun »PolarAlign« ausgewählt. Die Montierung nimmt dann eine Einordnung auf den letzten Calibstern vor. Dazu fährt sie ein Stück an dem Stern vorbei und wieder auf den Stern zurück.
12. Jetzt muss der Stern mit den Tasten zentriert werden. Ist dies erfolgt, muss an der Handsteuerung bestätigt werden, dass nun die Einstellung des Sterns manuell, ohne Motoren erfolgt. Dazu verfährt die Montierung kurz wieder.
13. Mit den Polhöhen- und Azimutschrauben muss nun der Stern zentriert werden.
14. Die Montierung ausschalten und die Pfeile der Montierung auf die Anfangsposition stellen.
15. Jetzt wird Schritt 6 bis 10 wiederholt. Für eine maximale GoTo-Genauigkeit sollten 3-4 Calibsterne (in Ost und West) angefahren werden.

Der Hibernate – Schlafmodus

Da Ihr Teleskop (hier im Beispiel die CGEM) nun bestens genordet sowie das GoTo eingerichtet ist, empfiehlt es sich nach Beendigung der Nutzung, die Montierung in eine Art Schlafmodus zu versetzen. So können Sie zu einem späteren Zeitpunkt sofort wieder mit der Montierung arbeiten, ohne die Einordnungsschritte erneut durchführen zu müssen.

Der Hibernate – Schlafmodus – der NexStar-Teleskope (auch CGEM):

1. Wählen Sie HIBERNATE im Menü UTILITY.

2. Bringen Sie Ihr Teleskop in eine gewünschte *Parkposition* und drücken Sie ENTER am Handcontroler.

3. Schalten Sie Ihr Teleskop AUS. Im *Schlafmodus* darf das Teleskop manuell nicht mehr verstellt/bewegt werden!

Nach Wiedereinschalten des Teleskops (z.B. in der nächsten Nacht) wird auf dem Display *Erwache* angezeigt. Drücken Sie nun ENTER. Geben Sie jetzt die aktuellen Zeit-/Ortsinformationen ein. Bestätigen Sie mit ENTER.

Jetzt können Sie mit dem *Alignment* vom Vortag weiterarbeiten.

3.2 DAS NACHGEFÜHRTE TELESKOP

Eine Nachführkontrolle und Korrektur des Teleskops wird erforderlich, wenn trotz motorischer Nachführung der Montierung innerhalb der Belichtungszeit die Sterne nicht mehr punktförmig abgebildet werden. Zur Nachführkontrolle kann entweder ein zweites Teleskop oder ein Off-Axis Guider eingesetzt werden (Abbildung 3.19).

Abbildung 3.19
Off-Axis Guider

In der Praxis haben Sie die Möglichkeit, mit einer manuellen oder einer automatischen Nachführung zu arbeiten. Bei der manuellen Nachführung sollten Sie ein beleuchtetes Fadenkreuzokular benutzen. Versuchen Sie, einen Leitstern in der Mitte des Fadenkreuzes zu positionieren und diese Position durch Betätigen der Richtungsknöpfe an der Montierungssteuerung in der Mitte zu halten. Sollte der Stern seine Position verlassen, müssen Sie sofort korrigierend eingreifen. Eine Nachführung über mehrere Minuten bedarf da viel Aufmerksamkeit und Geschick. Bei der manuellen Nachführung ist es ratsam, ein Leitfernrohr zu benutzen, das ca. die doppelte Brennweite wie das Aufnahmefernrohr besitzt.

Ist die Brennweite Ihres Leitfernrohrs zu gering, können Sie sie mit einer Barlowlinse verdoppeln. Bei einem Leitrohr ist die Abbildungsqualität nicht von Bedeutung, das heißt, Sie können hier eine preiswerte Optik verwenden. Wichtig ist, dass das Leitrohr sowie das Aufnahmeteleskop fest miteinander verbunden sind. Hier bieten sich eine Doppelprismenschiene oder stabile Leitrohrschellen an. Abbildung 3.20 zeigt eine Montagemöglichkeit für ein Leitrohr.

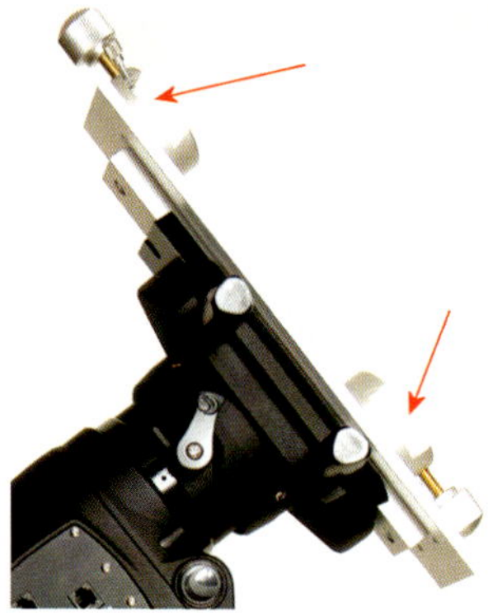

Abbildung 3.20
Doppelprismenschiene

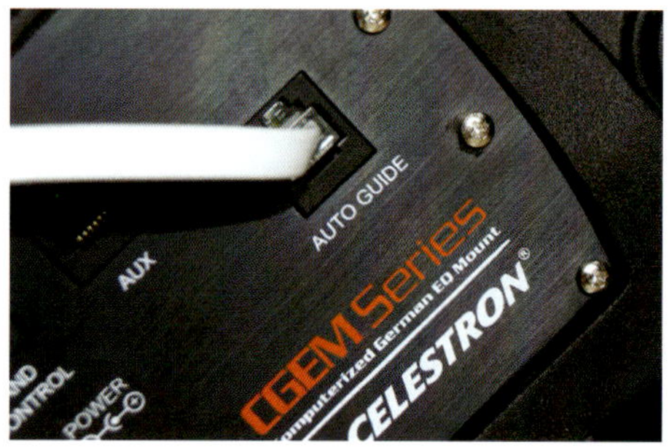

Abbildung 3.21
Autoguiderschnittstelle

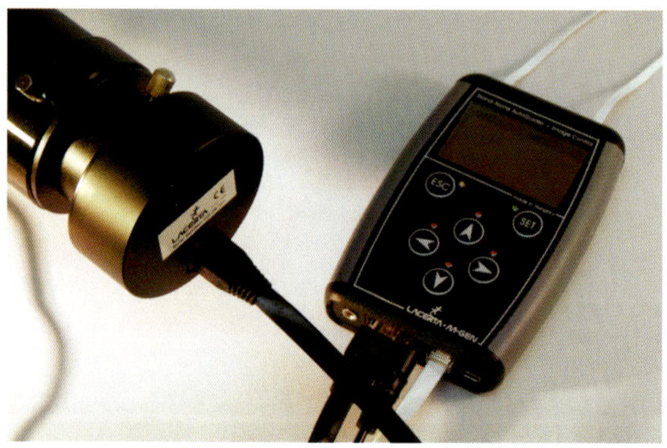

Abbildung 3.22
Lacerta M-GEN

Abbildung 3.23
Leitfernrohr

Versuchen Sie nun, während die an der Aufnahmeoptik angeschlossene Kamera Aufnahmen macht, durch Korrekturen mit der Handsteuerbox der Montierung den Leitstern in der Mitte des Fadenkreuzokulars Ihres Leitfernrohrs zu halten.

Wesentlich genauer und komfortabler können Sie mit einer Autoguiderkamera arbeiten. Die Autoguiderkamera (Nachführkamera) wird anstelle des Fadenkreuzokulars eingesetzt. Ein PC-Programm übernimmt dann mit einem Laptop zusammen die Aufgabe der Nachführung. Der technische Ablauf ist folgendermaßen: Der sehr empfindliche Sensor der Autoguiderkamera empfängt das Licht eines Sterns (Leitstern). Die Position des Sterns wird durch eine Software (zum Beispiel PHD-Guiding) ermittelt. In kurzen Intervallen wird der Sensor der Guidingkamera ausgelesen und die Position des Leitsterns neu vermessen. Bei einer Abweichung errechnet die Guiding-Software eine Gegenkorrektur und ist in der Lage, diese über eine Schnittstelle an die Montierung zu melden. Die Montierungsmotoren gleichen die Abweichung dann aus. Abbildung 3.21 zeigt die Autoguiderschnittstelle an der CGEM-Montierung.

Seit einiger Zeit gibt es wieder Stand-Alone-Autoguider im Handel. Erwähnen möchte ich hier den LVI Smart Guider 2 und den Lacerta M-GEN. Beides sind hervorragende Geräte zum Nachführen (Guiden) ohne PC. Abbildung 3.22 zeigt den Lacerta M-GEN mit Guidingkamera, den ich selber verwende.

Sie verbinden die mitgelieferte Guidingkamera mit dem Leitrohr oder einem geradsichtigen Sucher sowie mit der Steuerbox des Guiders und schon können Sie loslegen. Okay – ich gebe zu, was sich so einfach liest, bedarf in der Praxis schon einer gewissen Einarbeitungszeit. Den Stand-Alone-Autoguidern liegt eine sehr verständliche Anleitung bei. Da viele verschiedene Teleskope als Leitfernrohr infrage kommen und auch an unterschiedlichen Montierungen benutzt werden, kann ich keine pauschale Einstellung für die Guider hier angeben. Die optimalen Einstellungen für Ihr Equipment müssen Sie daher selber ermitteln. Dies ist aber nicht schwer. Anfangs schrieb ich, dass bei der manuellen Nachführung die Brennweite des Leitfernrohrs größer als die der Aufnahmeoptik sein sollte, bei der automatischen Nachführung mit PC oder Stand-Alone-Guider ist dies nicht mehr so. Sie können bereits mit einem Sucherfernrohr nachführen. Ich selber benutze als Leitfernrohr einen Skywatcher-102/500-Refraktor (Abbildung 3.23).

Hier noch mal die einzelnen Arbeitsschritte

1. Montierung wird aufgestellt, ausgerichtet und ausbalanciert
2. Aufnahmekamera an die Hauptoptik anschließen
3. Guidingkamera am Leitrohr anschließen
4. Guidingkamera mit der Steuereinheit (Laptop oder Stand-Alone-Guider) verbinden
5. Steuereinheit mit der Montierung verbinden (Autoguiderschnittstelle)
6. Ausrichten nach Polaris bzw. genaues Einscheinern

7. GoTo einrichten und ein 3-Star Alignment durchführen
8. Bei Bedarf das Einscheinern mit der GoTo-Steuerung verfeinern
9. Eventuell noch die DSLR mit der Steuereinheit (Laptop, Stand-Alone-Guider) verbinden oder Timer für DSLR verwenden
10. DSLR oder CCD-Kamera an einem hellen Stern mithilfe eines Laptops (Live-View) fokussieren
11. Den zu fotografierenden Bereich (mit GoTo) aufsuchen und bei ISO 1600 oder hohem Gain-Wert eine Probeaufnahme machen (30 Sekunden)
12. Mit der Guidingkamera einen Leitstern finden
13. Leitstern fokussieren
14. Guiding kalibrieren
15. Guiding starten und beobachten, ob das Guiden zuverlässig läuft
16. Mit den Fotoaufnahmen beginnen (Belichtungsserie am Laptop starten)

3.3 DER AUTOGUIDER

Hier möchte ich kurz auf den Lacerta M-GEN eingehen, den ich seit Kurzem selber auch verwende. Da ich von den Startschwierigkeiten mit diesem Gerät weiß, könnten meine Tipps zum Umgang mit dem M-GEN Ihnen in der Anfangsphase zu schnellerem Erfolg verhelfen. Der M-GEN kann ohne Computerhilfe alle Funktionen eines Autoguiders übernehmen – er ist praktisch selber ein kleiner Computer. Das Instrument besteht aus zwei Teilen: eine Autoguiderkamera mit einem CCD-Chip von Sony (Größe: 752 x 852 Pixel, 3,6 x 2,7 mm) sowie einer Handsteuerbox mit Tasten und einem Display (Abbildung 3.22). Die Arbeitsschritte – in Kurzform – habe ich oben schon einmal angegeben, dies sollte als eine Art *Checkliste* dienen. Jetzt geht es etwas genauer zu:

Guider-Setup

Nachdem der Autoguider angeschlossen und das Teleskop auf die gewünschte Region gerichtet ist, schalten Sie den M-GEN durch kurzes Drücken auf ESC ein. Gehen Sie zunächst in das Menü Guiding. Durch Drücken von SET gelangen Sie in das Guiding-Untermenü. In der folgenden Menüauswahl wählen Sie den untersten Punkt: Guider-Setup. Bei Obj. Focus stellen Sie die Brennweite Ihres Leitfernrohrs ein. Ich habe dort für mein Leitfernrohr 500 mm eingetragen. Die AG speed-Werte sollten denen in der Handsteuerbox Ihrer Montierung entsprechen. Ich habe für RA und DEC je 0,50x eingestellt (Abbildung 3.24).

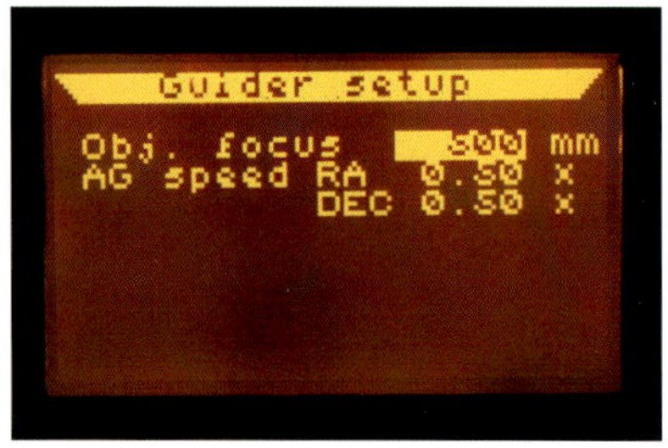

Abbildung 3.24
GuiderSetup

Current Guiding

Mit Druck auf ESC gelangen Sie wieder eine Menüseite zurück. Nun zum ersten Menüpunkt: Current guiding, Auswahl mit SET. In dem folgenden 4-Seiten-Guider-Menü müssen Sie zunächst die Werte oben rechts bestimmen. *Gain* starte ich bei 3 (reicht dies nicht, erhöhe ich später schrittweise). *Exposure time* (exp) beginne ich mit 1000 ms (erhöhen, wenn nötig). Nach dem Star Search wird für *Threshold* ein automatisch ermittelter Wert eingestellt, dieser kann aber auch verändert werden (ich nehme Werte zwischen 6 und 10). Gehen Sie nun auf Einstellungsseite 3/4 (RA) wie in Abbildung 3.25 gezeigt und stellen Sie die folgenden Werte ein: *Num* auf 1, *Tolerance* (tol) auf 0.15.

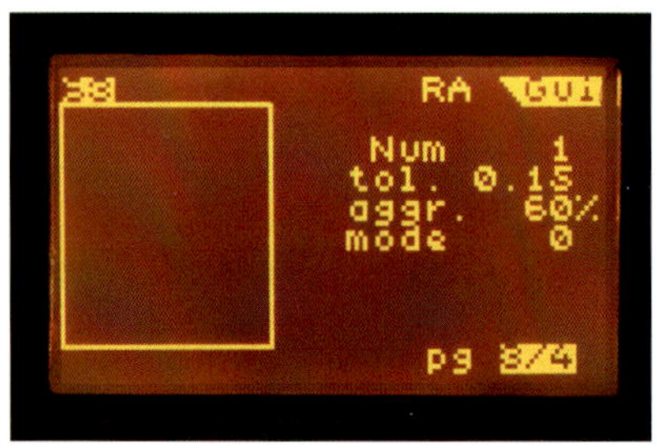

Abbildung 3.25
Guider-Setup

Die Toleranz-Einstellung ist abhängig vom Seeing und dem Leitfernrohr. Je besser das Seeing, umso kleiner können Sie die Toleranz wählen. Bei einem Refraktor von 900 mm Brennweite reichen 0,5 bis 0,7 Pixel Toleranz, bei einem Sucher von 250 mm Brennweite funktionieren 0,12 bis 0,15 ganz gut.

Mein 500-mm-Leitfernrohr sollte theoretisch eigentlich dazwischen liegen, die Nachführung klappt aber bei einer Toleranz von 0,15 ganz gut, deshalb belasse ich es dabei. Die *Aggressivität* (AGGR) hängt von der Belichtungszeit ab. Bei einer Belichtungszeit von 1 Sekunde (1000 ms) und mehr können Sie eine *Aggressivität* von 60 bis 80 Prozent einstellen (ich habe hier 60 Prozent gewählt). Belichtungszeiten von 400 ms bis 600 ms erlauben nur 30 bis 40 Prozent Aggressivität.

Bei *Mode* sollten Sie nur 0 oder 2 einstellen (Anleitung des M-Gen beachten). Auf der Seite 4/4 stellen Sie die Werte für die DEC-Achse ein. Haben Sie zuvor Ihre Montierung gut zum Himmelspol ausgerichtet, benötigt die DEC-Achse nur sehr selten eine Korrektur. Ich empfehle Ihnen daher auf jeden Fall die Verwendung von NUM, um längere Guiding-Zyklen zu bekommen. Werte zwischen 3 und 10 Sekunden sind hier okay.

Ich habe allerdings auch schon mit nur einer Sekunde eine gute Nachführung erzielt. Merke: Je höher NUM eingestellt wird, desto langsamer reagiert der Guider auf Abweichungen in der entsprechenden Achse. Die Toleranz-Werte können Sie bei der DEC-Achse genauso einstellen wie bei der RA-Achse. Wegen der längeren Zykluszeiten kann die Aggressivität bei der DEC-Achse etwas höher als bei der RA-Achse eingestellt werden. Bemerken Sie ein häufiges Korrigieren der DEC-Achse mit wechselnder Richtung, ist die Aggressivität zu hoch gewählt und sollte verringert werden.

Leitstern suchen

Jetzt sind alle Voreinstellungen abgeschlossen und Sie können sich einen Leitstern suchen. Wechseln Sie zunächst zum Menü LIVE VIEW. Dort sehen Sie ein Livebild dessen, was der CCD-Chip empfängt. Dieser Modus eignet sich besonders, um die genaue Schärfe der Guiderkamera einzustellen. Beachten Sie zur optimalen Schärfeeinstellung unbedingt die Hinweise in Ihrem Handbuch zum M-GEN. Ist die optimale Bildschärfe gefunden, können Sie mit STAR SEARCH automatisch einen geeigneten Leitstern suchen lassen. Ist dieser gefunden, bestätigen Sie diesen Stern und die Steuerbox wechselt ins *Guiding-Menü*.

Calibration

Starten Sie dort die Kalibrierung unter CALIBRATION. Der M-GEN führt nun eine Kalibrierung durch. Das Ergebnis der Kalibrierung sollte über 95 Prozent liegen. Optimal sind Werte zwischen 97 und 100 Prozent. Ist dies erreicht, können Sie die Nachführung mit dem Autoguider starten und mit Ihren Fotoaufnahmen beginnen.

3.4 DIE JUSTIERUNG/KOLLIMATION EINES NEWTON-SPIEGELTELESKOPS

Newton-Reflektoren sind bauartbedingt sehr justieranfällig. Um mit einem Newton zufriedenstellende Bilder aufnehmen zu können, muss dieser möglichst genau kollimiert sein. Das bedeutet, dass der Fangspiegel und der Hauptspiegel mittig zueinander angebracht und auf ihre optische Achse zentriert sind. Ist dies nicht der Fall, wird das sowieso schon im Randbereich vorhandene Koma verstärkt. Die Sterne sehen dann nicht mehr rund aus, sondern kometenförmig mit einem kleinen Schweif oder sie sind sogar dreieckig. Newton-Teleskope sind umso justieranfälliger, je öfter sie transportiert werden, je lichtstärker sie sind und je größer der Hauptspiegel ist. Es ist daher angebracht, vor einer Beobachtungsnacht eine Kollimation des Newton durchzuführen. Dies erfolgt mit einem Justierlaser und unter Realbedingungen (Abbildung 3.26).

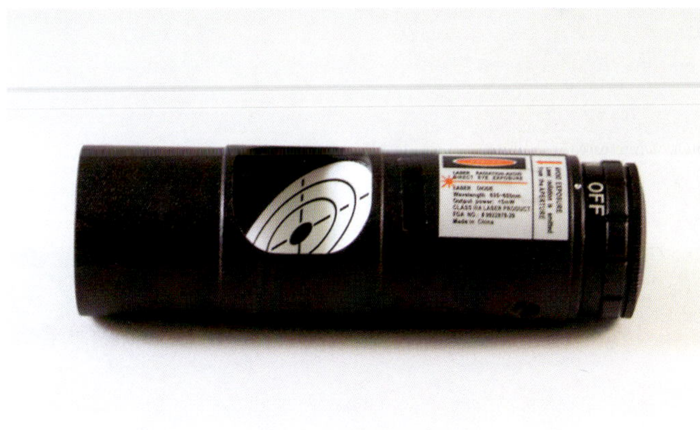

Abbildung 3.26
Justierlaser

Der Newton sollte sich ausgekühlt im Freien befinden. Dort wird die Justage durchgeführt. Würden Sie den Newton im warmen Zimmer justieren und anschließend ins Freie stellen, wäre durch die unterschiedlichen Temperaturen eine genaue Justage nicht mehr gewährleistet.

Justage eines Justierlasers

Vor dem Einsatz eines Justierlasers sollten Sie sicherstellen, dass der Laser selbst justiert ist. Stellen Sie den Newton waagerecht mit nach oben zeigendem Okularauszug hin. Schieben Sie statt eines Okulars jetzt den Justierlaser ohne Klemmung, um eine Verkantung zu verhindern, in den Okularauszug und schalten Sie den Laser ein. Dann drehen Sie langsam den Laser im Okularauszug und beobachten den auf den Hauptspiegel treffenden Laserstrahl. Dieser befindet sich bei einem gut justierten Laser immer an der gleichen Stelle. Ist dies nicht der Fall, muss zuvor der Laser kollimiert werden, wozu er im Gehäuse kleine verstellbare Schrauben besitzt. Ist der Laser okay, können Sie mit der Kollimation des Newton beginnen.

Justage des Fangspiegels

Sehr hilfreich für eine erfolgreiche Justage des Newton ist eine genaue Markierung in der Mitte des Hauptspiegels. Handelsübliche Newton-Teleskope werden fast immer mit einer solchen Markierung ausgeliefert (Abbildung 3.27).

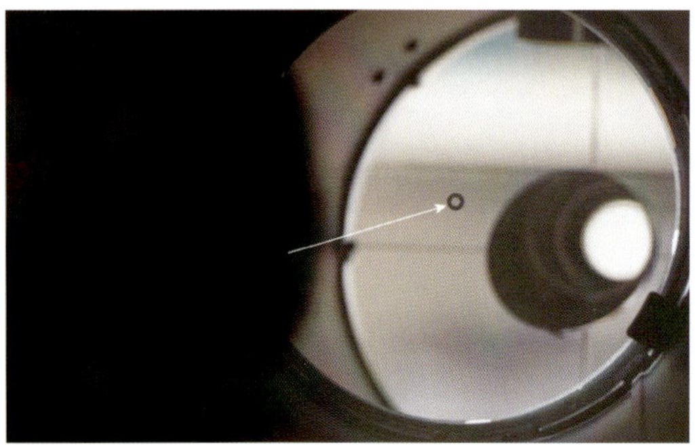

Abbildung 3.27
Markierung am Hauptspiegel

Schieben Sie den Laser wieder in den Okularauszug und beobachten Sie den Laserstrahl auf dem Hauptspiegel. Dieser sollte genau die Mitte der Markierung treffen. Ist dies nicht der Fall, muss der Fangspiegel korrigiert werden. Dazu verkippen Sie nun vorsichtig den Fangspiegel, indem Sie die kleinen Schrauben an der Fangspiegelhalterung leicht verdrehen (Abbildung 3.28).

Abbildung 3.28
Fangspiegelhalterung

Damit diese sich überhaupt verdrehen lassen, müssen Sie zuvor ganz vorsichtig etwas die mittlere Halterungsschraube anlösen. Bei dem Verdrehen der Fangspiegelschrauben beobachten Sie nun genau das Licht des Lasers auf dem Hauptspiegel. Versuchen Sie, den Laserpunkt genau in die Mitte der Markierung zu bringen, wie es Abbildung 3.29 zeigt.

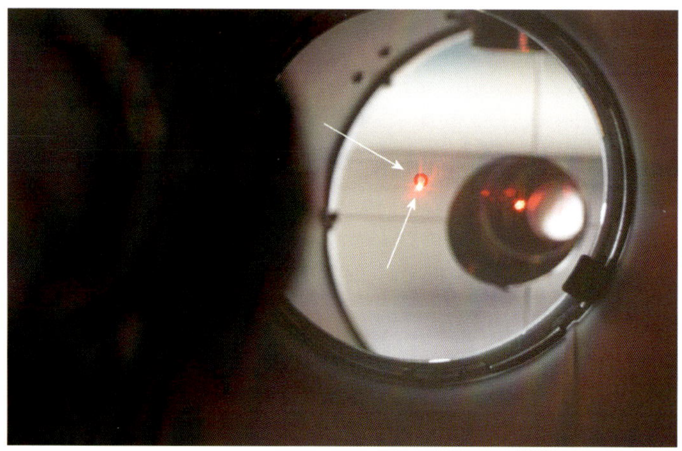

Abbildung 3.29
Laser in die Markierung bringen

Haben Sie dies geschafft, ist der Fangspiegel justiert.

Justage des Hauptspiegels

Nun geht es zum Hauptspiegel. Zur Kontrolle und Justierung des Hauptspiegels benutzen Sie die Reflexionsfläche des Justierlasers (Abbildung 3.30).

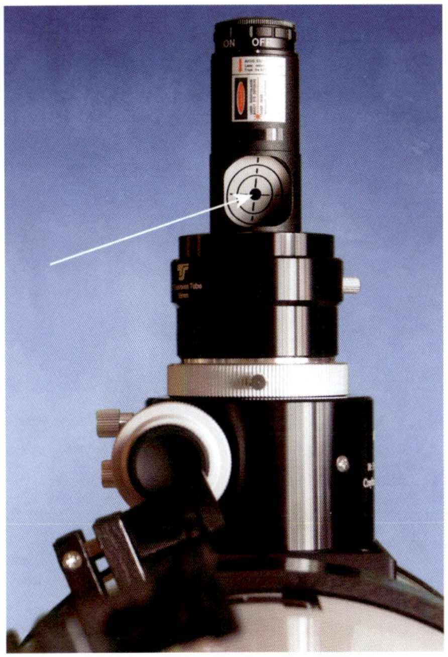

Abbildung 3.30
Reflexionsfläche des Justierlasers

Achten Sie darauf, dass die Reflexionsfläche des Lasers in Richtung Hauptspiegel zeigt. Begeben Sie sich dann auf die Seite des Hauptspiegels und schauen Sie auf die Reflexionsfläche des Lasers. Ist nur ein Lichtpunkt zu sehen, also reflektiert sich der Laser in sich selbst, ist der Hauptspiegel in der richtigen Position. Sehen Sie eine Reflexion des Lasers außerhalb des Zentrums der Reflexionsfläche (Zielscheibe) oder gar einen zweiten Laserpunkt, dann ist der Hauptspiegel verstellt. Bringen Sie dann den Laserpunkt durch Verstellen der Justierschrauben am Hauptspiegel (Abbildung 3.31) genau in das Zentrum der Reflexionsfläche.

Abbildung 3.31
Justierschrauben am Hauptspiegel

Haben Sie das geschafft, ist der Newton justiert.

3.5 DIE POLARIE

Die Vixen Polarie ist ein Star-Tracker. Was ist das? Sie ist ein Fotozubehör, das Ihnen ermöglicht, Sterne punktförmig mit einer Kamera abzubilden. Ideal auch als kleine Reisemontierung. Die Polarie wird auf ein stabiles Fotostativ montiert und auf den Himmelspol (Nord oder Süd) ausgerichtet. Eine auf der Polarie montierte Kamera wird mit dieser so nachgeführt, dass bei der Fotografie scharfe, punktförmige Sterne abgebildet werden. Die Polarie kann mit ca. 2 kg Kameragewicht belastet werden und liefert im Weitwinkel- sowie moderaten Normalbrennweitenbereich gute Ergebnisse. Gerade auf Reisen möchte ich die Polarie nicht mehr missen. Abbildung 3.32 zeigt dieses innovative Werkzeug mit DSLR.

3.6 AUSRICHTEN DER POLARIE

Abbildung 3.32
Vixen Polarie Star-Tracker mit DSLR

Montieren Sie die Polarie auf ein stabiles Stativ mit Neiger oder Kugelkopf (3) und neigen Sie die Polarie so weit, dass der Neigungsmesser (1) die geografische Breite Ihres Beobachtungsortes anzeigt. Beispiel: Ist Ihr Beobachtungsort der Stadtrand von Hagen, wird Ihre geografische Breite bei ca. 51°37'00" und Ihre geografische Länge bei ca. 7°44'00" liegen. Stellen Sie dann die Polarie auf eine Neigung von ca. 51,3. Dies dient einer ersten groben Ausrichtung. Nun stellen Sie die Blickrichtung grob nach Norden (ein Kompass liegt der Polarie bei) und bringen alles in Waage (ich verwende dazu einen kleinen Wasserwaagenwürfel (1 – Abbildung 3.33) oben am Zubehörschuh der Polarie. Peilen Sie durch das Polarstern-Peilloch (2) den Polarstern an, schon ist die Polarie grob eingeordnet. Ihre Kamera befestigen Sie mit einem zweiten Kugelkopf (2) an den Kamera-Anschluss-Block der Polarie. Starten Sie die Polarie und beginnen Sie mit den Aufnahmen.

Wollen Sie die Polarie noch genau auf den Himmelspol ausrichten, nutzen Sie das Polsucherfernrohr der Polarie (als Zubehör erhältlich). Die gesamte Bedienung der Polarie und des Polsuchers entnehmen Sie bitte der Bedienungsanleitung. Ich möchte nur noch kurz auf den Polsucher eingehen und die Bedienungsanleitung für die Region Deutschland ergänzen (Abbildung 3.33):

Abbildung 3.33
Der Polsucher der Vixen Polarie

Am besten stellen Sie die Zahlenskalen des Polsuchers entsprechend des Beobachtungszeitpunktes zuerst am Polsucher ein und setzen diesen erst dann in die Polarie. So verrenken Sie sich nicht gleich den Hals, denn die Polarie ist ja (in unserem Beispiel) bei 51,3° geneigt (nicht wie in Abbildung 3.33).

Einmalig wird der Meridian-Offset – die Längengraddifferenz (die innere kleine Skala) eingestellt (3). Die Null auf der Skala bezeichnet 15° Ost (die östliche Grenze von Deutschland). Wenn Sie nun, wie in unserem Beispiel, vom Stadtrand Hagens aus beobachten (der bei einem Längengrad von ca. 7,44 liegt), müssen Sie den Offset wie folgt berechnen und einstellen: 15° minus 7,44 = ca. 8. Da Hagen westlich vom 15. Längengrad liegt, müssen Sie nun an der inneren Skala einen Wert von 8° West einstellen. Die zweite einzustellende Skala ist die äußere. Diese zeigt zwei Zahlenreihen. Mit ihr stellen Sie den Zeitpunkt in Stunde (4) und Tag ein, den Sie beim Aufsuchen des Polarsterns Polaris haben. Wollen Sie z.B. Ihre Polarie am 01.01.2013 um 22.00 Uhr ausrichten und nutzen, drehen Sie den äußeren Ring so, dass die 20 (steht für 20.00 MEZ) zu einem passenden Wert (für Monat und Tag) der inneren Skala des äußeren Ringes steht.

Abbildung 3.34 Orionsternbild. Belichtungszeit: 6x 60 Sekunden

In Abbildung 3.33 zeigt die 20 genau auf die 1 (5). Die Eins steht für Januar. Die Tage des Monats Januar folgen dann bis zur 2 (Februar) in Zweier-Schritten usw. Jetzt setzen Sie den Polsucher in die Polarie, nivellieren (6) in Waage und schauen durch den Sucher. Positionieren Sie anschließend die Polarie so (Waage beachten), dass der Polarstern in der Jahresskala (2005–2020) und nicht in dem X sichtbar ist. Mit einer schwachen roten Taschenlampe können Sie von vorne in den Polsucher hineinleuchten, um die Skalen und Zeichen innerhalb des Polsuchers besser zu erkennen.

Sind Sie an dieser Stelle angekommen, haben Sie einen sehr gut ausgerichteten Star-Tracker. Der Polsucher wird nun vorsichtig entfernt, die Kamera montiert und die Aufnahmen können beginnen.

Im Abschnitt 3.1 weise ich auf das Programm *Polsucher.exe* hin. Sollten Sie an Ihrer Montierung einen Polsucher verwenden, können Sie diesen genauso einstellen, wie hier bei der Polarie beschrieben. Nachfolgende Aufnahme des Orionsternbildes entstand unter Zuhilfenahme der Polarie.

ASPHERICAL LD XR Di II SP
EOS 550D
ZWO Design
www.zwoptical.com

KAPITEL 4
Die Kamera

Digitale Kompaktkameras scheinen auf den ersten Blick für die Astrofotografie ungeeignet zu sein. Das Objektiv lässt sich nicht abnehmen, die Langzeitbelichtung geht oftmals nicht über acht Sekunden hinaus und das Rauschverhalten bei hohen ISO-Werten ist so schlecht, dass oberhalb von ISO 200 die Bilder meistens nicht mehr zu gebrauchen sind. Aber es gibt sie doch, die Astromotive für die digitale Kompaktkamera: Beachten Sie doch mal in Kapitel 1 die Konstellationen. Die meisten der Nachtaufnahmen bei den Jupiter-Mond-Konstellationen habe ich mit einer Kompaktkamera aufgenommen. Ein weiteres schönes Motiv für eine digitale Kompaktkamera ist zum Beispiel der Mond oder einzelne Mondkrater. Von diversen Herstellern werden sogenannte Digi-Klemmen angeboten. Damit ist es möglich, eine digitale Kompaktkamera einfach hinter dem Okular am Teleskop zu adaptieren (Abbildung 4.1).

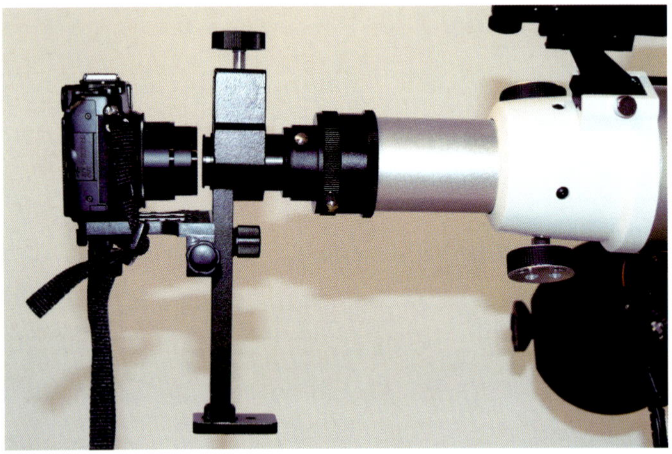

Abbildung 4.1
Die Digi-Klemme

Probieren Sie es einmal, Sie werden überrascht sein, wie gut das funktioniert. Benutzen Sie zum Auslösen, falls Sie keinen Funkauslöser haben, den Selbstauslöser der Kamera, um Verwackelungen zu vermeiden. Bedingt lässt sich eine solche Kamera auch bei der Sonnenfotografie einsetzen. Für Aufnahmen von Planeten oder gar Deep-Sky-Objekten ist die Kompaktkamera allerdings nicht geeignet.

4.1 DIE DIGITALE SPIEGELREFLEXKAMERA

Bei Amateur-Astronomen ist die digitale Spiegelreflexkamera sehr beliebt. Sie kann mit Objektiven, aber auch nur als Gehäuse in Verbindung mit einem Teleskop (statt Okular) genutzt werden. Moderne Spiegelreflexkameras zeigen auch bei höheren ISO-Werten ein moderates Rauschverhalten. Langzeitbelichtungen sind ebenso möglich wie die Aufnahme im Kamera-RAW-Format. Der Anschluss eines Timers zur programmierten Belichtungsreihe oder die Bedienung über einen Laptop im Live-View ist bei den meisten Kameramodellen gegeben. Besonders beliebt sind die Modelle der Canon-EOS-Reihe. Grund dafür ist neben ihrer hervorragenden Abbildungsleistung sicherlich auch das für den Astro-Bereich zahlreich erhältliche Zubehör. Es wird für diese Kameras sogar ein Umbau-Service angeboten, wo der Canon-IR-Sperrfilter ausgebaut und durch einen Baader-AFC-Filter ersetzt wird. Dies hat zur Folge, dass die DSLR für den H-Alpha-Bereich wesentlich empfindlicher wird, also der rot leuchtende Wasserstoff bei Deep-Sky-Aufnahmen viel mehr zur Geltung kommt. Abbildung 4.2 zeigt eine solche umgebaute DSLR mit dem beliebten T2-Adapter. Mit ihm ist es möglich, die Kamera an nahezu jedes Teleskop anzuschließen.

Abbildung 4.2
DSLR und T2-Adapter

Ich setze sehr oft digitale Spiegelreflexkameras von Canon ein. Sie bieten ein sehr gutes Preis-Leistungs-Verhältnis. Wie zuvor schon beschrieben, schließe ich das Kameragehäuse an den 2"-Okularauszug meiner Aufnahmeoptik an. Dies ist nur ein Weg, eine DSLR an einem Teleskop zu benutzen. Ist auf der Montierung ein Teleskop montiert, kann die DSLR wahlweise auch huckepack auf dem Fernrohr angebracht werden (Abbildung 4.3).

Abbildung 4.3
Kamera am Teleskop befestigt

Die Teleskopmontierung führt dann die DSLR nach, wodurch Langzeitbelichtungen möglich sind. Nehmen Sie vor der eigentlichen Aufnahme noch einige Grundeinstellungen an Ihrer Kamera vor:

Stellen Sie als Erstes das Dateiformat Ihrer Kamera auf RAW+JPG. Die JPG-Datei brauchen Sie nur für eine schnelle Übersicht. Die RAW-Dateien sind die Roh-Bilder, die Sie später weiterbearbeiten werden. Den ISO-Wert sollten Sie Ihren Bedürfnissen und der Situation anpassen. Bei Aufnahmen vom Mond und der Sonne wähle ich einen kleinen ISO-Wert. Bei Deep-Sky-Aufnahmen gehe ich bis auf ISO 800/1600 hinauf. Meine Canon-EOS-Kameras liefern auch bei diesem hohen ISO-Wert noch akzeptable Ergebnisse. Da bei der Deep-Sky-Fotografie sowieso mehrere Aufnahmen gestackt (übereinandergelegt) werden, reduziert sich das Bildrauschen noch etwas. Die kamerainterne Rauschreduzierung bei Langzeitbelichtungen schalte ich meistens aus. So geht mir nicht wertvolle Belichtungszeit verloren. Würde ich diese Funktion einschalten, würde die Kamera nach jeder Belichtung ein Dunkelbild anfertigen und es von dem Light-Bild abziehen. In der Praxis bedeutet dies: Eine Belichtungszeit von drei Minuten würde danach die Kamera für drei Minuten blockieren, in denen das Dunkelbild erstellt und verrechnet wird. Sie können in dieser Zeit kein weiteres Foto machen. Der Weißabgleich (auch bei einer modifizierten Kamera) sollte auf Tageslicht und die Messmethode auf Mehrfeldmessung stehen. Da Sie im RAW-Format arbeiten, können Sie später bei Nichtgefallen den Weißabgleich problemlos ändern. Ich hatte sogar schon einmal den Fall, wo ich durch eine Unachtsamkeit den Weißabgleich auf manuell eingestellt hatte. Gespeichert war das Grün einer sonnenbeschienenen Wiese. Meine belichteten Bilder waren danach alle extrem blau. Da ich aber im RAW-Format abgespeichert hatte, konnte ich den Weißabgleich wieder ändern. Machen Sie, wenn möglich, von der Spiegelvorauslösung Gebrauch. Ist diese eingeschaltet, klappt der Spiegel beim ersten Druck auf den (Kabel-)Auslöser hoch. Warten Sie kurz das Abklingen der entstandenen Schwingungen ab und machen Sie dann Ihre Aufnahme. Verwenden Sie eine Aufnahmesoftware, wie zum Beispiel Canon Utilities, müssen Sie auf die Spiegelverriegelung verzichten, da sie von der Software nicht unterstützt wird. Sehr wichtig ist es, sobald die Kamera von einer Montierung nachgeführt wird, den eventuell vorhandenen Mechanismus zur Bildstabilisierung auszuschalten. Einige Kamerahersteller verbauen diese Funktion auch im Gehäuse der Kamera und nicht nur in den Objektiven.

4.2 WEBCAM UND CCD-KAMERA

Eine Webcam als Astrokamera? Ja, Sie haben richtig gelesen. Wie schon in Kapitel 1 vorgestellt, eignet sich eine preiswerte Webcam sehr gut, um eine Vielzahl an Fotos (Frames) im Filmmodus aufzunehmen. Dies ist besonders bei der Mond- und Planetenfotografie von Vorteil. Damit die Webcam an ein Teleskop adaptiert werden kann, muss das Objektiv der Webcam entfernt und durch einen Teleskopadapter ersetzt werden (Abbildung 4.4).

Abbildung 4.4
ALccd 5 und zwei Webcams

Achten Sie beim Kauf einer Webcam darauf, dass sie einen CCD- und nicht einen CMOS-Sensor hat. CCD-Sensoren sind oftmals empfindlicher. Eine gute Webcam für die Astrofotografie ist zum Beispiel die Philips SPC900NC. Da das Objektiv entfernt werden muss, ist eine Ausfilterung des IR-Wellenlängenbereichs nötig. Dies erreichen Sie durch den Einsatz eines IR-Sperrfilters. Der Infrarot- & UV-Sperrfilter sperrt diese unerwünschten Lichtbereiche aus. Die Bilder gewinnen an Schärfe und Kontrast.

Eine Astro-CCD-Kamera ist eine Digitalkamera, die speziell für die Astrofotografie entwickelt wurde. Wichtige Unterschiede gegenüber einer Digitalkamera sind das Fehlen eines Objektivs, oftmals die Beschränkung auf Schwarz-Weiß sowie bei einigen Modellen die Möglichkeit, den CCD-Chip zu kühlen. Die Astro-CCD-Kamera wird anstelle des Okulars am Teleskop angesetzt. Früher war, im Vergleich zu digitalen Spiegelreflexkameras, die lichtempfindliche Fläche (der Sensor) sehr klein, dementsprechend war auch das sichtbare Bildfeld sehr klein und die Kamera nur bedingt für Sternfeldaufnahmen geeignet.

Mittlerweile gibt es auch Astro-CCD-Kameras mit größerem Sensor (6 bis 17 Millionen Pixel), Sie müssen aber dafür mit einem Preis jenseits der 1.000 Euro rechnen (17 Mill. Pixel-Kamera ca. 8.000 Euro). Wollen Sie mit einer preisgünstigen Kamera eine größere Auflösung im Bild erreichen, könnten Sie dies mit einer Mosaikaufnahme realisieren, also mehrere versetzte Aufnahmen, die anschließend am PC wie ein Puzzle zusammengefügt werden. Um mit monochromen CCD-Kameras Farbbilder zu erhalten, müssen Sie mit einem Filtersatz arbeiten. Ein solcher Filtersatz wird als RGB-Filtersatz bezeichnet und beinhaltet einen speziellen Rot-, Grün- und Blaufilter sowie zusätzlich einen Sperrfilter, der den ultravioletten und den infraroten Spektralbereich des Spektrums ausblendet. Mit einem solchen Filtersatz ist es möglich, farbechte Deep-Sky-Objekte mit einer monochromen CCD-Kamera abzulichten. Die aufzunehmende Region wird für jeden Farbfilter einmal fotografiert und später am PC zu einem Farbbild zusammengefügt. Abbildung 4.5 zeigt ein manuelles Filterrad, das mit den erwähnten Filtern bestückt ist. Dieses Filterrad wird zwischen Okularauszug und Kamera positioniert.

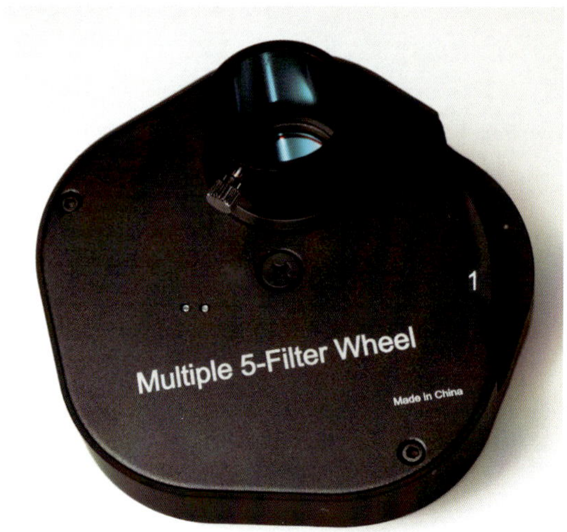

Abbildung 4.5
Filterrad

Oftmals kommen diese Filter auch bei der Planetenfotografie zum Einsatz. Die DMK-Kameras der Firma *The Imaging Source* sind unter Hobbyastronomen bei Aufnahmen von Planeten sehr beliebt (siehe Abbildung 4.6).

Abbildung 4.6
DMK von Imaging Source

Seit Ende 2012 gibt es die *A.S.I Astro Kamera 120MM USB2.0 Mono* (auch als Farbkamera erhältlich). Es handelt sich hierbei um eine sehr empfindliche monochrome Kamera für Mond- und Planetenaufnahmen.

Abbildung 4.7
ASI 120MM

Ihr CMOS-Sensor löst das Bild mit 1280x960 Pixel auf. Sie kann auch in Verbindung mit einem Filterrad eingesetzt werden.

Abbildung 4.8
ASI 120MM am Filterrad

4.3 DIE GEKÜHLTE ASTROKAMERA

Eine im Amateurbereich recht beliebte Astrokamera ist die *Astrolumina ALccd 8L*. Sie bietet einen *Sony Super HADChip ICX413AQ* Farbsensor mit 6 Millionen Pixel. Die Chipgröße entspricht der einer DSLR mit APS-C-Sensor. Die Ausleseelektronik arbeitet mit einer Datentiefe von 16 Bit. Die meisten Spiegelreflexkameras arbeiten nur mit 12 Bit, also 4.096 Graustufen. Das Besondere an der *ALccd 8L* ist die einstufige, geregelte Peletier-Kühlung. Diese erreicht eine maximale Temperaturdifferenz von 35 Grad Celsius. Abbildung 4.7 und Abbildung 4.8 zeigen die *ALccd 8L*. Der genaue Umgang mit dieser Kamera (stellvertretend für andere Astrokameras) wird in Kapitel 8 (Deep Sky) noch beschrieben.

Abbildung 4.9
Astrolumina ALccd 8L

Abbildung 4.10
Astrolumina ALccd 8L am Teleskop

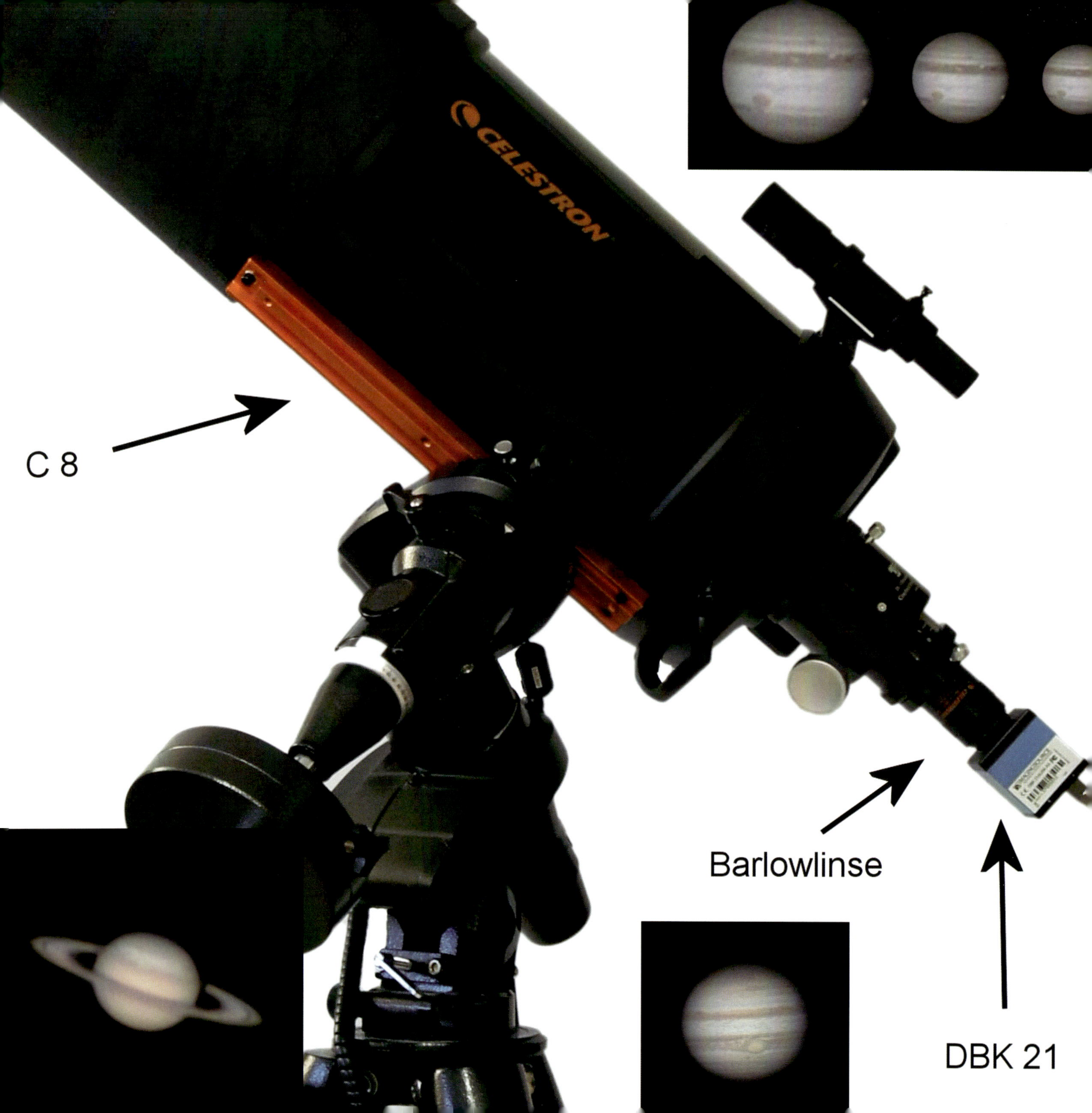
CELESTRON
C 8
Barlowlinse
DBK 21

KAPITEL 5
Planetenfotografie

Wie fotografiert man einen Planeten? Am Beispiel des Jupiters möchte ich dies einmal demonstrieren. Da Jupiter mit einem Äquatordurchmesser von 142.800 km (dies entspricht rund elf Mal dem der Erde) nicht nur der größte Planet unseres Sonnensystems ist, sondern als 5. Planet unseres Systems der Erde mit einer Entfernung von 778 Millionen Kilometern recht nahe steht, habe ich mir ihn natürlich als Fotomodell ausgesucht. Beim Blick durchs Teleskop zeigt er schon eine beachtliche Größe.

Schön sind die Wolkenbänder und der *Große Rote Fleck* zu sehen. Der Große Rote Fleck ist ein riesiger Wirbelsturm mit über 24.000 km Durchmesser. Bei geringerer Vergrößerung kann man das Wechselspiel der vier Galileischen Monde Io, Europa, Ganymed und Kallisto beobachten. Sie sind neben den anderen 59 Monden die größten und dem Planeten am nächsten stehenden Monde. Wie die Sonne besteht Jupiter als sogenannter Gasriese überwiegend aus Wasserstoff und Helium. Jupiter ist in unserem Sonnensystem der Planet, der sich am schnellsten um seine eigene Achse dreht. Seine Rotationsperiode beträgt knapp zehn Stunden. Aufgrund der Fliehkräfte führt dies zu einer Abflachung des Jupiters an den Polen.

5.1 DAS SETUP

Es beginnt zunächst mit dem Setup des Equipments. Abbildung 5.1 zeigt den genauen Aufbau. Als Teleskop kommt ein C8-Schmidt-Cassegrain mit 203 mm Öffnung und 2032 mm Brennweite zum Einsatz. Direkt daran angeschlossen ist ein Schmidt-Cassegrain-Okularauszug 2" inklusive Reduzierung auf 1,25". Bei Schmidt-Cassegrains ist die Scharfeinstellung oft ein Problem, da durch das Verkippen des Hauptspiegels das Einstellen der Schärfe zum Geduldsspiel wird. Ein solcher Okularauszug kann da sehr hilfreich sein, besonders wenn er mit einer 1:10-Micro-Untersetzung ausgestattet ist. Hinzu kommt noch, dass mit einem solchen Okularauszug in Verbindung mit dem Verstellen des Hauptspiegels die Schärfeebene nach hinten aus dem Tubus gelegt werden kann – was bedeutet, dass sich die Brennweite des Schmidt-Cassegrains erhöht. Dies ist allerdings auch mit Verlängerungshülsen erreichbar.

Planeten sollten Sie nicht mit einer DSLR als Einzelbild aufnehmen, sondern filmen. So erhalten Sie eine Datei mit oft über 1.000 Bildern, wobei dann einige sehr scharfe Einzelbilder, aber auch viele unscharfe Bilder enthalten sein können. Wie Sie ein vernünftiges Bild aus einem solchen Film gewinnen, erkläre ich später. Sehr hilfreich ist auch ein Motorfokus für Crayford-Okularauszüge. Damit stellen Sie den Fokus am Teleskop verwacklungsfrei ein (Abbildung 5.2).

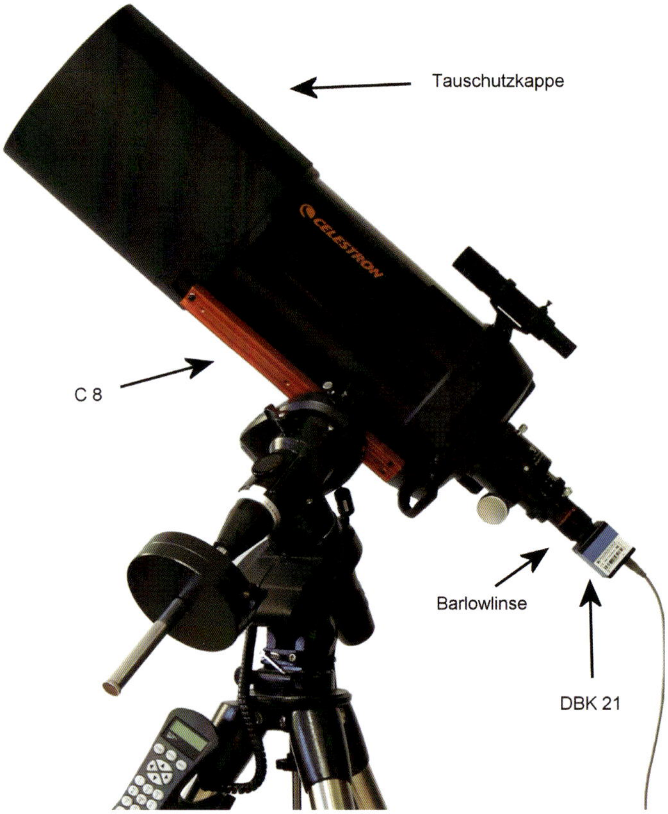

Abbildung 5.1
DBK am C8

Nun aber weiter zum Setup: Die Aufgabe der Filmerstellung kommt einer DBK 21AU04.AS, einer industriellen USB-Farb-Kamera (serienmäßig ohne IR-Sperrfilter mit 60 Bildern/s) zu, die anstelle eines Okulars verwendet wird. Die DBK wird mit einer 1,25"-Okularhülse ausgestattet, an die ein Astronomik-IR-Block-Filter geschraubt wird. Von den DMK-Kameras gibt es unterschiedliche Modelle. Die neuere *Imaging Source DBK 21 AU618AS USB* ist mit lichtempfindlichem Chip ausgestattet, die ich in jüngerer Zeit des Öfteren nutze. Abbildung 5.3 wurde mit dieser Kamera gewonnen.

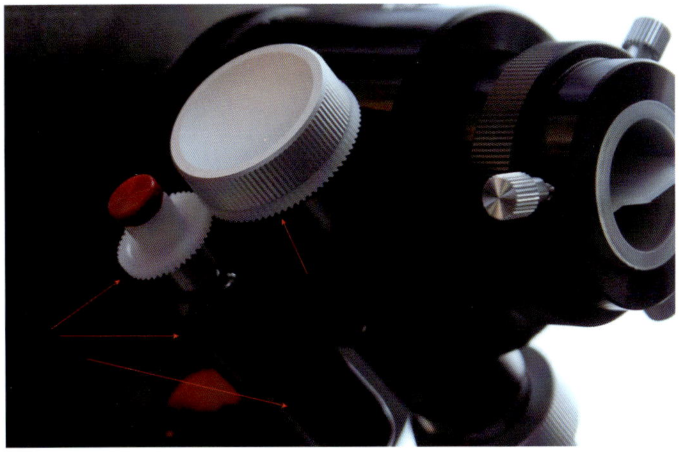

Abbildung 5.2
Motorfokus am C 9,25"

Abbildung 5.3
Der Gasplanet Jupiter

Es sei hier aber darauf hingewiesen, dass man auch sehr gute Ergebnisse mit einer Webcam (zum Beispiel Philips SPC900NC, Philips ToUcam u.Ä.) erzielen kann.

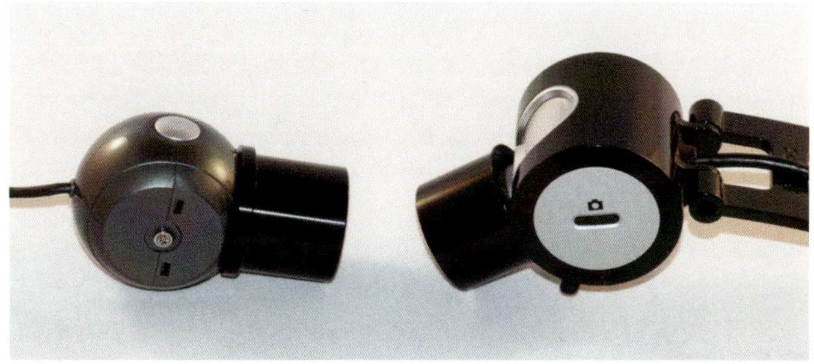

Abbildung 5.4
Umgebaute Webcams

Zur Erhöhung der Brennweite sollten Sie noch eine 2x-Barlowlinse einsetzen. Diese verdoppelt die Brennweite des Schmidt-Cassegrains.

Allein durch die Verwendung des Okularauszuges sowie der Barlow erreichen Sie beim C8 eine Brennweite von knapp über 5000 mm. Schalten Sie optional noch eine Verlängerungshülse oder einen Zenitspiegel dazwischen, erreichen Sie mit der DBK 21 am C8 sogar bis zu ca. 5600 mm Brennweite bei Blende (F) 28. Getragen wird hier im Beispiel das C8 mit dem Aufnahmezubehör von einer parallaktischen Montierung mit automatischer Positionierung – in diesem Fall eine Celestron CAM (Abbildung 4.1 in Kapitel 4). Bevor die Filmaufnahme des Jupiters beginnen kann, sollte die Montierung polausgerichtet aufgestellt werden (siehe dazu Kapitel 3). Dies ist wichtig, damit die automatische Nachführung der CAM während der Filmaufnahme die Planetenscheibe zentriert vor dem Kamerachip hält. Die Aufnahmedaten der DBK 21 werden über USB zum PC oder Laptop geleitet. Die der Kamera im Lieferumfang beiliegende Software (IC-Capture) ist leicht zu bedienen und liefert hervorragende Ergebnisse. Setzen Sie eine Webcam ein, empfehle ich Ihnen das Freeware-Programm Giotto. Es besitzt eine leicht zu bedienende Programmoberfläche zur Filmaufnahme.

Ich habe Ihnen in Kapitel 4.2 einige gut geeignete Planetenkameras vorgestellt. Beachten Sie auch den Einsatz des Filterrades mit einer monochromen CCD- oder CMOS-Kamera.

5.2 DIE FILMAUFNAHME

Planeten werden idealerweise mit einer entsprechenden Kamera gefilmt und nicht fotografiert. Ich verwende dazu u. a. eine DBK 21 (USB-CCD-Farb-Kamera mit 60 Bildern/s von Imaging Source), die statt des Okulars am Teleskop angeschlossen wird. Die Aufnahme erfolgt dann mittels der beiliegenden Software IC-Capture. Sie können aber auch, wie schon erwähnt, eine Webcam mit Adapter statt der DBK verwenden. Als Aufnahmesoftware hat sich hierbei die Freeware Giotto bewährt. In Abbildung 5.5 sehen Sie meine Aufnahmeeinstellungen am Jupiter mit der DBK 21 (Farbkamera ohne Filterrad) und der IC-Capture-Software.

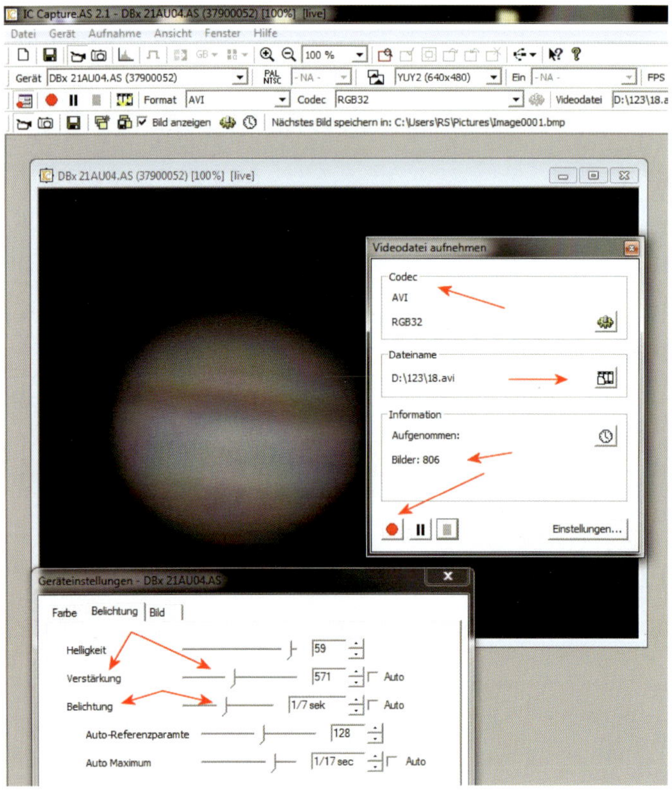

Abbildung 5.5
IC-Capture

Wichtig ist, dass Sie die Signalverstärkung nur so weit erhöhen, wie es unbedingt nötig ist. Ein zu starkes Erhöhen führt zu mehr unerwünschtem Bildrauschen. Bei der Belichtung haben sich Werte zwischen 1/5 bis 1/30 bewährt. Nehmen Sie immer mehrere Filme nacheinander auf und verstellen Sie geringfügig den Fokus. So ist die Chance größer, hinterher ein scharfes Video zu erhalten. Dieses Vorgehen ist erforderlich, da Sie sicherlich wegen der Luftunruhe große Schwierigkeiten haben werden, den Fokus beim ersten Mal genau zu treffen.

5.3 DIE BILDBEARBEITUNG

Zur Bearbeitung des Filmmaterials kommt die kostenlose Software RegiStax 5.1 oder 6 zum Einsatz. Beide RegiStax-Versionen liefern sehr gute, aber auch, je nach Ausgangsmaterial, unterschiedliche Ergebnisse. Ich nutze daher beide Versionen. Beispiel mit der Version 5.1: Öffnen Sie das zuvor aufgenommene Video vom Jupiter unter SELECT/OPEN in der Programmoberfläche. Suchen Sie, wie schon in Kapitel 1 beschrieben, ein passendes Referenzbild durch Verschieben des Reglers am unteren Rand der Programmoberfläche. Der nächste Arbeitsschritt ist das ALIGN. Wählen Sie mit einer passenden Auswahlbox (ALIGNBOX SIZE) die Planetenscheibe aus. Sobald Sie auf ALIGN klicken, werden die einzelnen Frames des Planetenvideos vom Programm eingelesen, der Qualität nach sortiert und ausgerichtet (Abbildung 5.6).

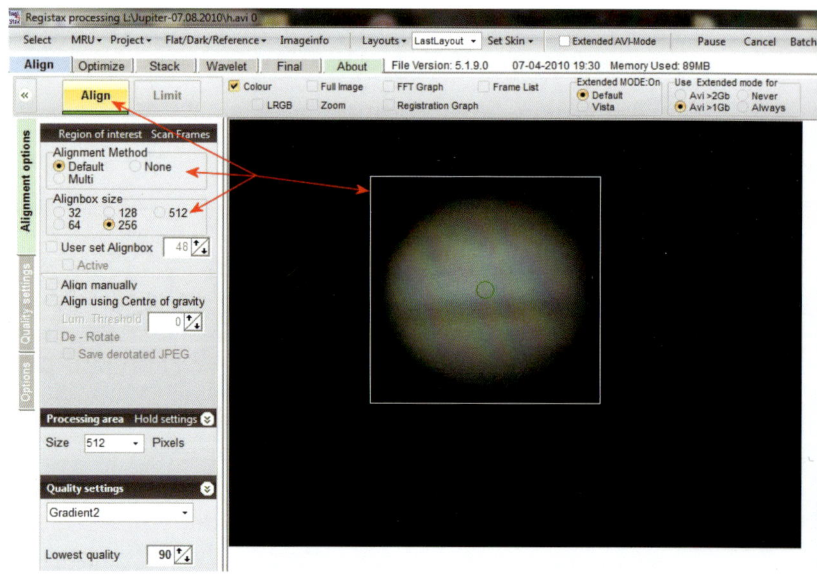

Abbildung 5.6
Das Ausrichten der Frames

Nach dem ALIGN wechselt das Programm zum nächsten Arbeitsschritt: dem LIMIT. Bestimmen Sie nun die Anzahl der zu verwendenden Frames durch Verschieben des unteren Schiebereglers. Links vom Regler sind die besten Frames, rechts vom Regler die schlechteren. Verschieben Sie diesen Regler jetzt so weit, bis Sie eine deutliche Verschlechterung feststellen. Anschließend klicken Sie auf LIMIT und der Prozess startet (Abbildung 5.7).

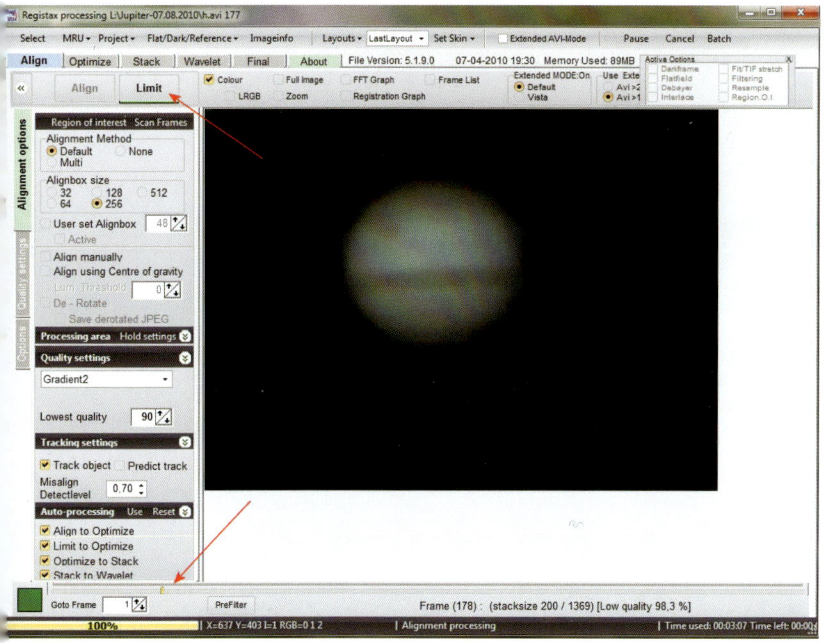

Abbildung 5.7
Die besten Frames auswählen

Weiter geht es mit dem Optimieren. Hier werden die Einzelbilder noch etwas besser überlagert. Ist das Häkchen bei FAST OPTIMIZER gesetzt, wird nur ein Durchlauf gerechnet, was oftmals ausreicht. Nach dem Optimieren werden die Bilder gestackt. Das bedeutet, dass die zuvor ausgewählten Bilder übereinandergelegt werden, wobei das Bildrauschen abnimmt. Dies hat den Vorteil, dass in der späteren Verarbeitung mit dem *Wavelet-Schärfungsfilter* mehr Details sichtbar werden, als wenn Sie nur ein einzelnes Bild bearbeiten würden (Abbildung 5.8).

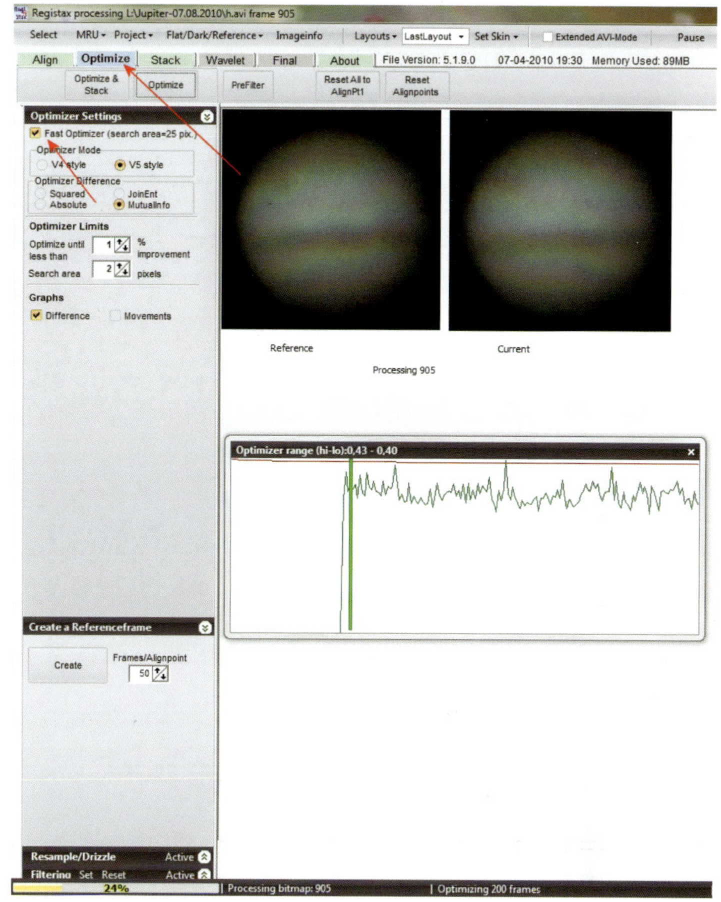

Abbildung 5.8
Ausrichtung optimieren

Sie können vor dem Stacken noch Einfluss darauf nehmen, welche Bilder (Frames) verwendet werden sollen. Klicken Sie auf SHOW STACKGRAPH, erscheint ein neues Fenster, in dem der *Stackgraph* angezeigt wird. Mit dem Regler im *Stackgraph* können Sie einzelne Frames (Ausreißer), die zu weit vom Referenzbild abweichen, aus der weiteren Bearbeitung ausgrenzen (Peaks der Kurve abschneiden). Das Stacken starten Sie anschließend mit dem Button STACK (Abbildung 5.9). Das fertige Summenbild speichern Sie dann als FITS oder 16-Bit-TIF.

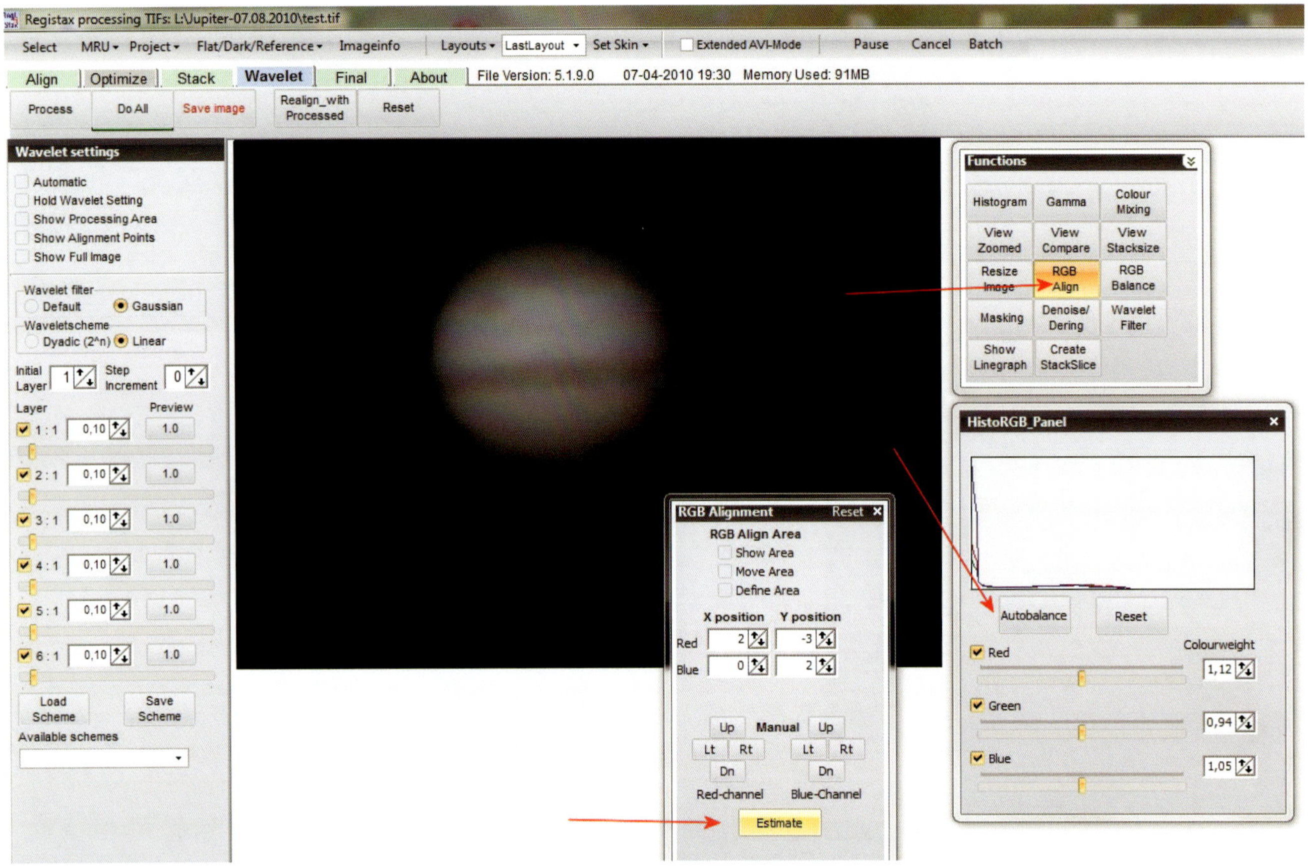

Abbildung 5.9
Der Stackgraph

Die nächste Funktion, die von RegiStax angeboten wird, ist der Wavelet-Filter. Bevor Sie diesen einsetzen, beachten Sie noch die bereitgestellte Toolbox. Die *RGB-Balance* können Sie mit dem Schalter RGB-Align einstellen. Diese Funktionen können auch nach dem *Wavelet-Filter* angewendet werden; je nach Ausgangsmaterial führt es zu leicht unterschiedlichen Ergebnissen. *RGB-Balance* korrigiert einen falschen Weißabgleich – *Autobalance* bringt da meist gute Ergebnisse. RGB-Align rückt die *Farblayer* des Bildes zurecht. Diese Funktion ist, wenn die Aufnahmen von CCD-Chips/Webcams stammen, sehr nützlich. Nach dem Anwählen des RGB-Align-Buttons klicken Sie auf Estimate. Nach einigen Sekunden Berechnung erscheint das Bild ohne den lästigen roten/blauen *Farbsaum* (Abbildung 5.10).

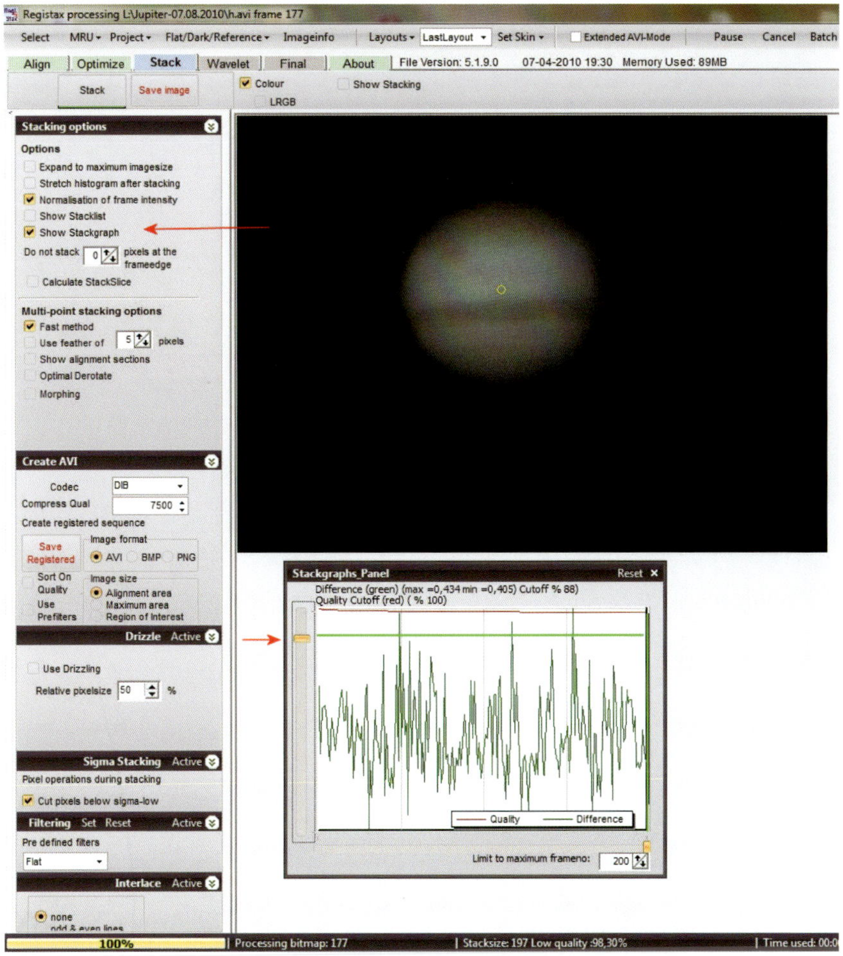

Abbildung 5.10
Die Toolbox

Die Wavelet-Settings

Prinzipiell handelt es sich beim *Wavelet-Schärfen* um ein Mischen von Schärfungsfiltern verschiedener Radien. Die kleinen Filter (2:1 und 3:1) verstärken kleine Details. Die großen Filter (4:1 und 5:1) verstärken große Details. Das Bildrauschen findet sich in den sehr kleinen Details (1:1), dieses sollten Sie nicht verstärken, sondern abschwächen. Die riesigen Details (6:1) sollten Sie auch nicht extra verstärken. Wie funktioniert dies nun im Einzelnen:

1. Zunächst muss hier, wenn nicht schon angewählt, auf GAUSSIAN (1) geschaltet werden (Abbildung 5.11).
2. Verschieben Sie die Layer unter (2) in Abbildung 5.11 so weit nach rechts, bis eine sichtbare Verbesserung der Schärfe zu sehen ist. Das Bild wird dadurch stärker rauschen. Im oberen Layer (3) wird der Radius so lange erhöht, bis das Rauschen weg ist. Werte von 0,30 bis 0,45 zeigen oft gute Ergebnisse.

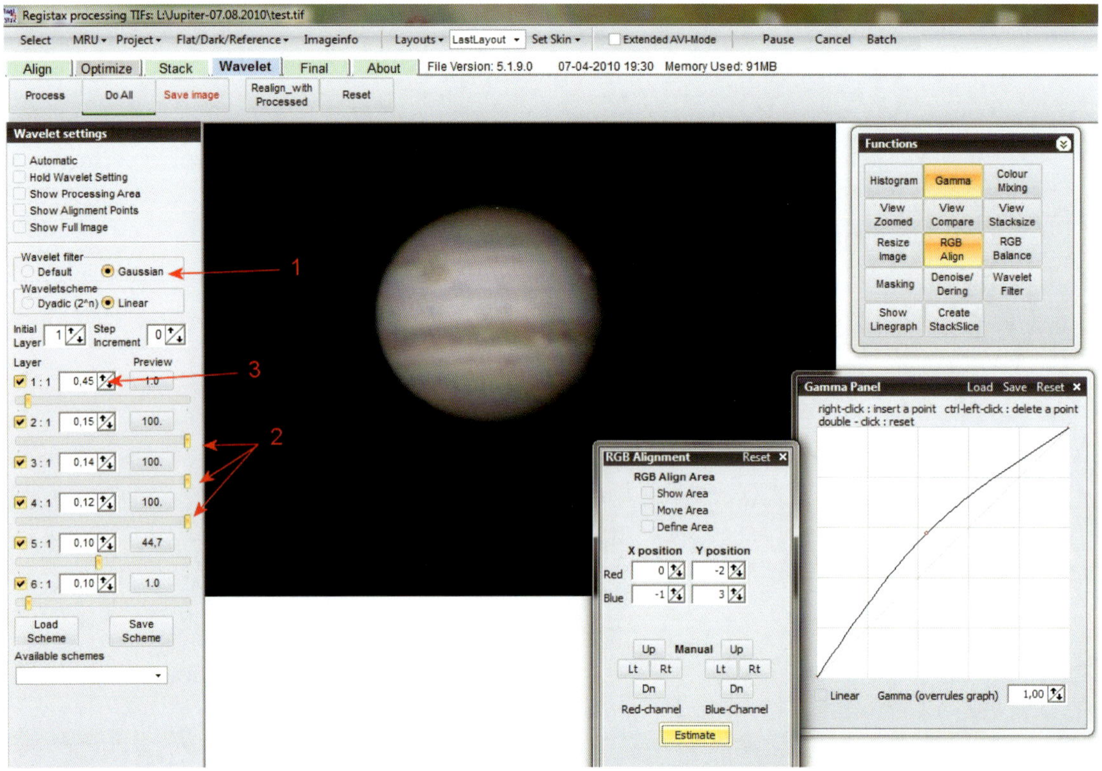

Abbildung 5.11
Noise-Trap-Schärfung

3. Anschließend werden die Radien der anderen Filter vorsichtig höher gedreht. Es rauscht wieder etwas, aber die Details sind besser zu erkennen. Sinnvolle Werte sind hier 0,15 bis 0,11 (von oben nach unten). Eventuell muss danach wieder der erste Layer angepasst werden. Die optimalen Einstellungen müssen Sie für jedes Video neu ermitteln. Die grundlegende Vorgehensweise dazu wurde erläutert.
4. Sind Sie mit dem Ergebnis der *Noise-Trap*-Schärfung zufrieden, klicken Sie auf DoAll und speichern das Bild als 16-Bit-TIF ab. Abbildung 5.12 zeigt den Vergleich der Bearbeitung.

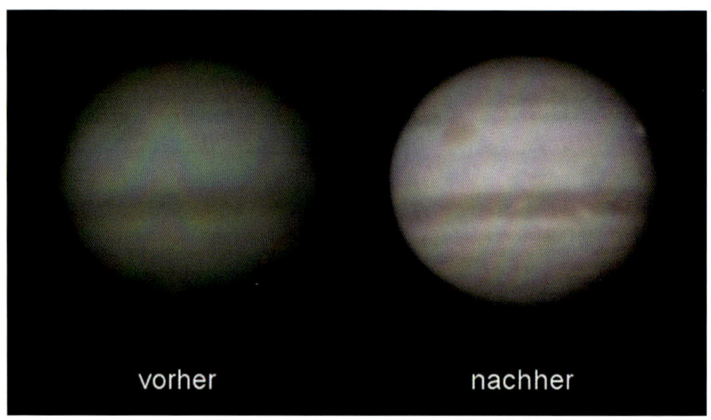

Abbildung 5.12
Vergleich: vorher/nachher

Weiterbearbeitung in Fitswork

Laden Sie zur weiteren Bearbeitung das Bild in Fitswork. Fitswork ist eine freie Software (Freeware) zur Bildverarbeitung für Astrofotografien. Brachte der Weißabgleich in RegiStax nicht den gewünschten Erfolg, können Sie den Weißwert auch noch in Fitswork einstellen. Dazu klicken Sie einen Punkt, der weiß sein soll, mit der rechten Maustaste an (grüner Pfeil, Abbildung 5.13). Im erscheinenden Kontextmenü wählen Sie *Umgebung (15x15) als Weißwert*. Der Weißwert wird somit gesetzt und die Änderung ist sofort sichtbar.

Bei CCD-Bildern, die aus AVI-Filmen gewonnen werden, so wie in diesem Fall, sind der Blaukanal sowie der Rotkanal sehr schlecht repräsentiert. Der Grünkanal ist aber sehenswert, er zeigt Details und rauscht nicht so stark wie die anderen beiden. Zur weiteren Bearbeitung teilen Sie das Farbbild (RGB-Bild) in drei Schwarz-Weiß-Bilder auf. Dazu gehen Sie unter BEARBEITEN|FARB-BILD IN 3 S/W BILDER AUFTEILEN. Der R- und B-Kanal wird gleich verworfen. Zur weiteren Bearbeitung wird nur der G-Kanal (grün, siehe unten rechts Abbildung 5.11) verwendet. Die nun folgende Vorgehensweise wird als G-RGB-Verfahren bezeichnet. Ursprung ist das

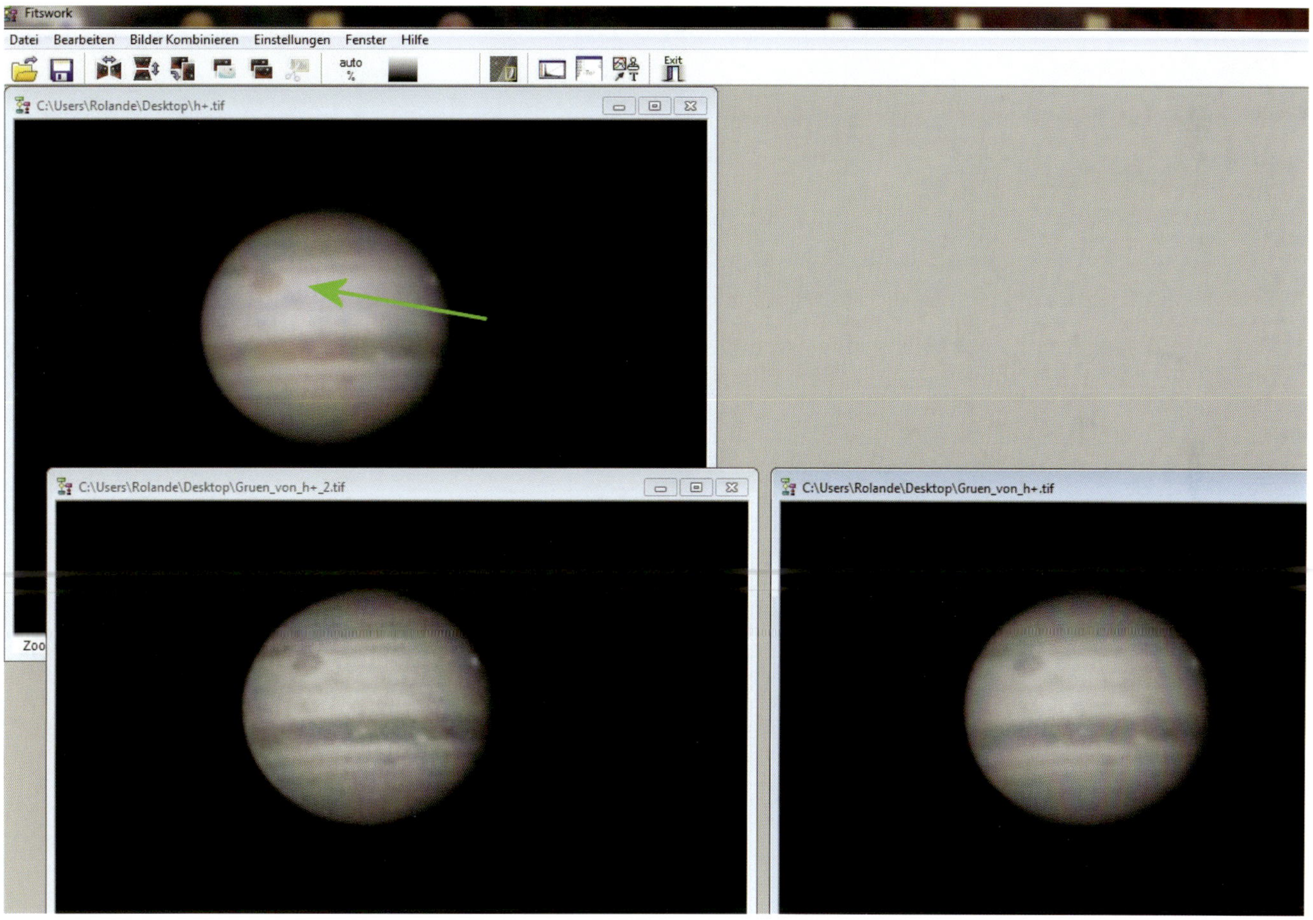

Abbildung 5.13
Weißabgleich

L-RGB-Verfahren. Beim L-RGB-Verfahren wird ein gutes Graustufenbild (L) mit den Farben eines nicht so guten Farbbildes (RGB) eingefärbt. Das zuvor gewonnene G-Kanal-Bild wird geschärft und entrauscht. R- und B-Kanal werden nicht benötigt. Diese können Sie löschen. Das Schärfen und Entrauschen des G-Kanal-Bildes erfolgt ebenfalls in Fitswork. Nehmen Sie dazu unter BEARBEITEN|GLÄTTEN den WAVELET RAUSCHFILTER. Dieser ist so etwas Ähnliches wie der zuvor beschriebene Noise-Trap-Filter in RegiStax. In dem Wavelet-Rauschfilter gibt es auf der rechten Seite Regler zum Schärfen und auf der linken Seite welche zum Entrauschen. Wie in RegiStax sind die oberen Filter für kleine Details und die unteren für große Details (Abbildung 5.12). Mit den Schiebereglern müssen Sie ein wenig experimentieren. Sind Sie zum gewünschten Erfolg gekommen, können Sie das ursprüngliche G-Kanal-Bild löschen. Es existiert ja jetzt ein neues, viel schärferes G-Kanal-Bild (siehe Abbildung 5.14, unten links).

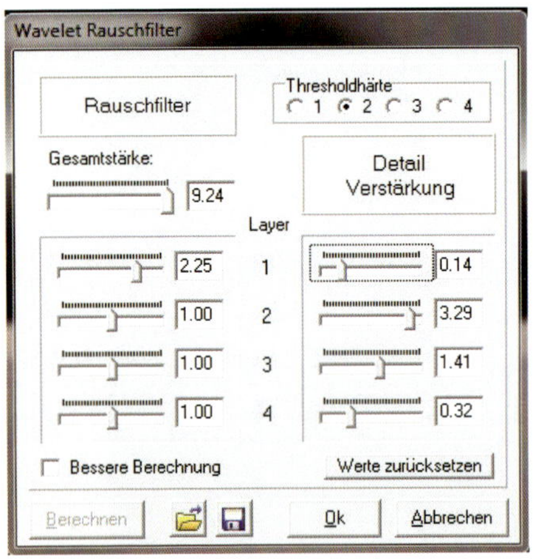

Abbildung 5.14
Der Wavelet-Rauschfilter

Mit dem geschärften G-Kanal-Bild können Sie nun ein G-RGB-Bild erstellen. Ziehen Sie um beide Bilder, das Original-RGB sowie das bearbeitete G-Kanal-Bild, einen Rahmen auf. Achten Sie darauf, dass in Fitswork KREUZKORRELATION eingeschaltet ist (roter Pfeil, Abbildung 5.15). Unter BILDER KOMBINIEREN wählen Sie L+RGB BILD KOMBINIEREN NICHT SKALIERT (blauer Pfeil Abbildung 5.15) und verbinden die beiden Bilder miteinander. Das Ergebnis speichern Sie als 16-Bit-TIF zur weiteren Bearbeitung in Photoshop (o.Ä.). Dort können Sie das Bild zum Beispiel spiegeln, das Histogramm anpassen, selektiv schärfen und bei Bedarf verkleinern/vergrößern.

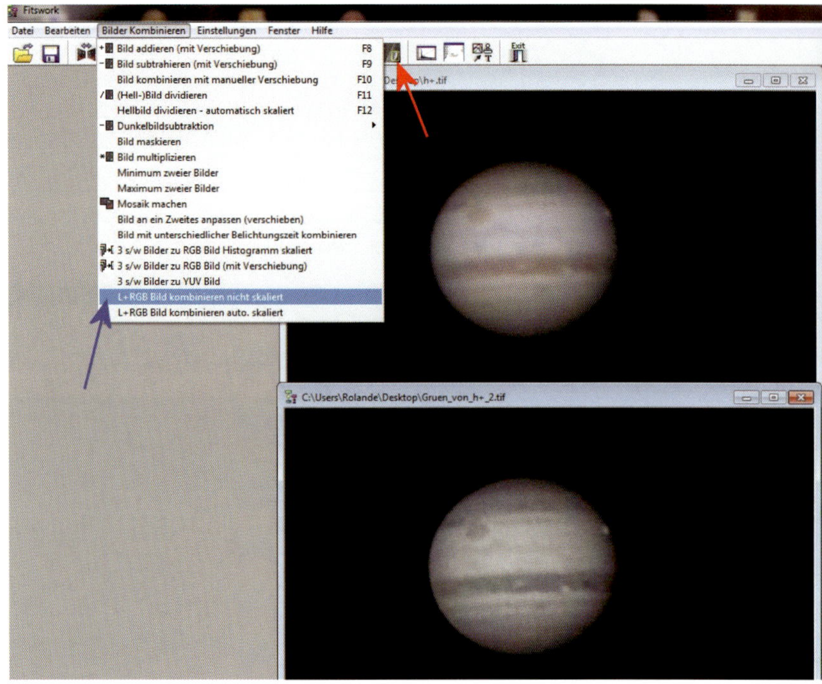

Abbildung 5.15
Bilder kombinieren

Verkleinern Sie das zuletzt erhaltene Bild etwas, wirkt der Jupiter schärfer (Abbildung 5.16).

Abbildung 5.16
Das Endergebnis, etwas verkleinert

Ich möchte noch auf eine weitere Bearbeitungsmethode eingehen. Es ist das Stacken der Frames in Avistack 2. Avistack ist wie RegiStax Freeware. Als Freeware bezeichnet man im allgemeinen Sprachgebrauch Software, die vom Urheber zur kostenlosen Nutzung zur Verfügung gestellt wird. Das Besondere an Avistack ist, dass der gesamte Bearbeitungsvorgang durch einen automatischen Batchmodus abgearbeitet werden kann. Es können sogar mehrere Filme nacheinander bearbeitet werden. Die damit erzielten Ergebnisse sind vergleichbar, wenn nicht sogar besser als die Ergebnisse, die mit RegiStax erzielt werden. Natürlich können Sie auch individuelle Einstellungen im Programm vornehmen, aber für erste Erfolge reichen die Grundeinstellungen völlig aus. Das zu bearbeitende AVI wird über das Menü oder den grünen Button links geladen. Diese Datei wird dann ausgewählt. Mit einem Klick auf PROZESS FILE starten Sie die Bearbeitung.

Bevor das Stacken der Bilder beginnt, bestimmen Sie zwei markante Referenzpunkte, an denen die Frames ausgerichtet werden. Mit Linksklick wird der erste Punkt ausgewählt, mit Rechtsklick der zweite. Den immer wieder aufgehenden Dialog bestätigen Sie mit OK, wenn Sie die vorgeschlagenen Einstellungen verwenden möchten. Andernfalls ändern Sie zum Beispiel etwas an den Einstellungen der Qualität der zu verwendenden Bilder. Haben Sie alle Einstellungen gemacht bzw. den Dialog bestätigt, richtet Avistack die einzelnen Frames aus und überlagert diese. Anschließend speichern Sie das Bild als 16-Bit-TIF ab und öffnen es zur Wavelet-Filterung in RegiStax.

Bildbearbeitung mit Giotto

Wenn Sie zur Planetenaufnahme eine Webcam verwenden, eignet sich das Programm Giotto sehr gut zur Filmaufnahme. Die gewonnenen Filme können Sie ebenfalls mit Giotto bearbeiten. So eignet es sich auch für das Stacken der Frames, das Sie schon mit dem Programm RegiStax kennengelernt haben. Nachdem Sie Ihre Kamera mit dem Laptop verbunden haben, starten Sie Giotto. Im Startbildschirm klicken Sie auf BILDAUFNAHME|AUFNAHME VON AVIS (Abbildung 5.17).

Anschließend wählen Sie das Videoformat, die Anzahl der aufzunehmenden Bilder, die Ausgabegröße und den Speicherort (Abbildung 5.18).

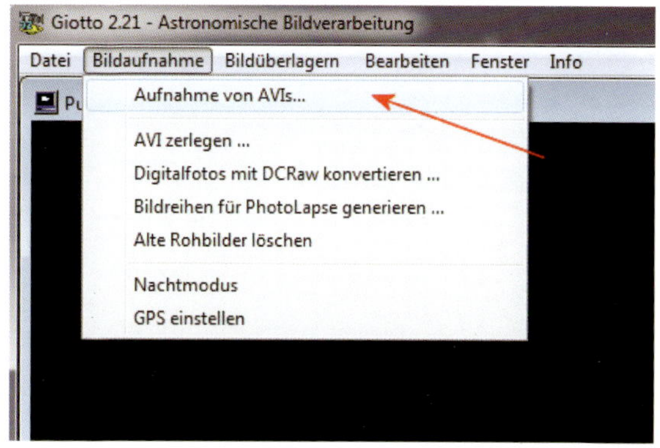

Abbildung 5.17
Die Filmaufnahme mit Giotto

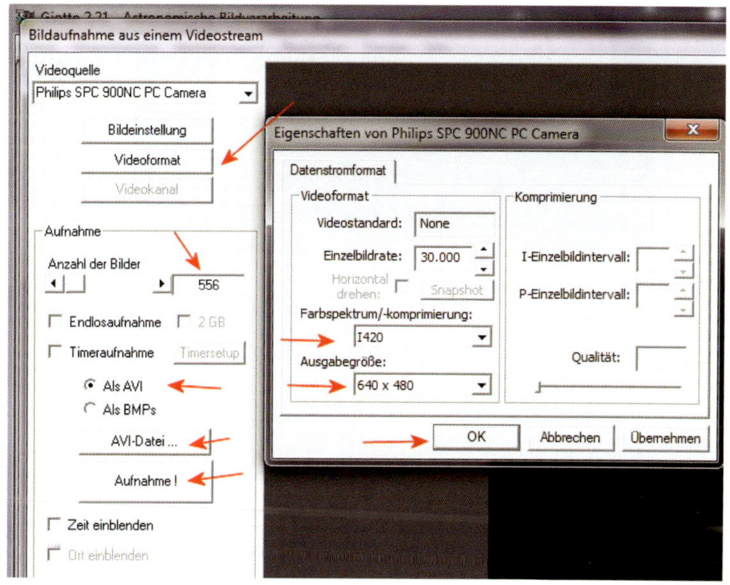

Abbildung 5.18
Einstellen der Filmaufnahme in Giotto

Durch Anklicken des Buttons AUFNAHME beginnt die Filmaufnahme. Das Video wird jetzt bis zur eingestellten Bildanzahl aufgenommen.

Weiter geht es mit der Bearbeitung des Videos:

1. Beginnen Sie mit dem Zerlegen des Videos in Einzelbilder. Giotto kann zwar auch den Film als Ganzes einlesen und weiter verarbeiten, bei der Zerlegung in Einzelbilder haben Sie aber den Vorteil, besonders schlechte Einzelbilder von der weiteren Bearbeitung auszuschließen/zu löschen. Zum Zerlegen klicken Sie auf BILDAUFNAHME|AVI ZERLEGEN (Abbildung 5.19).

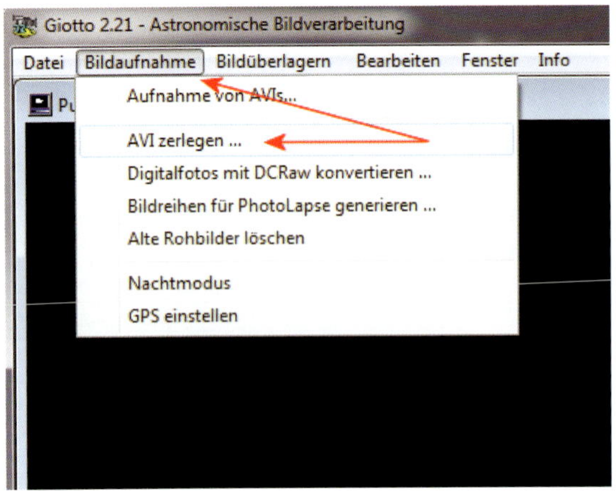

Abbildung 5.19
AVI zerlegen

2. Jetzt wählen Sie das Verzeichnis, in dem das Video bei der Aufnahme gespeichert wurde, und bestimmen das Zielverzeichnis, in das die einzelnen Bilder gespeichert werden sollen. Nach einer Bestätigung mit GUT beginnt Giotto, das Video zu zerlegen.

3. Sortieren Sie, wenn Sie möchten, die schlechtesten Bilder von Hand aus. Die übrigen Bilder werden anschließend zu einem Summenbild überlagert. Die Überlagerung starten Sie unter BILD ÜBERLAGERN|ÜBERLAGERTE BILDER AUTOMATISCH.

Abbildung 5.20 zeigt das sich neu öffnende Fenster. Die Punkte 1 bis 7 müssen Sie nun der Reihe nach einstellen.

1. Bei AUSWAHL 1 wird die Bilderquelle gewählt. Die Einstellung ALLE BILDER IN EINEM ORDNER ist hier die richtige Wahl. Dann noch auf DIGICAM|WEBCAM klicken und mit ÜBERNEHMEN bestätigen (Abbildung 5.21).

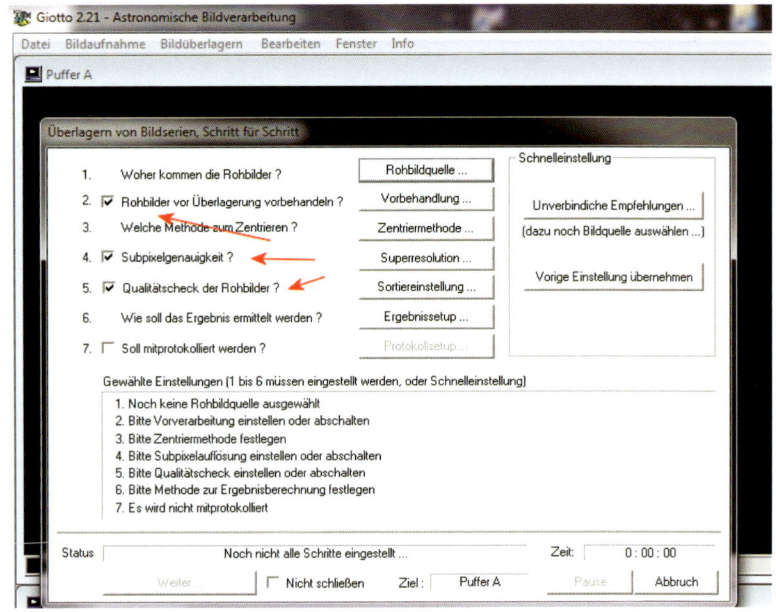

Abbildung 5.20
Einstellungen zum Überlagern, Schritt für Schritt

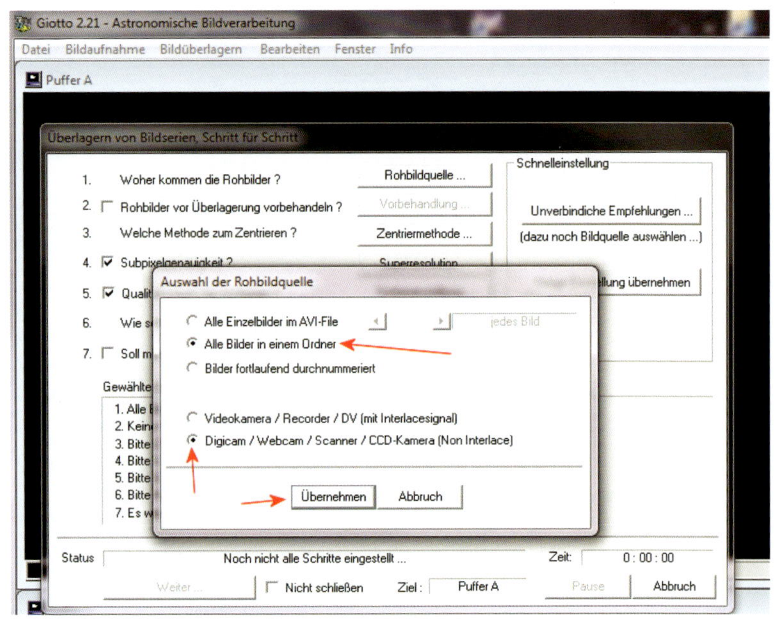

Abbildung 5.21
Rohbildquelle auswählen

2. Bei Auswahl 2 entfernen Sie, falls gesetzt, das Häkchen. Dies wird nicht benötigt.

3. Unter Auswahl 3 wird die Zentriermethode eingestellt. Helligkeitsschwerpunkt suchen ist optimal (Abbildung 5.22).

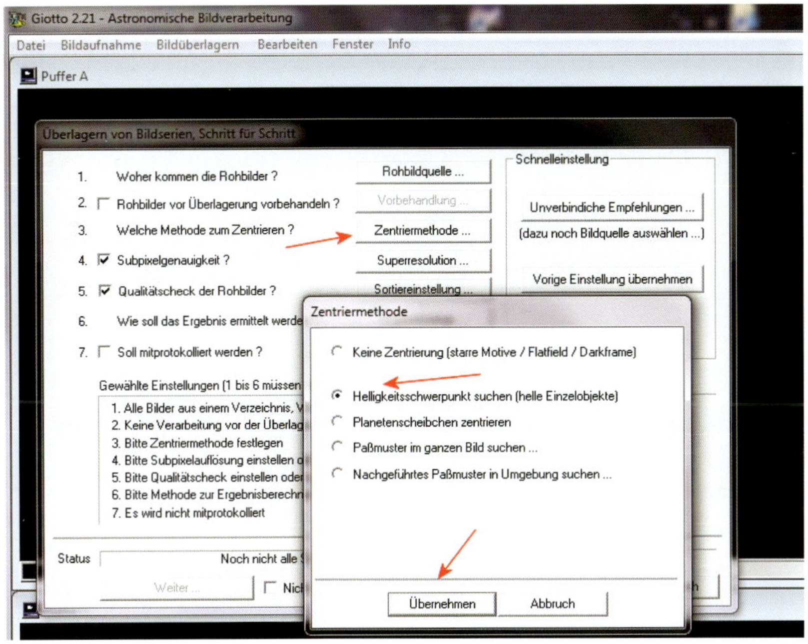

Abbildung 5.22
Zentriermethode einstellen

4. Weiter geht es mit Punkt 4. Häkchen auf Subpixelgenauigkeit setzen und auf Superresolution klicken. Zweifache Auflösung ist ein guter Mittelwert. Die vierfache Auflösung benötigt sehr viel Rechenzeit. Probieren Sie ruhig mal alle drei Varianten aus (Abbildung 5.23).

5. Punkt 5 ist ein sehr wichtiger Schritt. Hier wird bestimmt, wie viele Bilder Verwendung finden. Klicken Sie auf Sortiereinstellung (Abbildung 5.24). Mit Autosortierung können Sie die Werte für Schärfe, Verwendungsrate sowie den Prüfausschnitt eingeben – oder wählen Sie aus den Praxisempfehlungen die geeignete Verwendungsrate aus.

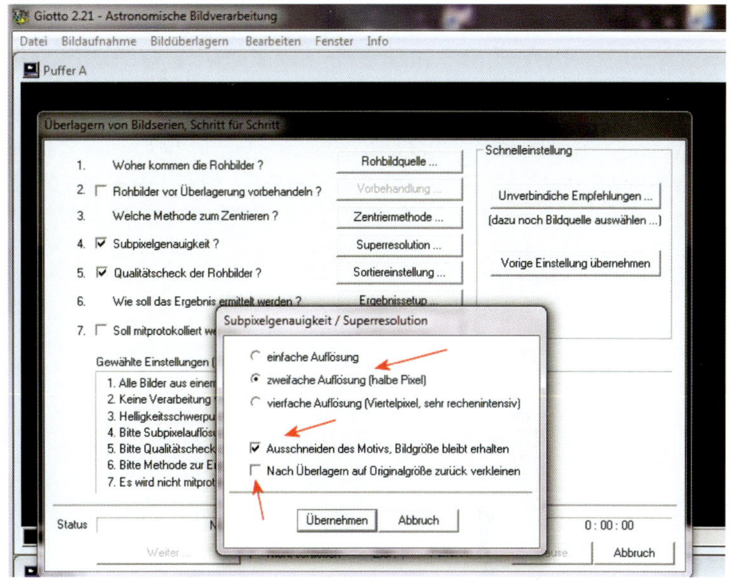

Abbildung 5.23
Superresolution

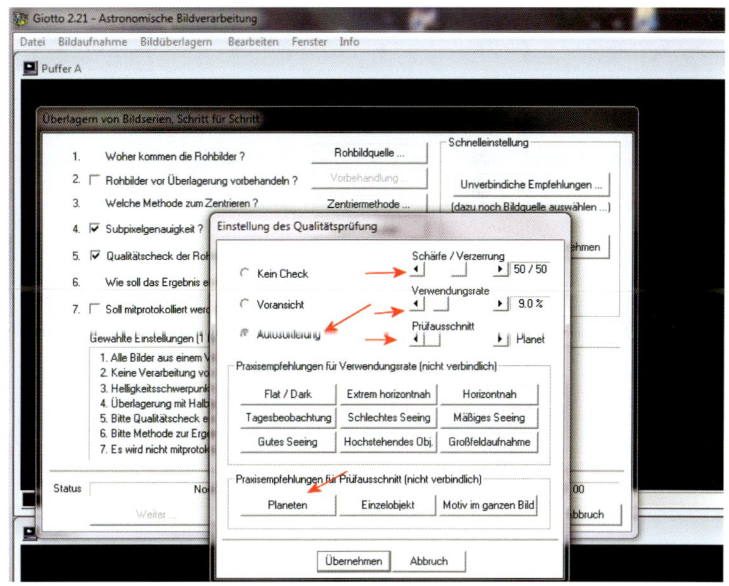

Abbildung 5.24
Einstellung der Qualitätsprüfung

6. Bei PUNKT 6 legen Sie die Methode zur Ergebnisberechnung fest (Abbildung 5.25). PUNKT 7 kann vernachlässigt werden.

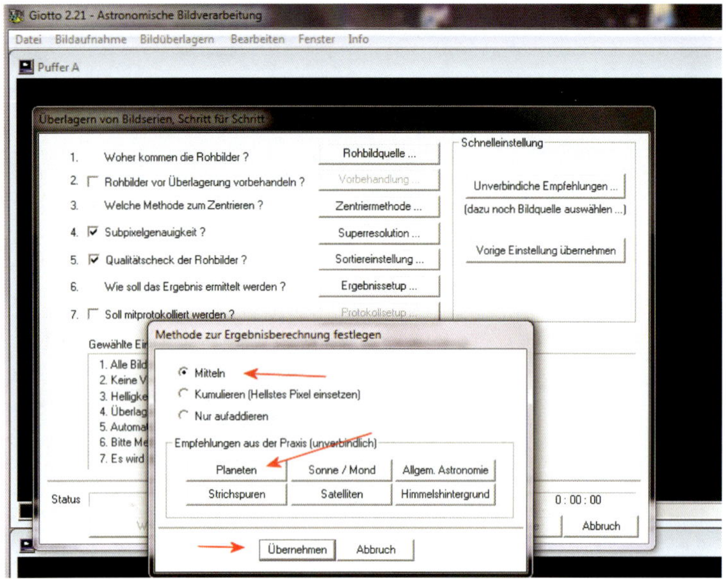

Abbildung 5.25
Methode MITTELN bei Planeten

Nach einem Klick auf ÜBERNEHMEN gelangen Sie wieder in das Grundmenü. Dort wird unter Status FERTIG ZUM ÜBERLAGERN angezeigt. Nach einem Klick auf WEITER wird der Ordner verlangt, in dem Sie die zu bearbeitenden Einzelbilder abgelegt haben. Nach Auswahl des ersten Bildes startet die Überlagerung (Abbildung 5.26).

Nach einigen Minuten erscheint das fertige Summenbild im Puffer A. Nun geht es ans Schärfen. Unter BEARBEITEN|SCHÄRFEN UND FILTERN gelangen Sie ins Filtermenü (Abbildung 5.27).

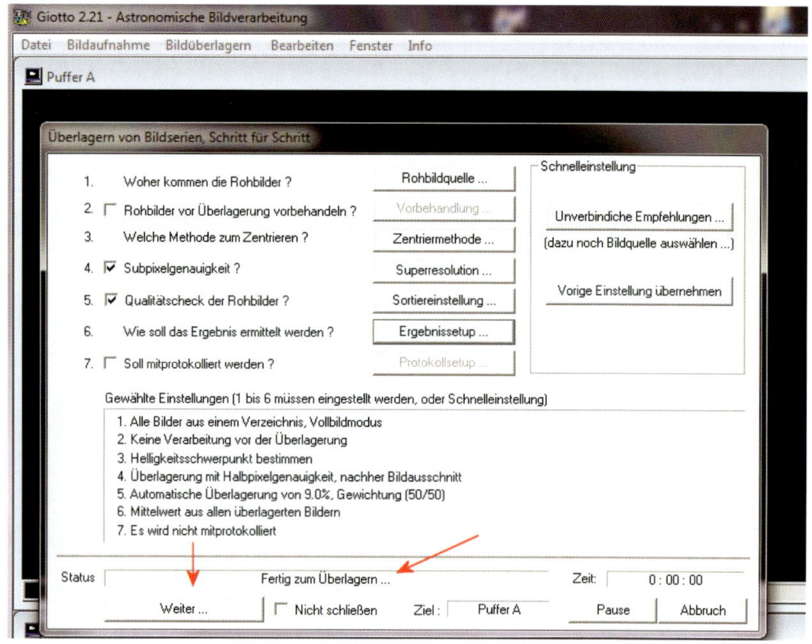

Abbildung 5.26
Fertig zum Überlagern

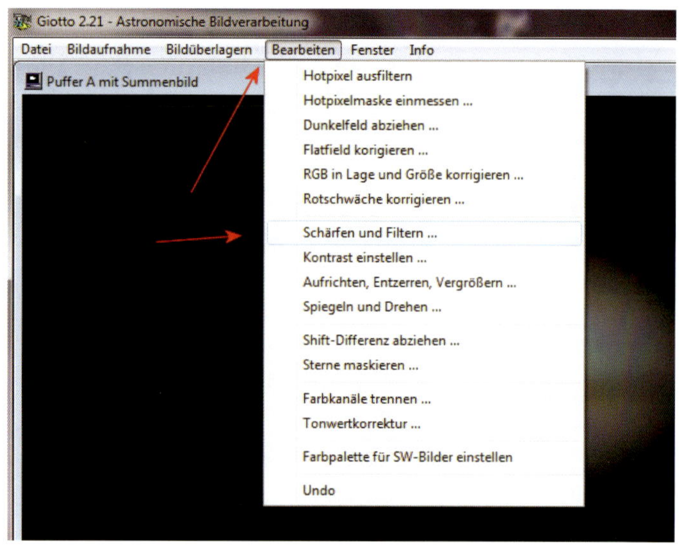

Abbildung 5.27
Schärfen und Filtern

Der Mexican-Hat-Filter ist bei Planeten erste Wahl. Hier können Sie mit den Einstellungen ein wenig experimentieren. Fangen Sie mit den Beispieleinstellungen in Abbildung 5.28 an.

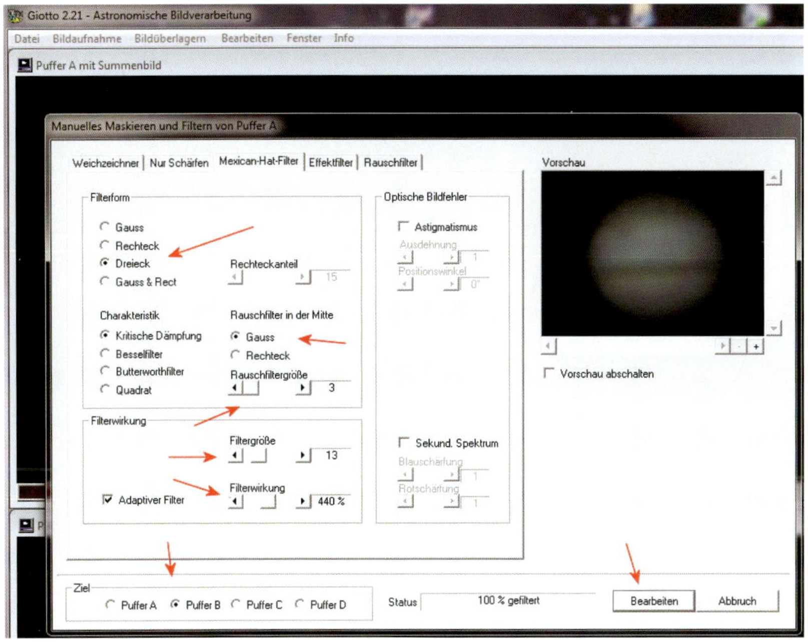

Abbildung 5.28
Der Mexican-Hat-Filter

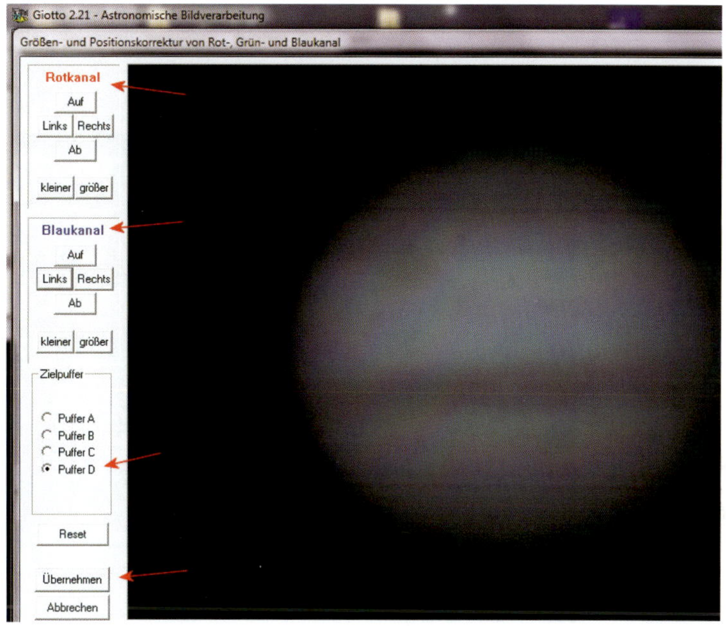

Abbildung 5.29
Die Tonwertkorrektur

Das Ergebnis speichern Sie im zweiten Fenster: Puffer B. Jetzt folgt die Tonwertkorrektur (Abbildung 5.29).

Anschließend sollten Sie noch den Farbsaum am Rand des Motivs korrigieren. Dies geht unter Bearbeiten|RGB in Lage und Grösse korrigieren (Abbildung 5.30).

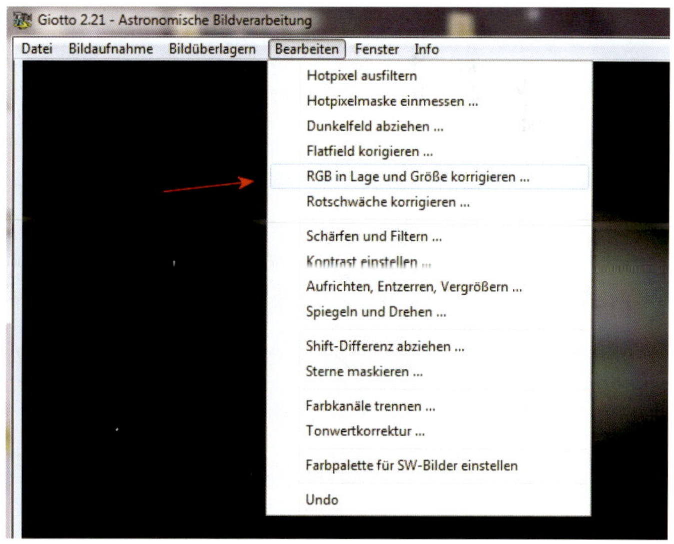

Abbildung 5.30
RGB korrigieren

Hier werden die Rot- und Blaukanäle mit den Pfeiltasten in Lage und Größe so angepasst, dass der Farbsaum minimiert wird (Abbildung 5.31).

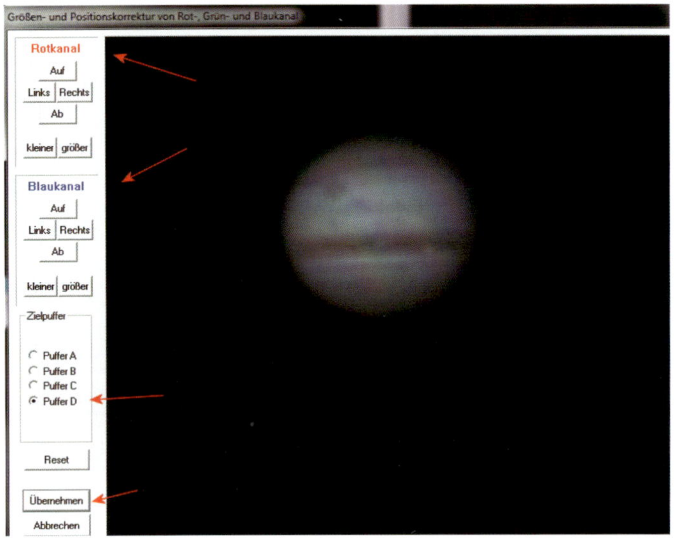

Abbildung 5.31
Farbsäume entfernen

Anschließend kann das Bild noch weiter bearbeitet werden. KONTRAST, HELLIGKEIT oder die LAGE. Unter AUFRICHTEN erscheint das Motiv wieder seitenrichtig (Abbildung 5.32).

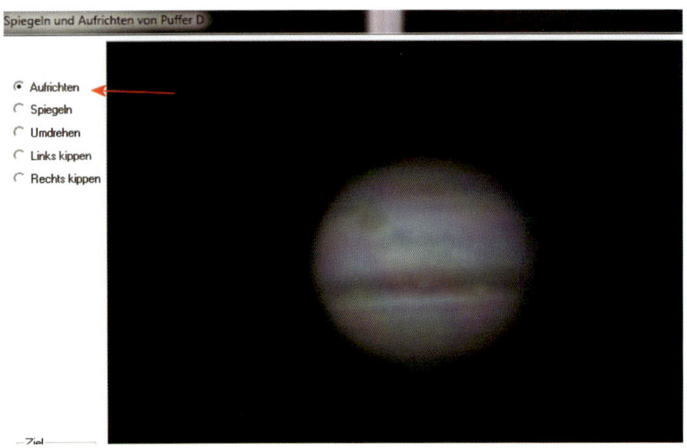

Abbildung 5.32
Spiegeln und AUFRICHTEN

Das aufgerichtete Bild speichern Sie als TIFF ab. Eine weitere Bearbeitung kann dann zum Beispiel in Photoshop Elements erfolgen. In Abbildung 5.33 sehen Sie, wie das Bild mit UNSCHARF MASKIEREN noch etwas bearbeitet wird.

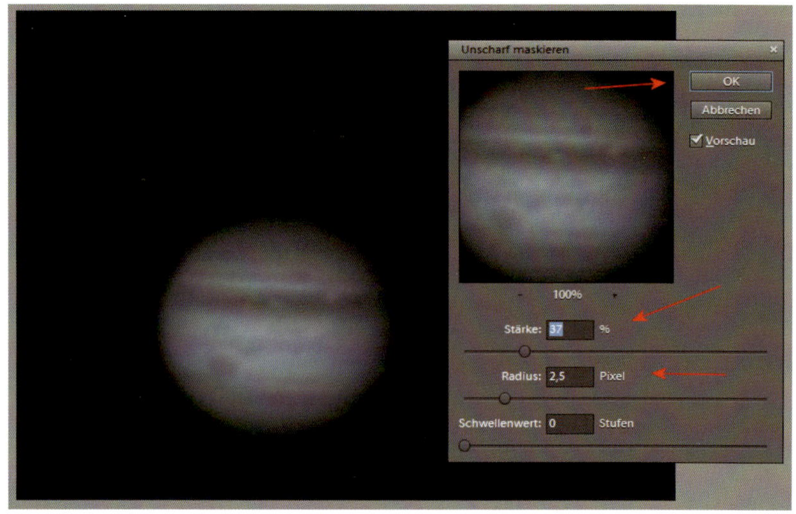

Abbildung 5.33
Unscharf maskieren

Am 21.09.2010 stand der Riesenplanet Jupiter in Opposition. Dies bedeutet, dass Sonne, Erde und Jupiter in einer Reihe stehen.

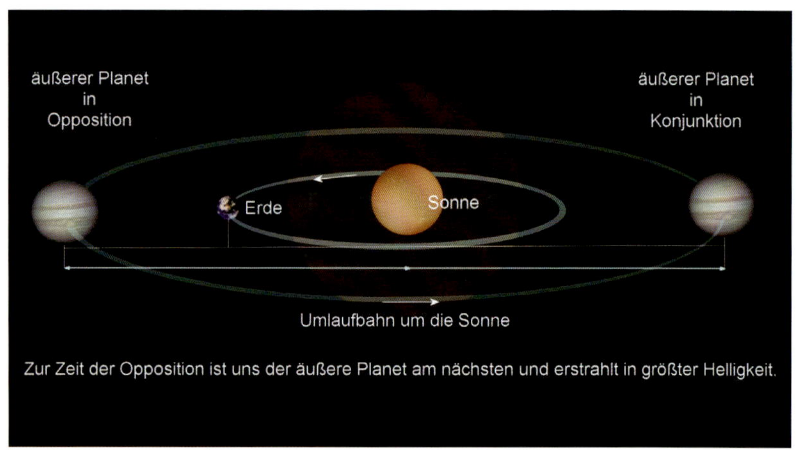

Abbildung 5.34
Jupiter in Opposition

Jupiter ist dann am erdnächsten Punkt und somit am besten zu beobachten. Es können nur Planeten, die weiter von der Sonne entfernt sind als die Erde, in Opposition zur Erde stehen.

Die Aufnahmen (Abbildung 5.35 bis Abbildung 5.37) entstanden am 21.09.2010 zwischen 23.00 Uhr und 24.00 Uhr. Der Mond direkt neben Jupiter ist Ganymed. Auf der kleinen Abbildung ist (von links nach rechts) Europa, Ganymed, Jupiter und Io zu sehen.

5.4 BEISPIELBILDER

Abbildung 5.35
Jupiter mit Ganymed am 21.09.2010 in Opposition zur Erde

Abbildung 5.36
Jupiter mit Monden am 21.09.2010

Abbildung 5.37
Jupiter am 21.09.2010

Abbildung 5.38
Jupiter am 22.08.2010

Abbildung 5.39
Jupiter am 23.08.2010

Abbildung 5.40
Jupiter mit Monden am 21.08.2010

Abbildung 5.41
Jupiter mit Großem Roten Fleck am 07.08.2010

Die hier gezeigten Aufnahmetechniken sowie die Bearbeitung der Bilder können Sie auf alle Planeten anwenden. In Abbildung 5.42 – ein Bildbeispiel des Saturn – wurde ebenfalls die beschriebene Verarbeitungstechnik angewandt.

Abbildung 5.42
Saturn vom 03.03.2011

Abbildung 5.43
Baader-Fluorit-Flatfield-Konverter – 3-fach mit 2"-Steckhülse zum Anschluss ans Teleskop (links)

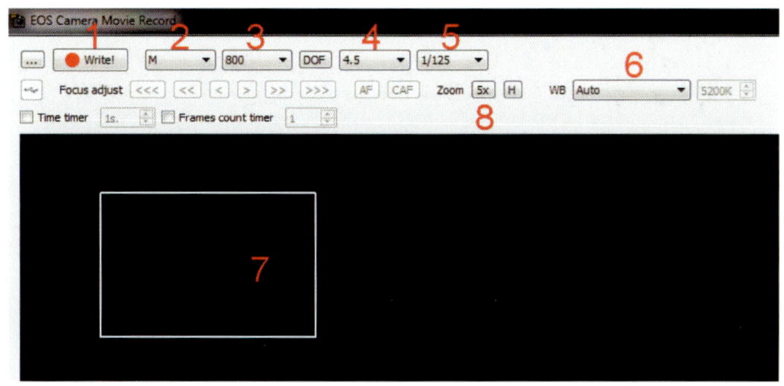

Abbildung 5.44
EOS Camera Movie Record

5.5 PLANETENAUFNAHMEN MIT DER DSLR

Sind Sie im Besitz einer modernen digitalen Spiegelreflexkamera mit Live-View, können Sie diese auch sehr gut für Filmaufnahmen nutzen.

Schließen Sie, wie gewohnt, Ihre Spiegelreflex mittels T2-Adapter und 2"-Steckhülse an Ihr Teleskop an. Gut geeignet sind für Planetenaufnahmen Newton-Teleskope ab ca. 1000 mm Brennweite, ein MAK oder Schmidt-Casssegrain mit hoher Brennweite. Verwenden Sie zwischen Kamera und Teleskop noch eine gute Barlowlinse.

Wenn Sie, so wie ich, eine DSLR von Canon einsetzen, können Sie die Kamera über einen Computer/Laptop mit der Software Canon Utilities fernsteuern. Das Scharfstellen der Sterne ist über diese Software am Display des Laptops ebenfalls sehr einfach und genau. Mit der Freeware *EOS Camera Movie Record* können Sie das Live-Bild des Kameradisplays aufnehmen und sogar bis zu 5-mal vergrößern. Dies ist ideal bei Planetenaufnahmen. Abbildung 5.44 zeigt die Aufnahmesoftware EOS Camera Movie Record (`http://sourceforge.net/projects/eos-movrec`).

Bevor Sie mit EOS Camera Movie Record die Filmaufnahme starten (KLICK auf 1), wechseln Sie in den MANUELLEN MODUS (2) und stellen dort die ISO-EMPFINDLICHKEIT (3) der Kamera ein. Die Eistellung der BLENDE (4) können Sie bei der Verwendung eines Teleskops vernachlässigen, da keine einstellbare Blende existiert. Die BELICHTUNGSZEIT (5) und den WEISSABGLEICH (6) lassen Sie auf AUTO stehen. Das Motiv (Planet) zentrieren Sie in dem FENSTER (7). Stellen Sie Ihr Motiv scharf und korrigieren Sie notfalls die BELICHTUNGSZEIT (5). Anschließend vergrößern Sie den ZOOM AUF 5X (8) und starten die Filmaufnahme.

Sie können Ihre erstellten DSLR-Filme, wie schon zuvor bei den CCD-Aufnahmen erklärt, mit Avistack und RegiStax weiter verarbeiten. Ein weiteres sehr gutes Bearbeitungsprogramm ist AutoStakkert 2.1.0.5 (Freeware). Nachfolgend stelle ich Ihnen kurz die grundlegende Arbeitsweise mit diesem hervorragenden Programm vor. Bei DSLR-Aufnahmen kann es allerdings (nicht nur bei AutoStakkert) vorkommen, dass die aufgenommenen Filme nicht geladen werden können. In einem solchen Fall konvertieren Sie Ihren Film einfach zuvor mit dem Tool *Castrator 0.0.1.12 (http://www.astrokraai.nl/software/Castrator_1-12.zip)*. Dies geht einfach und schnell, öffnen Sie Ihr File einfach, belassen Sie alles (für den Anfang) bei den Grundeinstellungen und starten Sie den Prozess.

5.6 BILDBEARBEITUNG MIT AUTOSTAKKERT

Nach dem Programmstart öffnen Sie Ihr Video unter Open (1 – Abbildung 5.45).

Im rechten Fenster sehen Sie den Anfangs-Frame Ihres Filmes. Links im Fenster nehmen Sie noch einige Grundeinstellungen vor: Bei (2) setzen Sie einen Punkt auf Tiff – eigentlich ist es gleich, welches Format Sie dort auswählen, aber ich bevorzuge das Tiff-Format. Bei (3) machen Sie ebenfalls ein Häkchen. Dies bewirkt, dass später eine automatische Schärfung des Endbildes erfolgt und zwei Versionen (eine ungeschärfte und eine geschärfte) abgespeichert werden.

Ich zeige Ihnen im Anschluss noch, wie Sie mit einem Schärfungsspezialisten (RegiStax 6) Ihr Bild weiter bearbeiten können, aber als schnellen Vergleich, was in Ihrem Bild an Informationen enthalten ist, sollten Sie ruhig beide Versionen (geschärft und nicht geschärft) abspeichern. Unter (4) Advanced Setting setzen Sie ein Häkchen bei HQ Refine. Dies bewirkt später eine sehr genaue Ausrichtung der Einzelframes übereinander. Mit Drizzle können Sie, wenn Ihr Motiv wegen zu geringer Brennweite zu klein abgebildet ist, entsprechend der Auswahl vergrößern. Diese Vergrößerung erfolgt aufgrund der Ausrichtungstechnik besonders schonend, anders als z.B. eine Vergrößerung eines Einzelbildes in Photoshop. Bei (5) stellen Sie die Größe des Bildes ein bzw. schneiden alles unnütze Schwarze weg, dies steigert die Verarbeitungsgeschwindigkeit enorm. Bei (6) müssen Sie ein Häkchen machen – dann können Sie sehen, wo das Programm die Ausrichtungspunkte setzt. Dies ist von Bedeutung, da die optimale Anzahl und Position bewertet werden sollte. Damit Sie mehr als nur einen Ausrichtungspunkt benennen können, muss bei (7) Multiple (MAP) ausgewählt werden.

Die Anzahl der Ausrichtungspunkte/Ausrichtungsbereiche bestimmen Sie bei (8). Sind Sie mit den Ausrichtungspunkten zufrieden, klicken Sie auf Place APs in Grid (9).

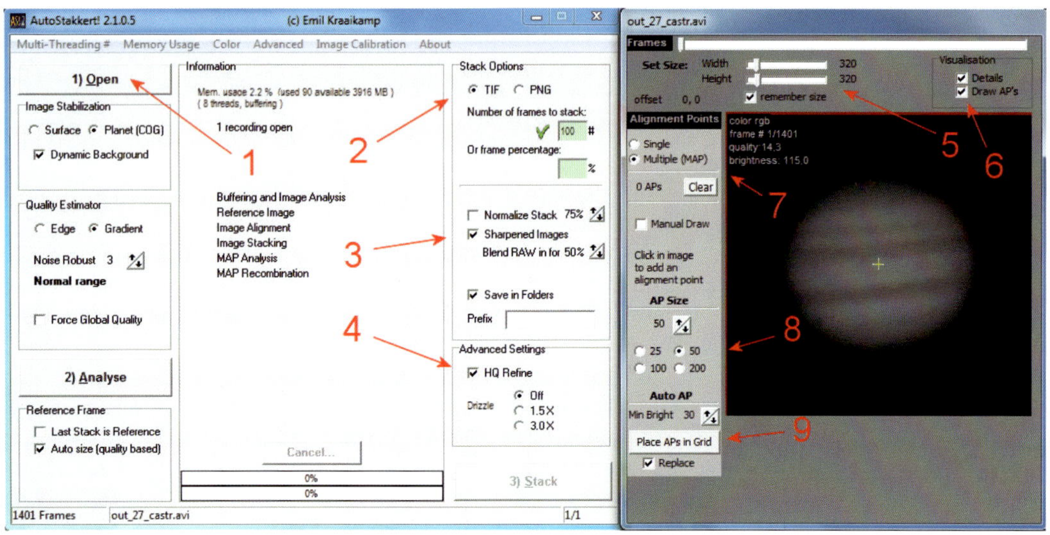

Abbildung 5.45
AutoStakkert

Mithilfe von AutoStakkert wird Ihr Film in Einzelframes zerlegt. Die unscharfen Bilder werden entfernt und die scharfen übereinander ausgerichtet und addiert. Um dies zu erreichen, geht es weiter mit den Arbeitsschritten in Abbildung 5.46. Bei (1) sehen Sie die einzelnen Ausrichtungspunkte. Diese Anzahl können Sie auch direkt vorgeben, in unserem Beispiel sind es gerade 70. Nach dem Bestätigen starten Sie unter (2) die Analyse. AutoStakkert untersucht nun alle Einzelframes des Films und sortiert diese von gut nach schlecht bzw. scharf nach unscharf. Fahren Sie fort mit dem Einstellungen in Abbildung 5.47.

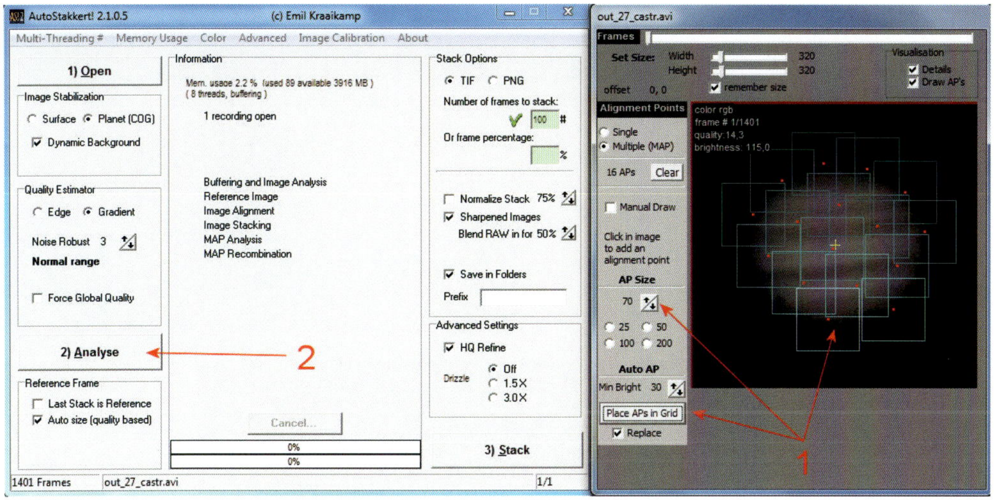

Abbildung 5.46
Die Analyse

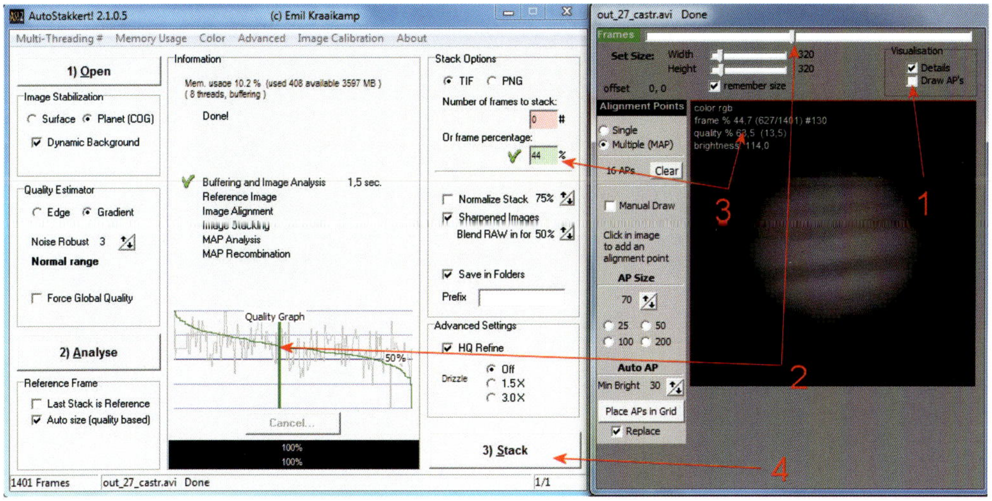

Abbildung 5.47
Der Quality Graph

Nachdem AutoStakkert die Qualitätsberechnung beendet hat, erscheint das Ergebnis im QUALITY GRAPH. Unter VISUALISATION sollten Sie nun die Option DRAW APs ausschalten. Die Ausrichtungspunkte werden nicht mehr angezeigt und Sie können das Bild besser beurteilen. Verschieben Sie nun den Schieberegler bei (2) so weit von links (gute Bilder) nach rechts (schlechte Bilder), bis Sie den optimalen Übergang von guten Frames zu schlechten Frames gefunden haben. Dieser Übergang wird unter (3) als Prozent-Wert angezeigt – diesen sollten Sie dann bei OR FRAMES PERCENTAGE (3) von Hand eintragen. Der finale Stack-Prozess wird dann bei einem Klick auf STACK (4) gestartet. Nach einiger Berechnungszeit wird das Ergebnis in einem Ausgabeordner (wenn nicht anders angegeben, im Pfad der Startdatei) abgespeichert.

Ich schärfe meine gestackten Bilder gerne mit der NOISETRAP-SCHÄRFUNG in RegiStax 6.

In Abbildung 5.48 sehen Sie unter (A) das von AutoStakkert produzierte gestackte Bild. Unter (E) sehen Sie das geschärfte Endbild. Um diese Schärfung zu erreichen, stellen Sie, je nach Bedarf, die Layer unter (1+2) entsprechend ein (dies wurde zuvor schon bei der Version 5.1 erklärt). Sind Sie mit den Einstellungen zufrieden, bestätigen Sie dies mit einem Klick aus DOALL (3).

Hinweis

Wenn Sie AutoStakkert für die Verarbeitung von CCD-Filmen einer monochromen Astrokamera einsetzen und mit Farbfilter (R-G-B), somit also mit drei später zu verrechnenden Einzelkanälen arbeiten, müssen Sie oberhalb von (3) in Abbildung 5.45 noch ein Häkchen bei NORMALIZE STACK setzen. Dies bewirkt, dass alle Endbilder (rot, grün und blau) die gleiche Helligkeit aufweisen. Für Aufnahmen mit einer DSLR ist dies nicht von Bedeutung.

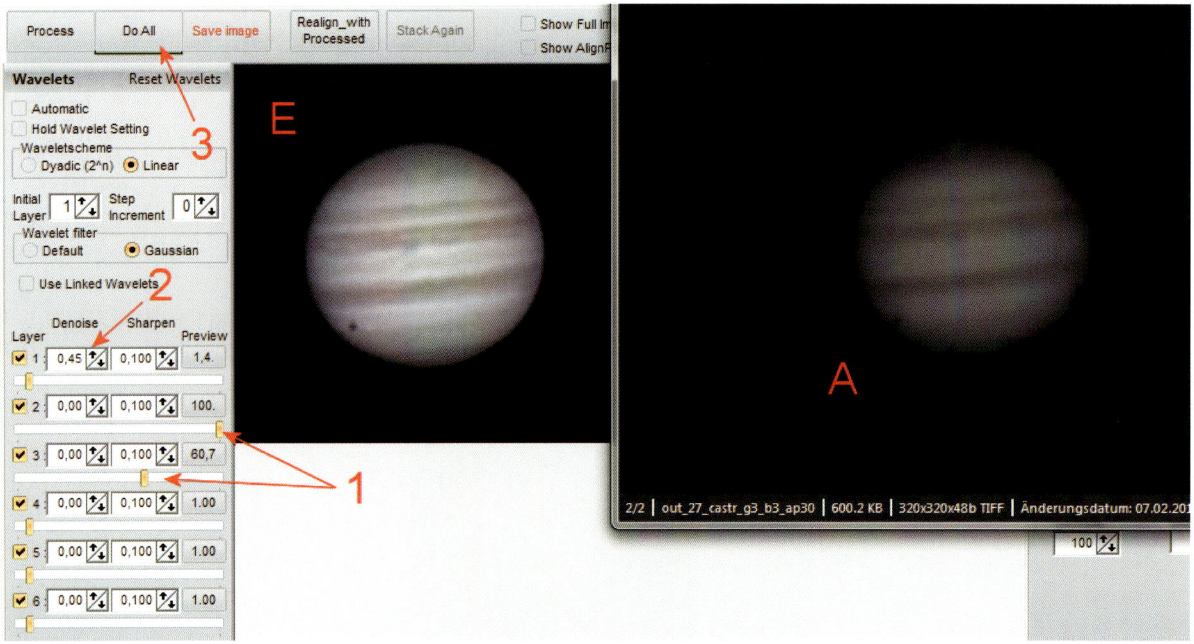

Abbildung 5.48
Bildschärfung in RegiStax 6

5.7 VOM S/W-BILD ZU RGB

Um aus den fertig gestackten Einzelkanälen gefilterter SW-Aufnahmen ein Farbbild (RGB) zu erstellen, bedienen wir uns des Programms Fitswork. Öffnen Sie wie in Abbildung 5.49 zu sehen das Rot-, Grün- und Blau-Bild.

Nachdem Sie Ihre Ausgangsbilder in Fitswork geladen haben, bestimmen Sie die Verschiebungsvariante auf KREUZKORRELATION (Pfeil oben, Abbildung 5.49). Anschließend ziehen Sie einen quadratischen Rahmen um den Jupiter in jedem Bild. Mit einem Klick auf BILDER KOMBINIEREN / 3 S/W BILDER ZU RGB BILD (MIT VERSCHIEBUNG) – Abbildung 5.50 – starten Sie die Verarbeitung.

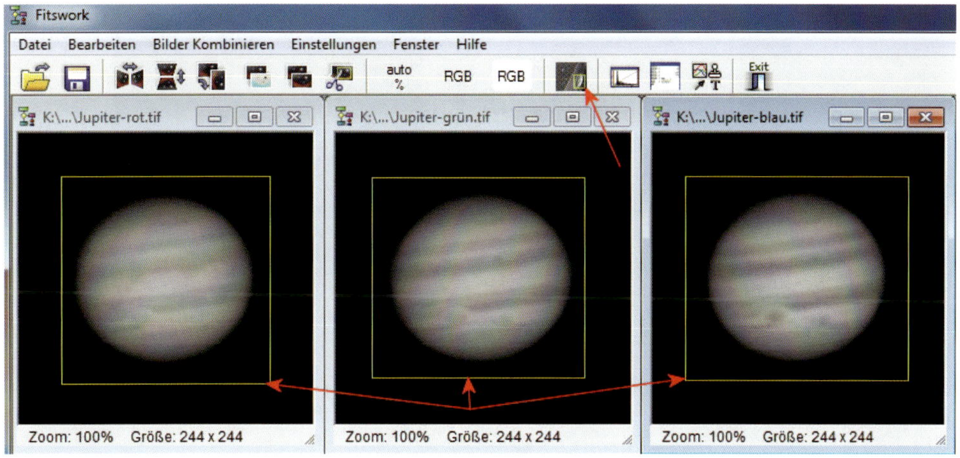

Abbildung 5.49
Laden Sie alle drei RGB-Einzelbilder in Fitswork.

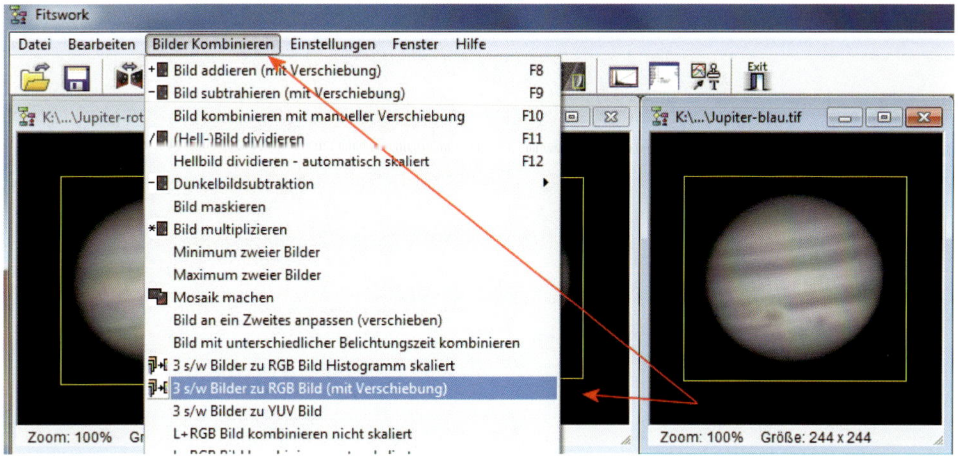

Abbildung 5.50
Bilder kombinieren

Es erfolgt nun eine Abfrage vom Programm, welches das Rot-, Grün- bzw. Blau-Bild ist. Beantworten Sie diese mit der entsprechenden Auswahl und weiter geht es mit der Abbildung 5.51.

Das RGB-Bild ist erstellt, allerdings fehlt noch die richtige Schärfe. Dies erledigen Sie wieder mit RegiStax (Abbildung 5.52).

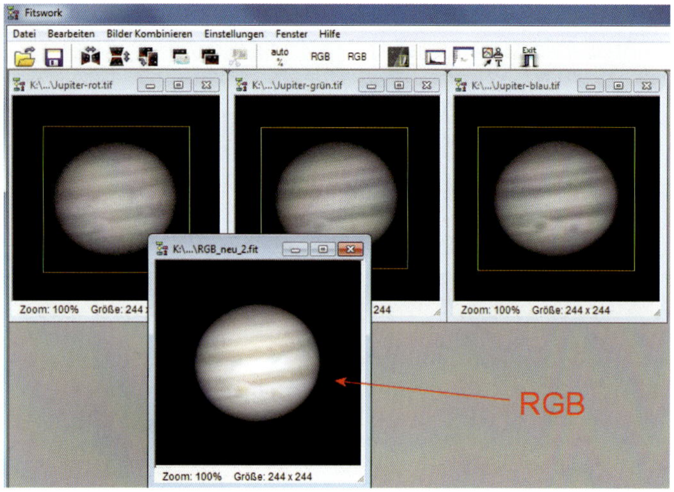

Abbildung 5.51
RGB-Bild – Zwischenergebnis

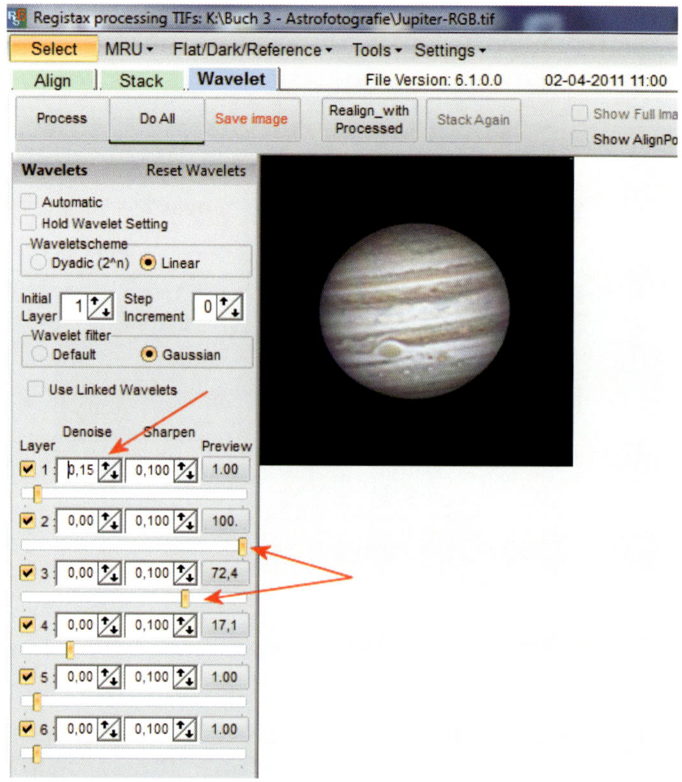

Abbildung 5.52
Noise-Trap-Schärfung

Schärfen Sie Ihr Bild (siehe Pfeile, Abbildung 5.52) mit dem schon bekannten Layer der NOISE-TRAP SCHÄRFUNG. Abschließend speichern Sie Ihr Bild im TIFF-Format. Optional ist eine weitere Bildbearbeitung in einem Bildbearbeitungsprogramm, z.B. Photoshop, möglich.

Abschließend sehen Sie in Abbildung 5.53 noch ein weiteres Bildbeispiel, das mit einer DSLR entstanden ist, den Saturn im Jahr 2012.

Abbildung 5.53
DSLR-Aufnahme von Saturn im Jahr 2012

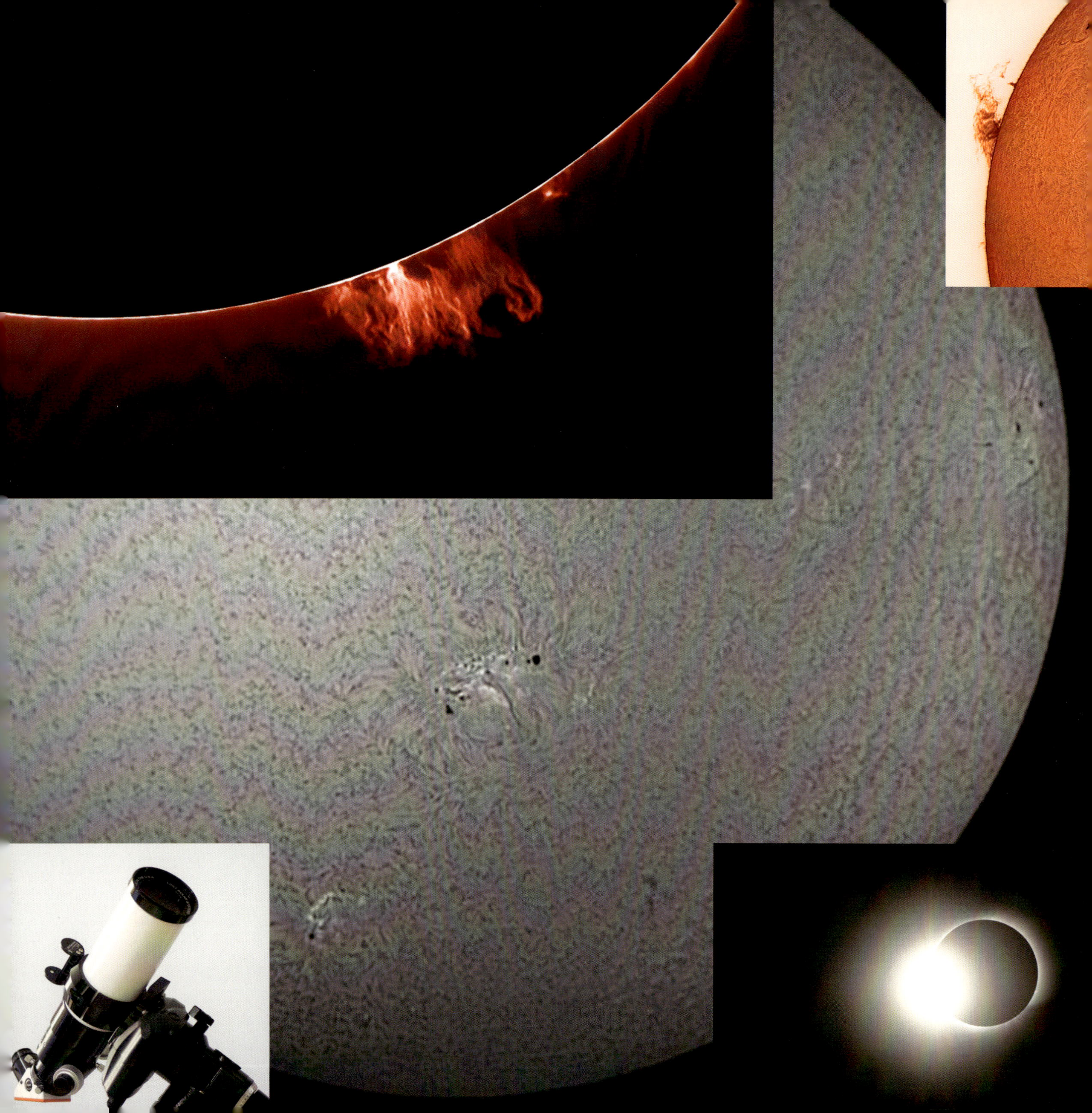

KAPITEL 6
Sonnenfotografie

Etwa 30.000 Lichtjahre vom Zentrum unserer Heimatgalaxie entfernt, im sogenannten Orion-Arm, befindet sich unsere Sonne. Sie benötigt ca. 220 Millionen Jahre, um mit einer Geschwindigkeit von rund 240 Kilometern pro Sekunde das Milchstraßenzentrum zu umkreisen. Ihr Durchmesser beträgt ca. 1.390.000 km, dies ist der 109-fache Erddurchmesser. Unsere Erde umkreist die Sonne auf einer elliptischen Bahn im Laufe eines Jahres. Der mittlere Abstand beträgt ca. 150 Millionen Kilometer oder 150 Gigameter (Gm). Diese Entfernung wird auch als astronomische Einheit für Entfernungen verwendet. Das Licht benötigt 8 Minuten und 20 Sekunden, um diese Strecke zurückzulegen. Im Inneren der Sonne findet bei einer Temperatur von 15 Millionen Grad Celsius eine Kernfusion statt, bei der Wasserstoff zu Helium umgewandelt wird. Mit einer Oberflächentemperatur von ca. 5800 Grad Celsius (oder Kelvin) fällt die Sonne in die Spektralklasse G2 und die Leuchtkraftklasse V. Sie ist damit ein G2V-Stern, ein gelb leuchtender Zwergstern. Ihr Alter wird auf etwa 4,57 Milliarden Jahre geschätzt.

6.1 WICHTIGE HINWEISE

Wichtiger Hinweis: Schauen Sie bei der Sonnenbeobachtung und Sonnenfotografie niemals durch ein ungefiltertes optisches System. Schon ein kurzer Blick kann zum Verlust des Augenlichts führen. Zusätzlich werden die Geräte durch die entstehenden hohen Temperaturen beschädigt, wenn sie ohne Sonnenfilter betrieben werden. Auch bei der Verwendung weiter unten beschriebener Filter beachten Sie, dass der Sucher immer abgedeckt ist und Sie zur Ausrichtung des Teleskops auch nicht entlang des Teleskops zur Sonne schauen. Ist ein Auffinden der Sonne bei Orientierung am Teleskopschatten nicht erfolgreich, können Sie einen speziellen Sonnensucher verwenden. Geeignete Sonnenfilter sind nur solche, wie sie extra dafür im Handel angeboten werden. Selbst gebastelte Lösungen wie zum Beispiel eine mit Ruß geschwärzte Scheibe oder die Rettungsfolie aus dem Kfz-Zubehörhandel sind nicht geeignet! Empfehlenswert sind nur spezielle Sonnenfilter, die vor dem Objektiv angebracht werden. Dadurch wird ein Eindringen der Energie ins Innere des Gerätes verhindert und sie kann keinen Schaden anrichten. Eine gute Qualität bietet zum Beispiel die Filterfolie *AstroSolar*, die bei der Firma Baader-Planetarium (`http://www.baader.planetarium.de`) bezogen werden kann. Sonnenschutzfilter aus Glas werden ebenfalls angeboten, sind aber erheblich teurer. Vor dem Einsatz dieser Filter sind diese unbedingt auf Beschädigung zu kontrollieren. Dazu hält man den Filter bei ausgestrecktem Arm Richtung Sonne. Wäre dieser defekt, würden Sie sofort an der beschädigten Stelle den Lichteinfall bemerken. Der Filter darf dann nicht mehr verwendet werden. Klären Sie unbedingt auch anwesende Personen über die möglichen Gefahren der Sonnenbeobachtung auf und achten Sie auf Kinder. Lassen Sie das Equipment niemals unbeaufsichtigt. Schwenken Sie das verwendete Instrument nach der Beobachtung oder Fotografie auf eine andere Himmelsregion. Der AstroSolar-Filterfolie liegt eine Anleitung bei, wie Sie mit etwas Pappe daraus einen aufsteckbaren Filter bauen können. Sicherer ist es, die Folie in einen entsprechenden Halter einzusetzen und diese nach dem Anbringen am Teleskop zusätzlich mit Tesafilm zu fixieren. Bei der Beobachtung ist der Einsatz eines Infrarot-/UV-Sperrfilters zwingend notwendig! Erwähnen möchte ich noch, dass im Handel noch sogenannte Herschelprismen, auch Herschelkeil genannte Geräte, angeboten werden. Diese können nur am Refraktor verwendet werden. Beachten Sie hierbei die vom Hersteller beigefügte Anleitung. Ich selber setze solch ein Gerät allerdings nicht ein.

6.2 DIE SONNE IM WEIßLICHT

Mit der AstroSolar-Filterfolie können Sie die Sonnenoberfläche im sogenannten Weißlicht beobachten und fotografieren. Dort erkennen Sie dann die Sonnenflecken. Diese treten einzeln oder in Gruppen auf, wobei in einem rund elfjährigen Zyklus ihre Häufigkeit besonders groß, dazwischen besonders niedrig ist. Das nächste zu erwartende Maximum ist im Jahr 2013. Kühlt die Sonnenoberfläche in bestimmten Bereichen um etwa 1000 Grad Celsius durch Anomalien des Magnetfeldes ab, entstehen an diesen Orten Sonnenflecken. Die Lebensdauer eines Sonnenflecks bewegt sich zwischen einigen Tagen und Wochen. Die dunklen Kernzonen eines Sonnenflecks werden Umbra, der hellere Hof Penumbra genannt. Nicht selten übertreffen die Sonnenflecken im Durchmesser die Größe der Erde. Filament-artige Aufhellungen, die vor allem im Bereich des abgedunkelten Sonnenrandes auftreten, werden Fackeln genannt. Die bisher beschriebenen zu beobachtenden Erscheinungen betreffen die Photosphäre. Dies ist die Schicht der Sonne, die den Großteil der Energie und des Lichts abstrahlt. Darüber liegt die Chronosphäre, die ganz andere Strukturen zeigt: riesige Protuberanzen. Protuberanzen können mit der Sonnenfilterfolie nicht gesehen werden.

6.3 SETUP ZUR WEIßLICHTFOTOGRAFIE

Sonnenflecken lassen sich, Sonnenfilter aus Glas oder Folie vorausgesetzt, schon mit einem Teleobjektiv ablichten. Möchte man näher heran, um die Flecken größer abzubilden, empfiehlt sich die Verwendung eines Teleskops. Die Kamera, am besten eine digitale Spiegelreflex, wird anstelle eines Okulars am Teleskop befestigt. Bei einer DSLR benötigen Sie dazu einen T2-Adapter. Dieser wird entweder direkt an das Teleskop geschraubt oder mittels 2"-Fokaladapter am Okularauszug arretiert (siehe Abbildung 6.1).

Abbildung 6.1
Adaption einer DSLR am Teleskop

T2 und Fokaladapter enthalten keine Linsen. Das Teleskop dient nun als großes Teleobjektiv. Vor dem Teleskop kommt der Weißlichtsonnenfilter.

Die AstroSolar-Filterfolie von Bader gibt es in zwei Ausführungen. Eine visuelle mit einer Neutraldichte ND 5 und eine für fotografische Zwecke mit einer Dichte von 3,8. Die Folie ist laut Anbieter interferometrisch geprüft zu 94 bis 96 Prozent Definitionshelligkeit. Sie ist damit so gut wie ein APO-Objektiv von Carl Zeiss. Die Fotofolie darf visuell nur mit einer okularseitigen zusätzlichen Filterung durch einen Graufilter ND2 sowie UV/IR-Sperrfilter eingesetzt werden! Ich selbst verwende aus Sicherheitsgründen nur die visuelle Filterfolie ND5. Durch leichtes Erhöhen der Kameraempfindlichkeit auf ISO 400 ist es auch mit dieser Folie problemlos möglich, Aufnahmen zu machen.

Hier noch einmal die sehr wichtigen Hinweise des Herstellers:

ALLE Teleskope MÜSSEN objektivseitig gefiltert werden. Eine OKULARSEITIGE Filterung kann durch Zerstörung des Filters aufgrund der hohen Brennpunkttemperatur des Sonnenbildes im Fokus irreparable Augenschäden nach sich ziehen. Achten Sie darauf, dass die Filterfolie sicher VOR der Lichteintrittsöffnung befestigt ist und bei Windstößen nicht wegfliegen kann. Denken Sie auch daran, die Lichteintrittsöffnung des Sucherfernrohrs zu filtern, bzw. achten Sie darauf, dass der Staubschutzdeckel sicher befestigt ist. Lassen Sie ein Teleskop, das zu Sonnenbeobachtungen am Tage aufgestellt ist, nicht unbeaufsichtigt und achten Sie besonders auf spielende Kinder in der Nähe des Teleskops!

Abbildung 6.2 zeigt die AstroSolar-Filterfolie am Schmidt-Cassegrain C8.

Abbildung 6.2
C8 mit AstroSolar-Sonnenfilterfolie

Nachdem die Kamera und der Sonnenfilter ans Teleskop adaptiert sind, nehmen Sie noch einige wichtige Einstellungen an der DSLR vor: Stellen Sie die Bildqualität auf RAW+JPG (Abbildung 6.3). RAW für die spätere Bearbeitung und Verwendung, JPG für eine schnelle Durchsicht und Beurteilung der Aufnahmen.

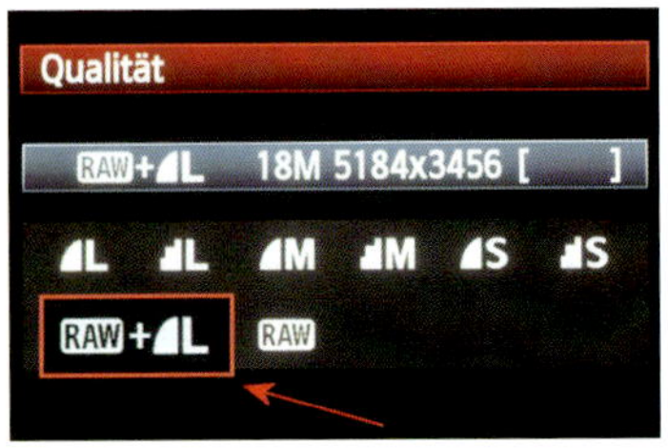

Abbildung 6.3
Einstellen der Bildqualität

Für geringes Rauschen und bestmögliche Bildqualität sollten Sie mit einem niedrigen ISO-Wert beginnen. Reicht das Licht nicht aus, da die Filterfolie zu wenig durchlässt, können Sie den ISO-Wert erhöhen (Abbildung 6.4).

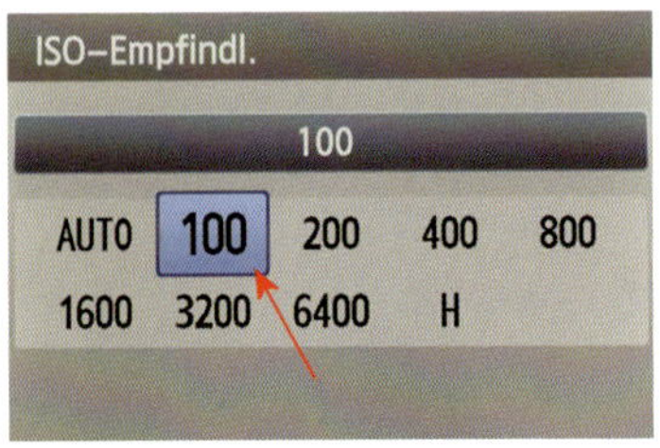

Abbildung 6.4
Einstellen der Empfindlichkeit in ISO

Um die Sonnenscheibe zuverlässig auszumessen, stellen Sie die Messmethode der Kamera auf Spotmessung (Abbildung 6.5).

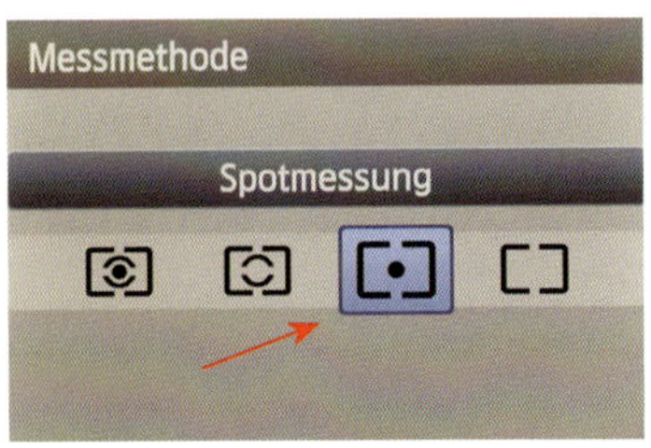

Abbildung 6.5
Einstellen der Messmethode

Der Weißabgleich wird manuell auf Tageslicht gestellt (Abbildung 6.6).

Abbildung 6.6
Einstellen des Weißabgleichs

Als Belichtungsprogramm empfiehlt sich die Zeitautomatik, bei den DSLR-Kameras als Av oder A bezeichnet (Abbildung 6.7). Blenden Sie bei Verwendung eines Objektivs die Blende um ca. zwei Werte ab. Die meisten Objektive zeigen bei dieser Abblendung die besten Abbildungseigenschaften. Ist die Kamera ohne Objektiv an ein Teleskop angeschlossen, stellen Sie die Belichtungseinstellung auf M für manuell und machen einige Testaufnahmen.

Abbildung 6.7
Wählen der Programmeinstellung

Um Verwackelungen durch den Spiegelschlag zu vermeiden, machen Sie von der Spiegelverriegelung Gebrauch (Abbildung 6.8).

Abbildung 6.8
Spiegelverriegelung einschalten

Ist diese aktiviert, klappt der Spiegel beim Druck auf den Auslöser hoch; durch einen weiteren Druck wird anschließend die Aufnahme ausgelöst. Dass hierbei wieder ein (Kabel-)Fernauslöser zum Einsatz kommt, ist selbstredend.

Eine exakte Fokussierung auf unendlich ist eine wichtige Voraussetzung für ein gelungenes Foto. Gehen Sie bei der manuellen Fokussierung mit der größtmöglichen Sorgfalt vor. Unterstützt Ihre Kamera die *Live-View*-Funktion, ist dies die beste und sicherste Methode, den Fokuspunkt zu treffen. Die Kontrolle erfolgt dann entweder am vergrößerten Bild im Kameradisplay oder am angeschlossenen Laptop. Machen Sie nun einige Aufnahmen der Sonnenscheibe. Je mehr, desto besser, da durch die Luftunruhe (Seeing) sicherlich nicht alle Bilder scharf abgebildet werden. Tagsüber herrschen oft große Luftturbulenzen. Die beste Aufnahmezeit für Weißlicht-Sonnenfotos ist etwa zwei bis drei Stunden vor und nach der Mittagszeit.

6.4 BEARBEITUNG DER WEIẞLICHTBILDER

Suchen Sie sich zunächst das schärfste Bild Ihrer Aufnahmeserie heraus. Sie werden feststellen, dass es, je nach verwendetem Filter, einen leichten Rot- oder Blaustich hat. Diesen können Sie mühelos im RAW-Konverter entfernen. Anschließend erhöhen Sie etwas den Kontrast und schärfen das Bild mit UNSCHARF MASKIEREN. Sehr schöne Ergebnisse erzielen Sie auch mit einer monochromen CCD-Kamera, wie es Abbildung 6.9 und Abbildung 6.10 zeigen.

Bei Abbildung 6.9 und Abbildung 6.10 kam ein sogenannter Herschelkeil oder auch Herschel-Prisma zum Einsatz. Herschel-Prismen sind ausschließlich für die Beobachtung und Fotografie der Sonne bestimmt. Das vom Fernrohrobjektiv kommende Sonnenlicht gelangt im Inneren des Herschelkeils durch ein unverspiegeltes Prisma. Der Großteil des Sonnenlichts entweicht durch eine Gehäuseöffnung (ca. 95 Prozent). Etwa fünf Prozent des Lichts gelangt zum Okular. Da das volle Sonnenlicht ins Teleskop eindringt, darf nur ein Refraktor zum Einsatz kommen. Wegen der großen Hitzeentwicklung dürfen vor dem Herschelkeil auch keine Filter eingesetzt werden. An der Okularseite sind Filter erlaubt, ja sogar sinnvoll. In Abbildung 6.11 sehen Sie einen Herschelkeil mit angeschlossenem Filterrad. Mit verschiedenen Neutraldichte-Graufiltern ist so eine einfache Anpassung der Helligkeit möglich. Zusätzlich wurden bei den Weißlichtbildern (Abbildung 6.9 und Abbildung 6.10) noch zwei Solarkontinuum-Filter (zwischen Filterrad und Herschelkeil) zur Kontraststeigerung eingesetzt.

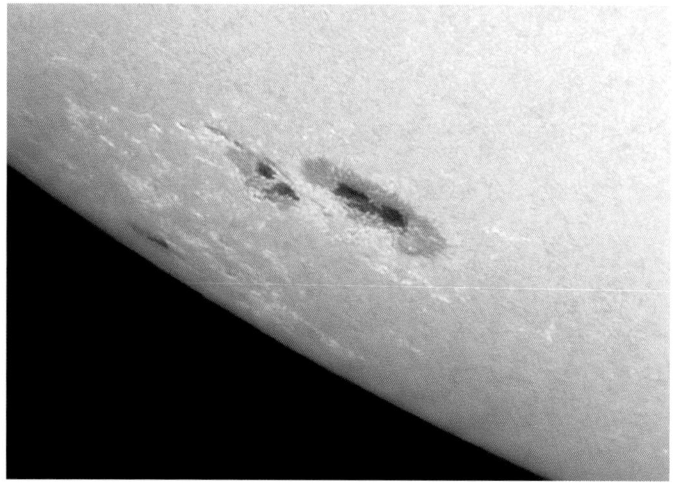

Abbildung 6.9
Foto von Thomas Borowski am 17.09.2010 um 9.45 Uhr MESZ. Celestron (Sky Watcher) FH150/1200 mit Baader-Herschelkeil, 2x Solarkontinuum, 4xFFC. Aufnahmekamera: DMK31AF03

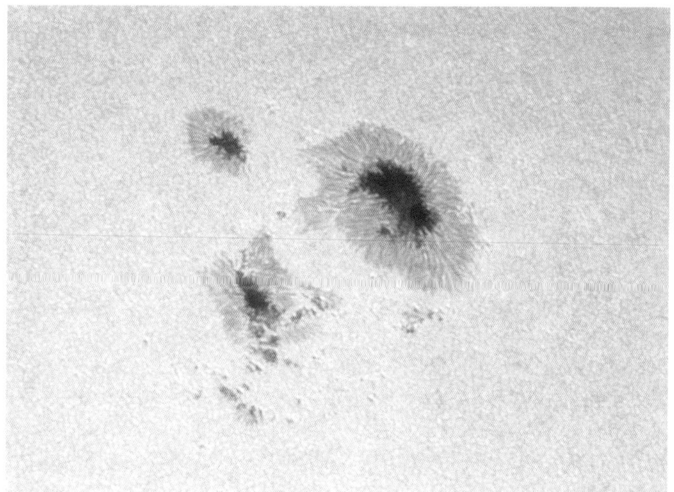

Abbildung 6.10
Foto von Thomas Borowski am 17.09.2010 um 9.45 Uhr MESZ. Celestron (Sky Watcher) FH150/1200 mit Baader-Herschelkeil, 2x Solarkontinuum, 4xFFC. Aufnahmekamera: DMK31AF03

Abbildung 6.11
Herschelkeil zwischen Filterrad und Okularauszug

6.5 DIE SONNE IM Hα-LICHT

Unser Heimatstern bietet eine Fülle von Fotomotiven. Sonnenflecken, Fackeln und Protuberanzen ändern täglich, in Einzelfällen sogar nach einigen Stunden, ihre Position und sind immer wieder lohnende Fotoziele. Linsenteleskope (Refraktoren) sind Spiegelteleskope (Reflektoren) bei der Sonnenfotografie wegen der höheren Auflösung überlegen. Maksutov-Cassegrain sind ebenfalls gut geeignet. Lassen wir mal das nicht mehr zeitgemäße Abfotografieren der Sonne von einem Sonnenprojektionsschirm weg, gibt es zwei gute Möglichkeiten, die Sonne zu fotografieren. Zum einen, das ist die preiswertere Lösung, mit einer Sonnenfilterfolie im Weißlicht, wie schon erwähnt, und zum anderen mit einem Hα-Sonnenfiltersystem bzw. einem Hα-Sonnenteleskop. Gute Hα-Filter oder auch Teleskope kosten allerdings meist mehrere tausend Euro. Die Hersteller Coronado und Lunt haben vor einiger Zeit auch für den Amateur bzw. den kleinen Geldbeutel jeweils ein kleines Hα-Sonnenteleskop herausgebracht. Abbildung 6.12 zeigt das Lunt ST 60/500, das ich aktuell noch im Einsatz habe.

Das kleinere PST von Coronado, das bei Amateuren wegen des Preis-Leistungs-Verhältnisses sehr beliebt ist, möchte ich in der Anwendung hier etwas näher vorstellen. Die Anwendung und spätere Bildbearbeitung ist beim Lunt-Teleskop analog dem PST. Das Fotografieren von Protuberanzen oder Strukturen der Sonnenoberfläche im Hα-Licht ist mit beiden Sonnenteleskopen möglich.

Abbildung 6.12
Lunt Solar System ST 60/500

Setup zur Hα-Fotografie

Für die Aufnahme von Sonnenbildern im H-alpha-Licht sind wie zuvor schon erwähnt, entweder spezielle Sonnenfilterkombinationen oder ein Sonnenteleskop nötig. Am sichersten und auch am preiswertesten ist die Verwendung eines Sonnenteleskops. Das kleine PST von Coronado ist für den Amateurgebrauch bestens geeignet. Mit seiner 400-mm-Brennweite und einer Öffnung von 40 mm zeigt es schon eindrucksvoll viele Details von der Sonne (Abbildung 6.13).

Abbildung 6.13
Das PST von Coronado

Das Anbringen einer digitalen Spiegelreflexkamera am PST ist eine etwas schwierige und auch wackelige Angelegenheit. Dazu kommt noch, dass es sehr schwer ist, mit einer DSLR am PST in den Schärfebereich zu kommen. Nach vielen Versuchen und einigem Lehrgeld kann ich allerdings sagen, dass es möglich ist. Schauen Sie sich den Aufbau in Abbildung 6.14 an. Dort zeige ich Ihnen eine gute Adaptionsmöglichkeit.

Die DSLR wird mittels T2-Adapter mit einem *Baader-Hyperion-Okular 1,25" 68°* verbunden (Abbildung 6.15).

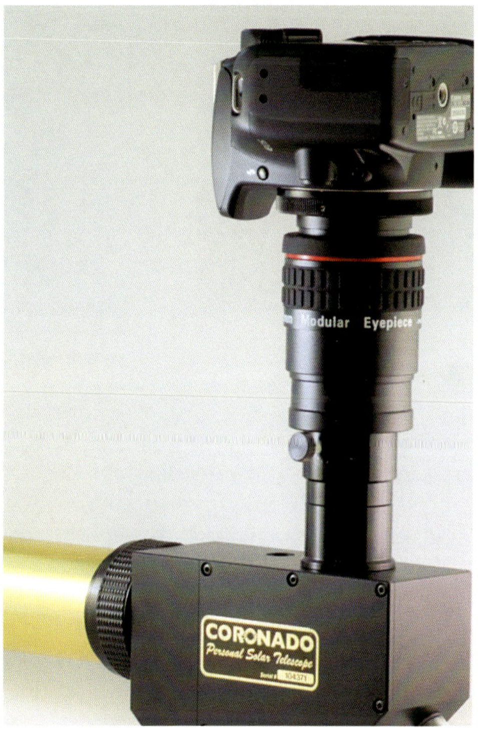

Abbildung 6.14
DSLR am PST

Abbildung 6.15
Hyperion-Okular

Dies ist bei den *Hyperion-Okularen* besonders einfach, da sie, nimmt man die Augenmuschel ab, über ein M42-Anschlussgewinde verfügen. Mittels Adapter zwischen M42 und T2 wird eine Verbindung hergestellt (Abbildung 6.16).

Abbildung 6.16
Die Adapter im Einzelnen

Mit dem *21-mm-Okular* gelingt es nun, in den Fokus des PST zu gelangen. Etwas heikel ist es allerdings noch, die richtige Belichtung zu finden. Die Sonne ist sehr hell und ein Überbelichten des Bildes geschieht schnell. Am besten machen Sie eine Belichtungsserie im manuellen Modus und suchen sich später am PC das beste Bild heraus. Abbildung 6.17 zeigt ein Bild der Gesamtsonne, aufgenommen mit einer Canon EOS 1000 am *Baader-Hyperion-Okular 21 mm*.

Abbildung 6.17
Gesamtsonne vom 03.06.2010

Bessere Bildergebnisse als mit einer DSLR erzielen Sie mit einer Webcam oder CCD-Kamera. Bei diesen Kameras werden die Sonnenoberfläche und die Protuberanzen am Sonnenrand nicht fotografiert, sondern gefilmt. Das Verfahren ist schon in Kapitel 1 (Mondfotografie) vorgestellt worden. Auch bei der Sonne führt diese Methode schnell zum Erfolg. Ich verwende für Hα-Aufnahmen eine DMK-41-(Schwarz/Weiß-)Kamera am PST. Die Kamera wird mit einem Laptop verbunden. Da ich allerdings damit nicht in den Fokus des PST komme, verwende ich zusätzlich eine 2x-Barlowlinse (mehr geht auch). Mit dieser Kombination ist das Einstellen der Schärfe kein Problem mehr (Abbildung 6.18). Am Lunt ST 50/600 kommen Sie auch ohne Barlowlinse in den Fokus.

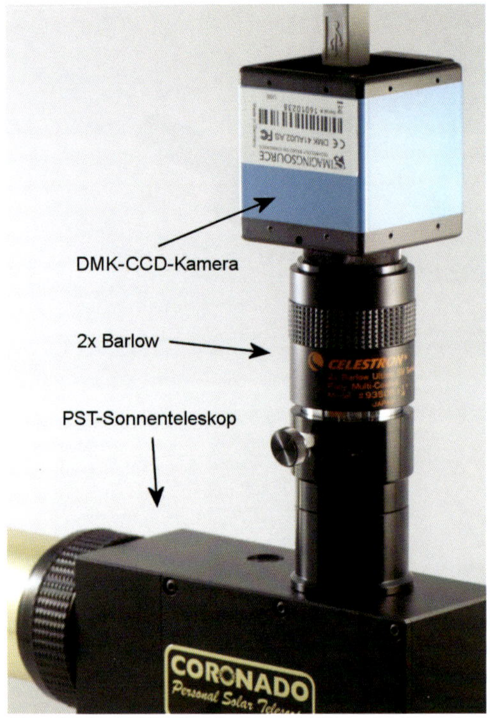

Abbildung 6.18
Adaption einer DMK-CCD-Kamera am PST

Als Aufnahmeprogramm dient das der Kamera beiliegende IC-Capture AS 2.1. Protuberanzen sowie Sonnenoberfläche benötigen allerdings unterschiedliche Belichtungszeiten, da diese unterschiedlich hell sind. Es ist fast unmöglich, beide Bereiche zusammen mit einer Aufnahme abzulichten. Deshalb sollten Sie immer beide Motive getrennt aufnehmen und die Belichtungszeit entsprechend anpassen. Nachdem Sie die DMK-CCD-Kamera mit dem Laptop verbunden haben, starten Sie zunächst das Aufnahmeprogramm (IC-Capture) und nehmen einige Grundeinstellungen vor. In Abbildung 6.19 sehen Sie typische Einstellungen, die ich bei den Aufnahmen verwende.

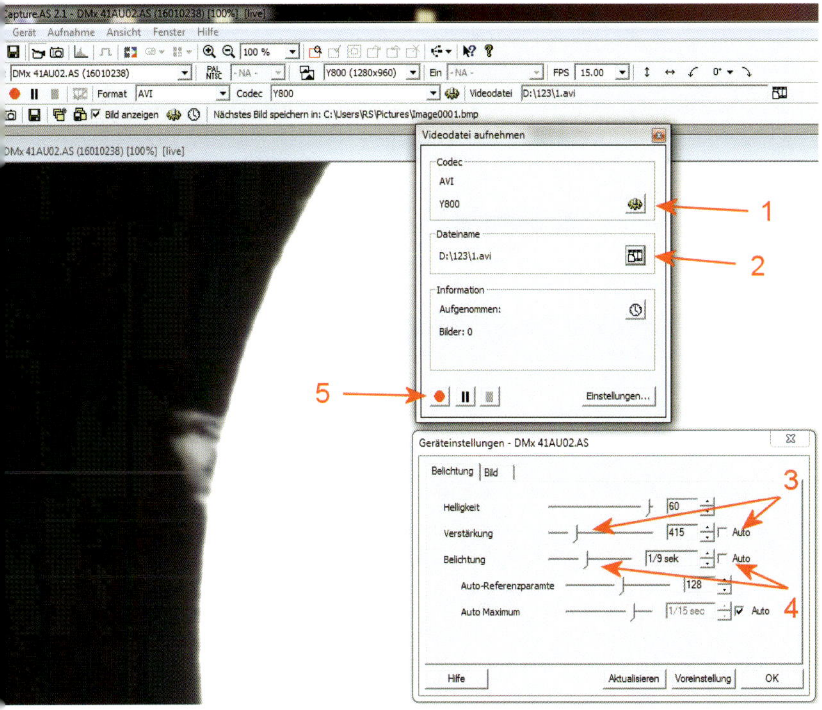

Abbildung 6.19
Aufnahmeeinstellungen bei IC-Capture

Unter (1) wird zunächst der Aufnahme-Codec eingestellt. Für schwarz/weiß ist hier der unkomprimierte Y800 zu wählen. (2) gibt den Speicherort der AVI-Datei an. Bei (3) wählen Sie die Verstärkung des Kamerasignals, wobei Sie hier immer den niedrigsten möglichen Wert wählen sollten, um unnötiges Bildrauschen zu vermeiden. Die Belichtungszeit wird unter (4) eingestellt. Für Protuberanzen am Sonnenrand wird hier eine recht lange Belichtung notwendig sein. Erscheinen die Protuberanzen nicht kräftig genug, ist es möglich, sie durch leichtes Verkippen des Etalon-Filters besser darzustellen. Dazu drehen Sie am Etalon-Ring des PST (oder Lunt), bis Sie mit der Darstellung zufrieden sind. Mit einem Mausklick auf den roten Button (5) starten Sie die Filmaufnahme. Für die Aufnahme der Sonnenoberfläche wird eine kürzere Belichtungszeit benötigt. Verschieben Sie dazu den Belichtungsregler (6) so wie in Abbildung 6.20 dargestellt, etwas nach rechts, bis Sie die Sonnenoberfläche gut erkennen können.

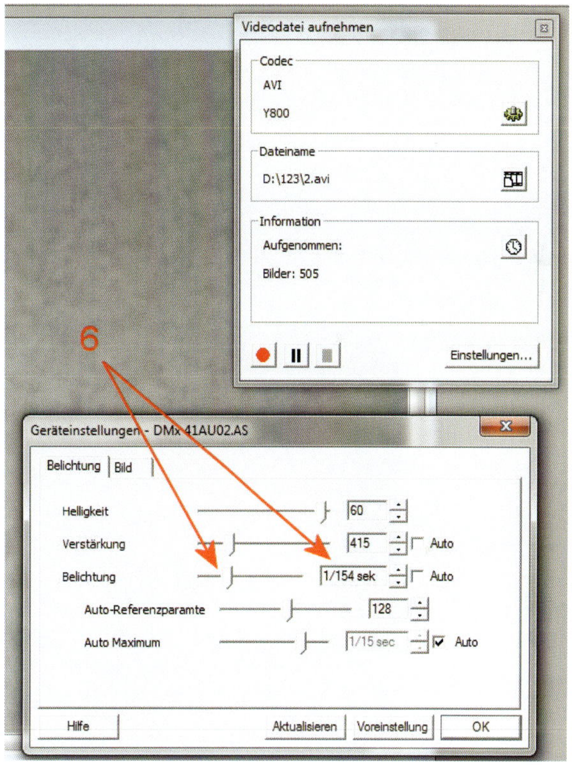

Abbildung 6.20
Belichtung anpassen

Nehmen Sie diese dann auf und speichern Sie den Film als AVI. In der nachfolgenden Bildbearbeitung zeige ich Ihnen, wie Sie aus den zwei verschiedenen Filmen ein Bild erstellen.

6.6 BILDBEARBEITUNG UND MONTAGE

Die mit der Webcam oder CCD-Kamera gewonnenen Filme werden nun zur weiteren Bearbeitung in RegiStax (5.1 oder 6) geladen. Beginnen Sie mit einem AVI-File der Protuberanzen. Öffnen Sie das Video unter Select/Open File in RegiStax. Bei einem S/W-Video erscheint eine Meldung (Abbildung 6.21), die Sie mit OK bestätigen.

Die Bearbeitung von Sonnenbildern in RegiStax ist ähnlich wie die schon in Kapitel 1 beschriebene Vorgehensweise bei der Bearbeitung von Mondaufnahmen. Suchen Sie sich ein gutes Referenzbild durch Verschieben des Schiebereglers im unteren Bereich des Programmfensters aus. Wählen Sie die große Protuberanz mit der Ausrichtungsbox aus und starten Sie das Ausrichten der Frames mit einem Mausklick auf Align. Als Ausrichtungsmethode reicht hier Default (Abbildung 6.22).

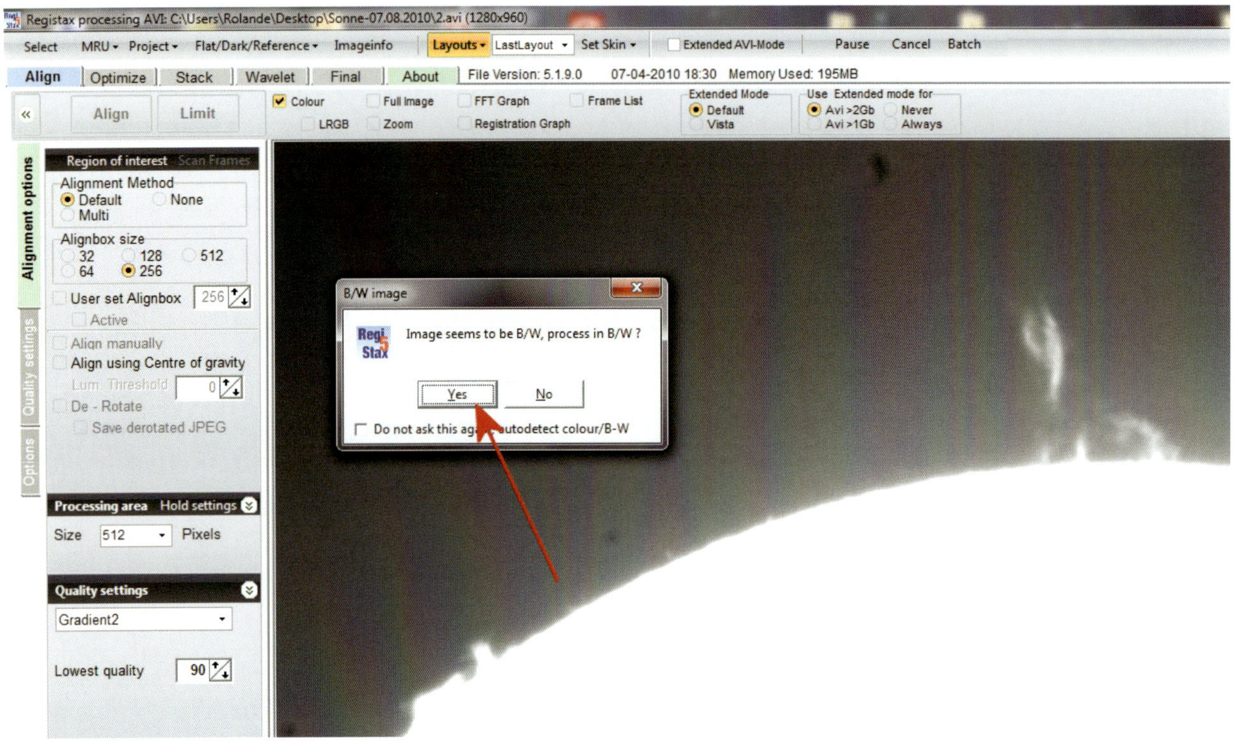

Abbildung 6.21
Bild öffnen in RegiStax

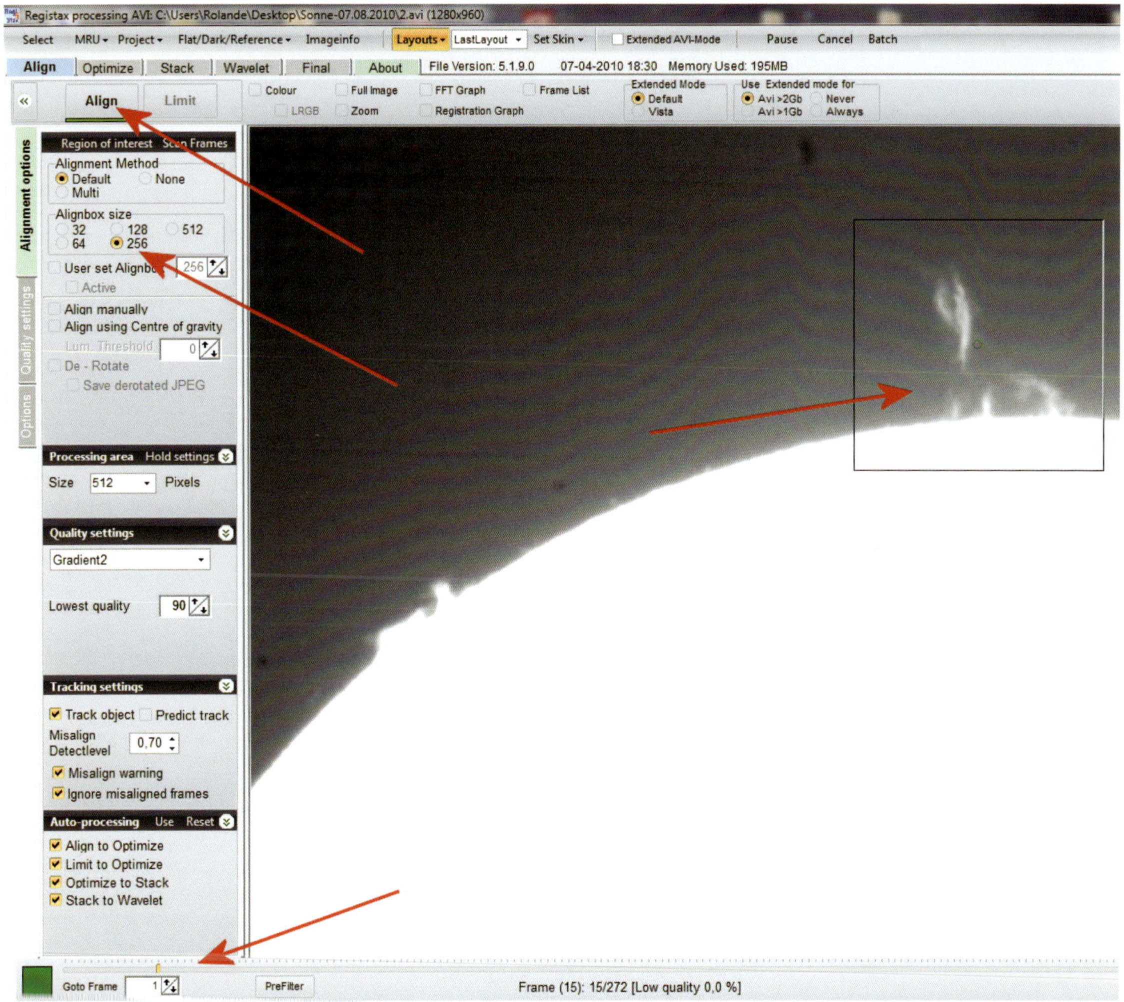

Abbildung 6.22
Ausrichten der Frames

Sobald RegiStax mit dem Ausrichten der Bilder fertig ist, wechselt der Dialog automatisch zum nächsten Arbeitsschritt: dem LIMIT (Abbildung 6.23). Hier kommt wieder der sich im unteren Bereich befindliche Schieberegler zum Einsatz. Die Bilder sind von gut nach schlecht – also von links nach rechts – sortiert worden. Verschieben Sie nun den Schieberegler nach rechts, werden nur die Bilder auf der linken Seite (die guten) zur weiteren Verarbeitung herangezogen. Sie sollten die Bilder beim Verschieben des Reglers genau beobachten und dann mit dem Verschieben aufhören, wenn sie sichtbar schlechter werden.

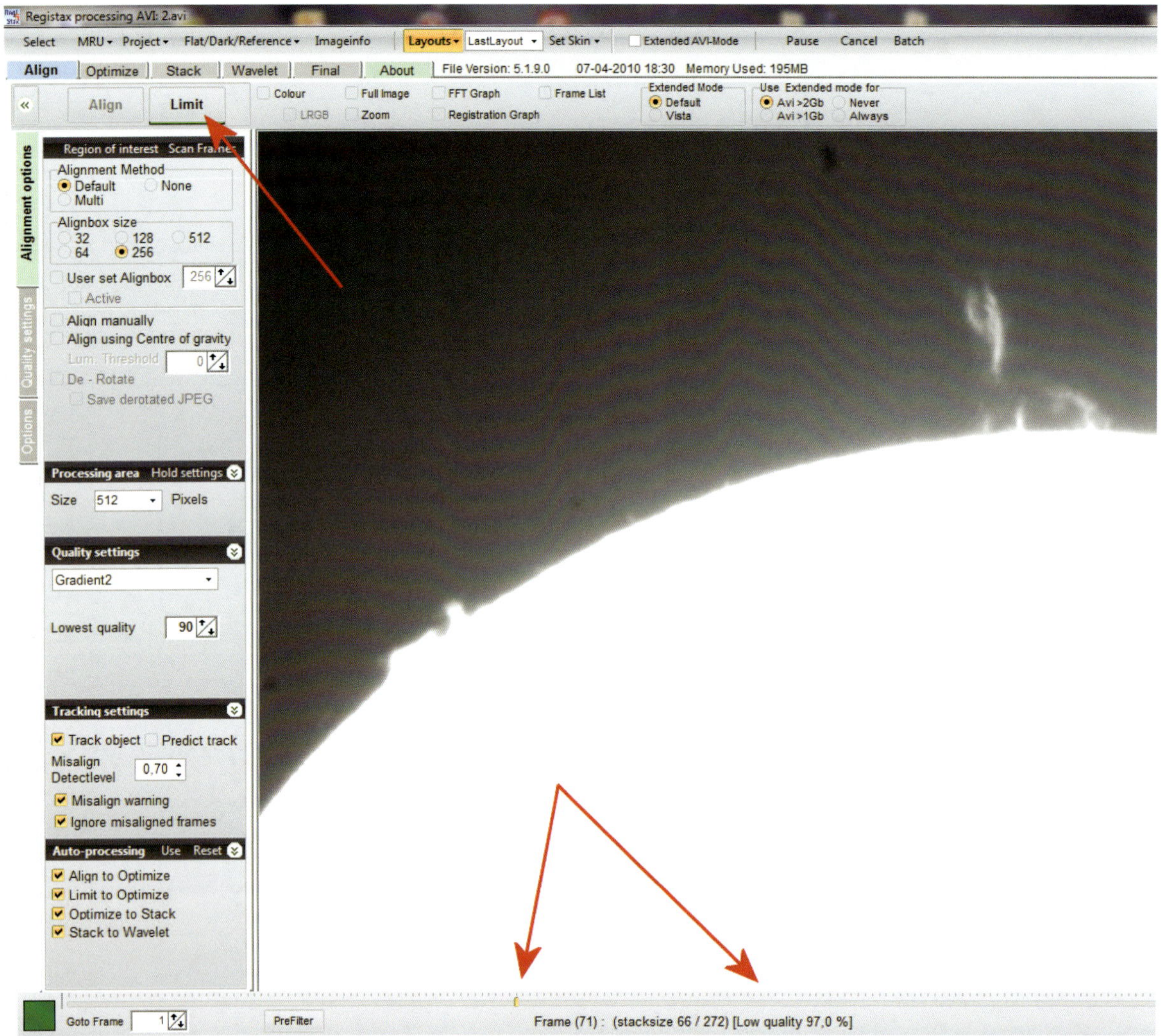

Abbildung 6.23
Limit setzen

Weiter geht es mit dem Button Optimize & Stack (Abbildung 6.24). Die ausgewählten Bilder werden nochmals besser ausgerichtet und anschließend beginnt das Stacken (Überlagern) der Bilder.

Nach dem Stacken wechselt RegiStax ins Wavelet-Filter-Menü. Damit können Sie das gestackte Bild schärfen und gleichzeitig das Bildrauschen verringern (Abbildung 6.25).

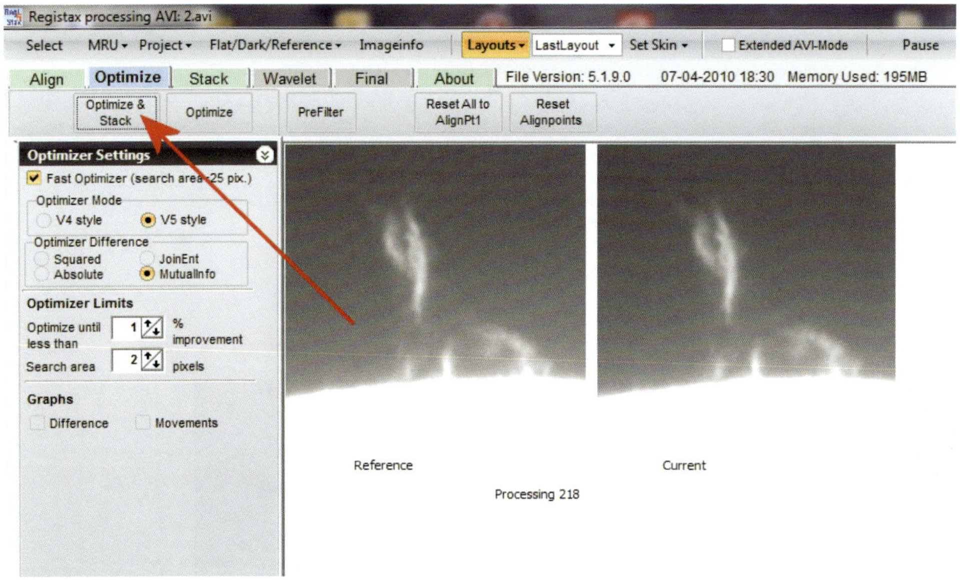

Abbildung 6.24
Optimieren und überlagern

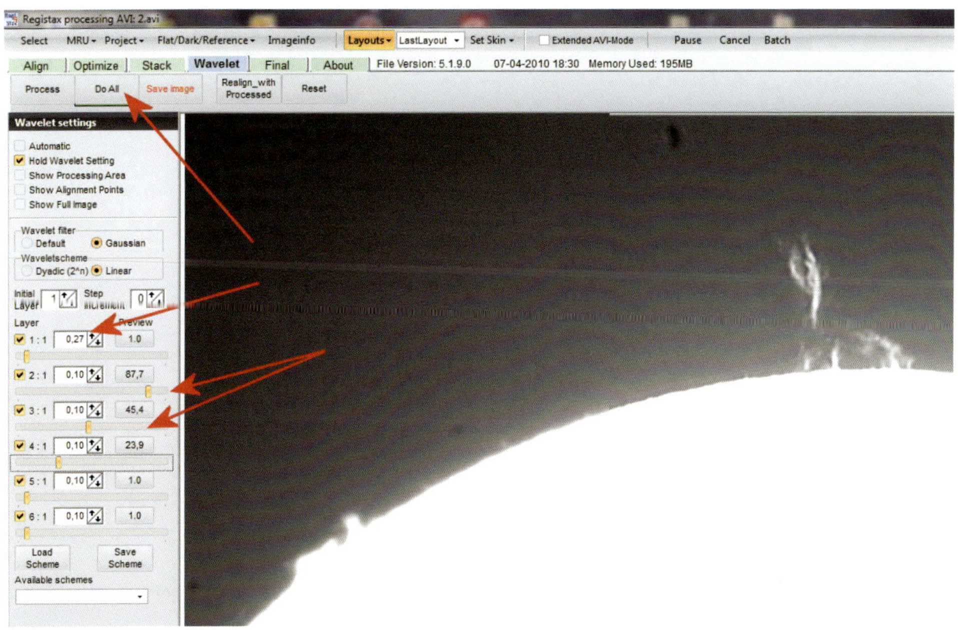

Abbildung 6.25
Wavelet-Schärfung

Schärfen Sie die Protuberanz vorsichtig, indem Sie die Schieberegler der 2. bis 4. Layer nach rechts verschieben. Das Bild wird schärfer, aber auch das Rauschen nimmt zu. Durch Erhöhen des Filterradius von Layer 1 (hier auf 0,27) verschwindet das Rauschen wieder, die gewonnene Schärfe bleibt aber größtenteils erhalten. Sind Sie mit dem Ergebnis zufrieden, klicken Sie auf DoAll und das Bild wird berechnet. Speichern Sie das Bild als TIF zur weiteren Bearbeitung ab. Mit dem Video der Sonnenoberfläche aus der gleichen Region verfahren Sie genauso. Die weitere Bearbeitung der zwei Einzelbilder erfolgt nun in Photoshop bzw. Photoshop Elements. Fangen Sie wieder mit dem Bild der Protuberanz an und öffnen Sie es in Photoshop. Ich habe für dieses Beispiel Photoshop Elements 9 verwendet, da es mittlerweile sehr günstig zu bekommen ist. Natürlich können Sie auch jede andere neuere Elements-Version verwenden (Abbildung 6.26).

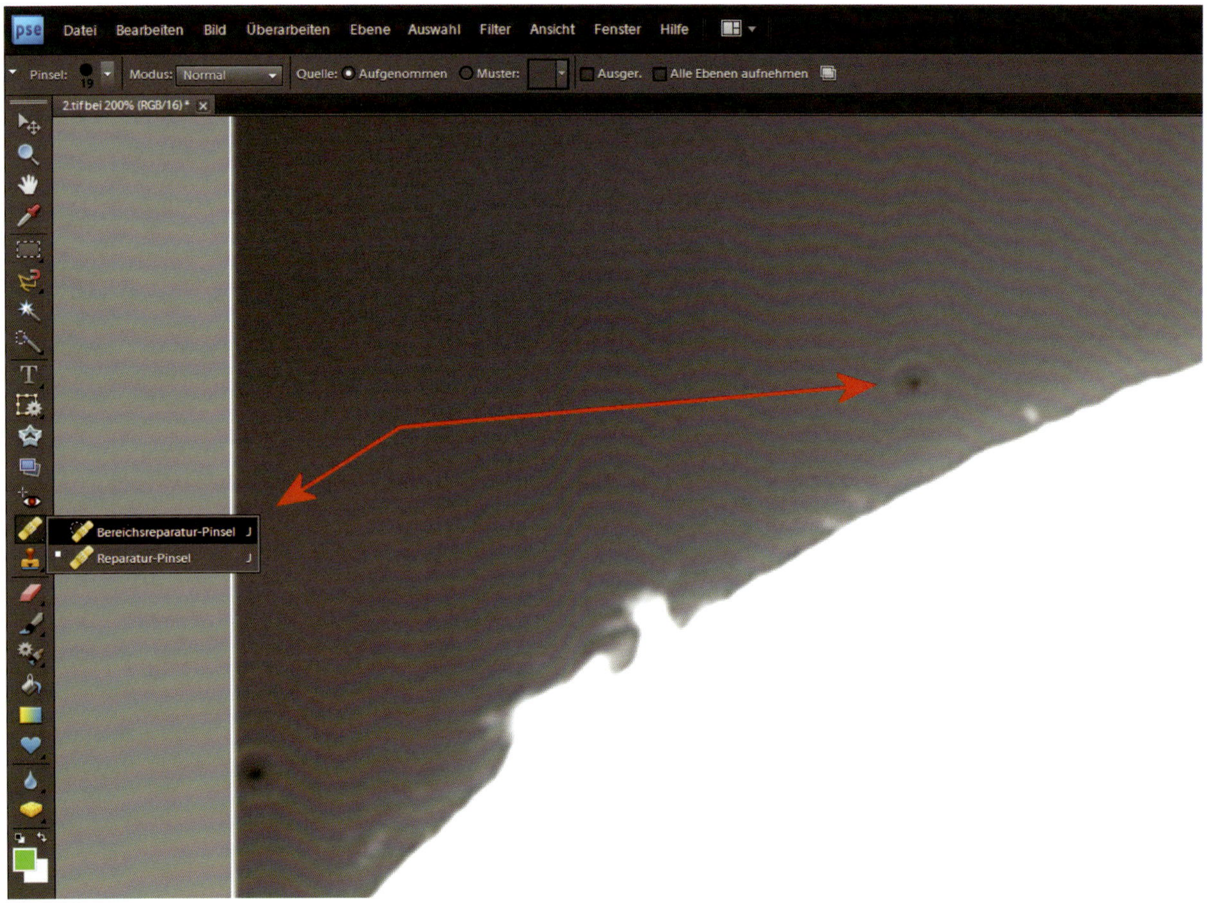

Abbildung 6.26
Unreinheiten entfernen

Beim geöffneten Bild fallen sofort die Flecken auf. Dies sind Verunreinigungen des Aufnahmesensors (Staub etc.). Entfernen Sie als Erstes diese Flecken mit dem Bereichsreparatur-Pinsel. Dies geht schnell und funktioniert sehr gut. Klicken Sie auf die Funktion Bereichsreparatur-Pinsel, stellen Sie im oberen Bereich eine geeignete Pinselgröße ein und übermalen Sie die unschönen Flecken im Bild. Sind Sie damit fertig, schneiden Sie das Bild noch geringfügig aus, um einen sauberen Rand zu erhalten. Einige Kameras, so auch die DMK-41, speichern die AVI-Files immer mit einem kleinen Rand ab, der allerdings bei den Fotos später stört (Abbildung 6.27).

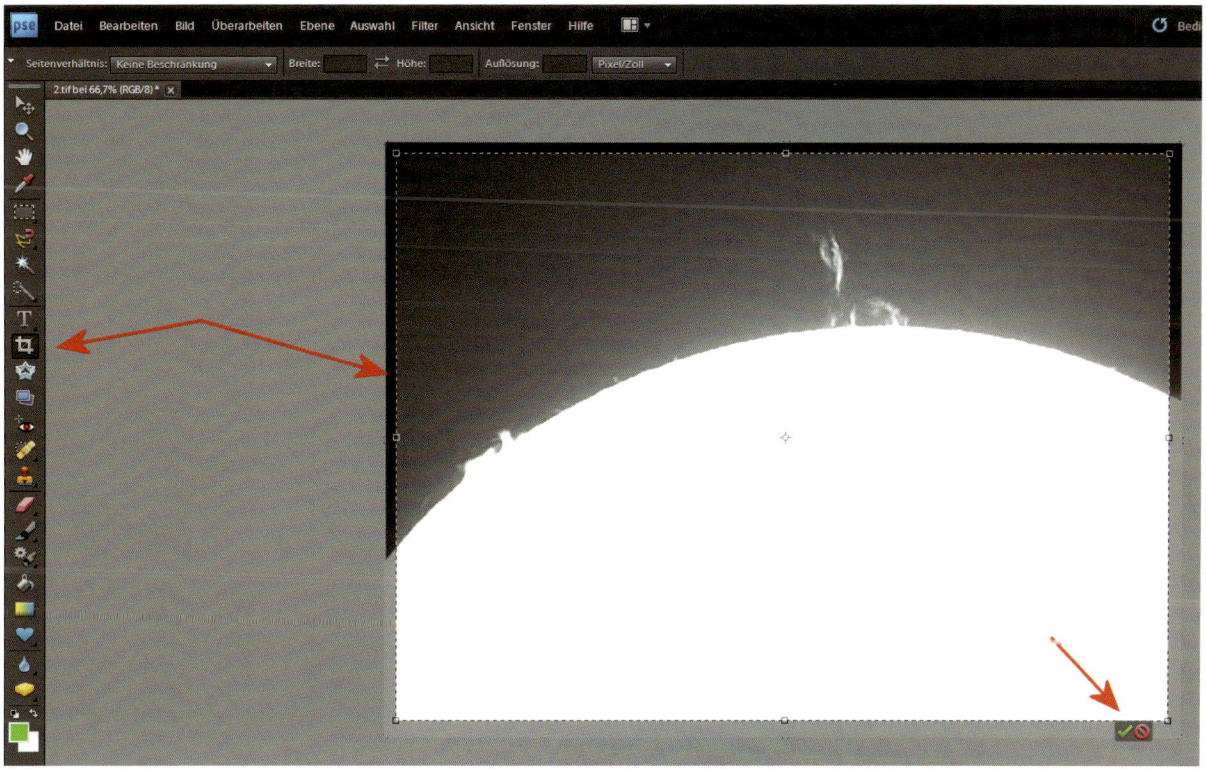

Abbildung 6.27
Bild ausschneiden

Öffnen Sie nun das Bild mit der Sonnenoberfläche, beseitigen Sie die Unreinheiten mit dem BEREICHSREPARATUR-PINSEL und kopieren Sie das Bild als neue Ebene in das geöffnete erste Bild unter Verwendung der Funktion AUSSCHLUSS (Abbildung 6.28). Richten Sie beide Bilder exakt übereinander aus (Abbildung 6.29). Mit den Pfeiltasten auf der Tastatur können Sie den Ausrichtungsrahmen genau positionieren.

Jetzt wird eine neue Einstellungsebene erstellt und zwar unter ANPASSUNGSFILTER|UMKEHREN (Abbildung 6.30 und Abbildung 6.31).

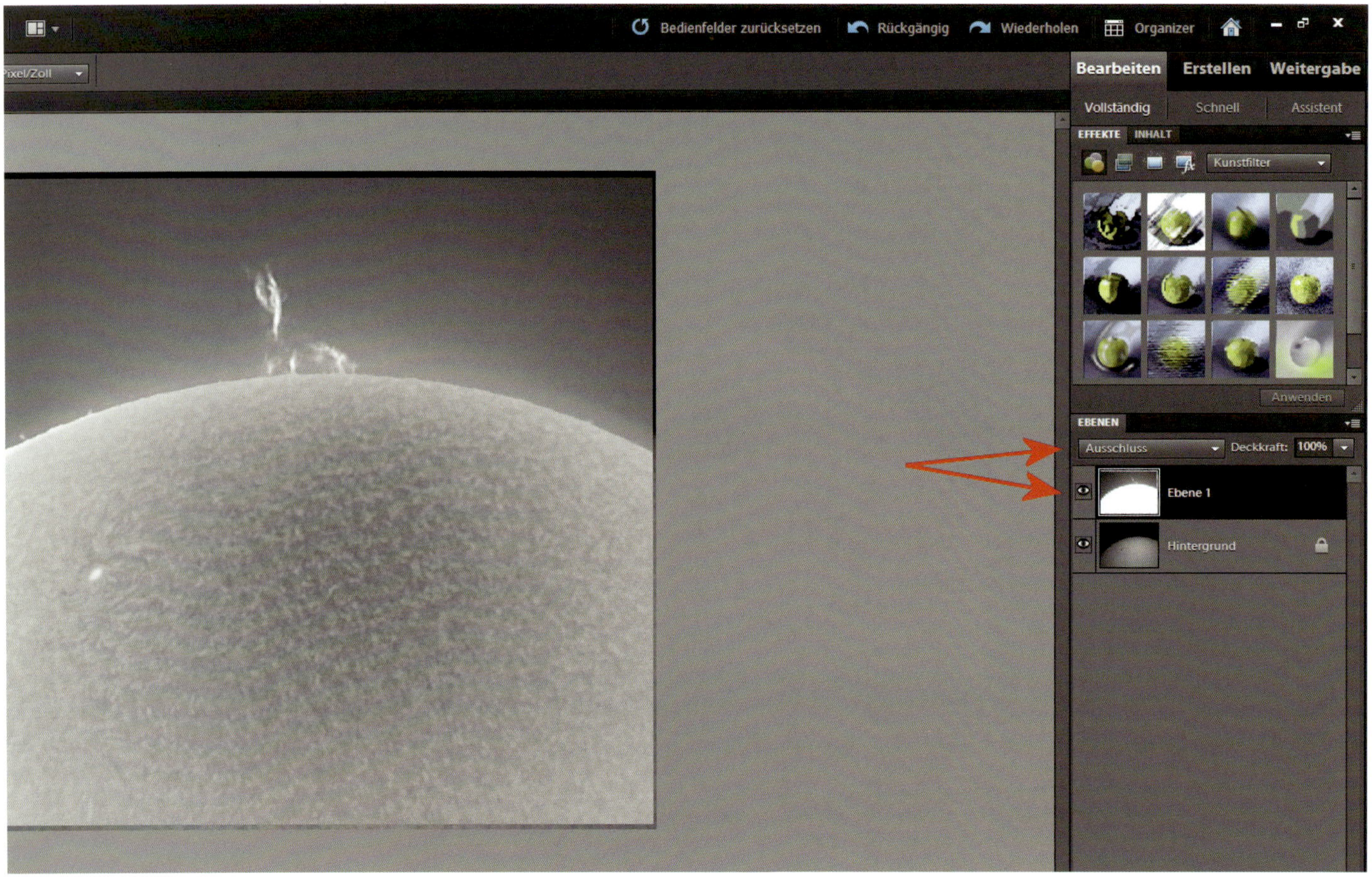

Abbildung 6.28
Funktion AUSSCHLUSS

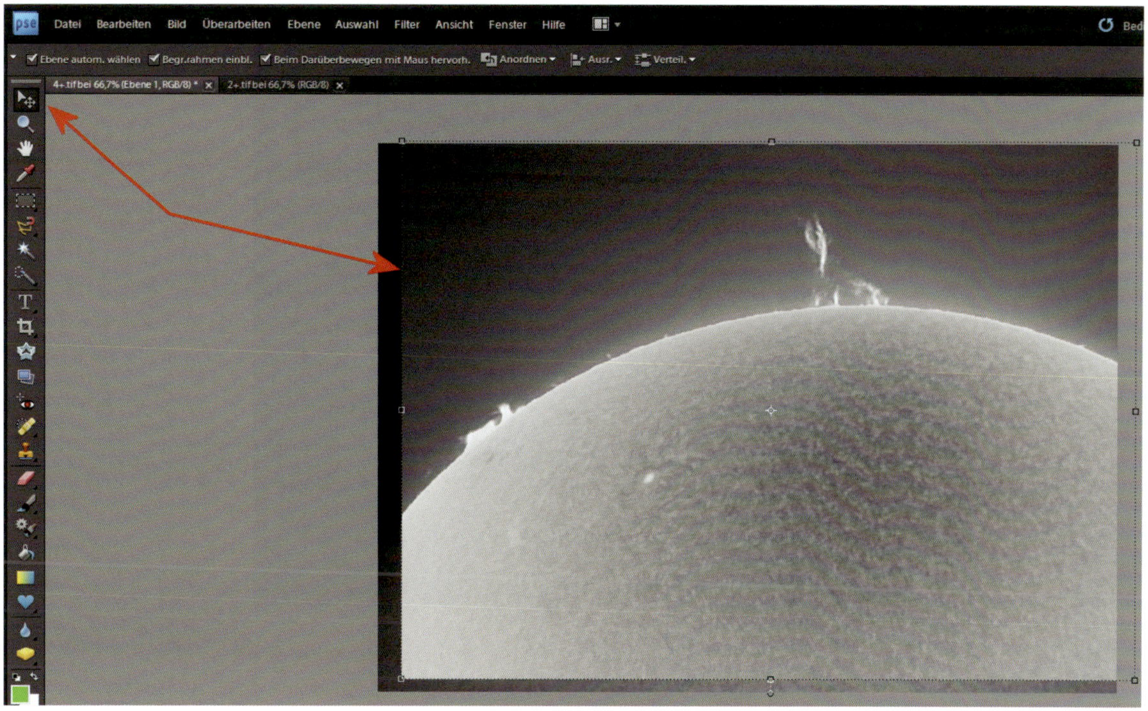

Abbildung 6.29
Ausrichten der Bilder

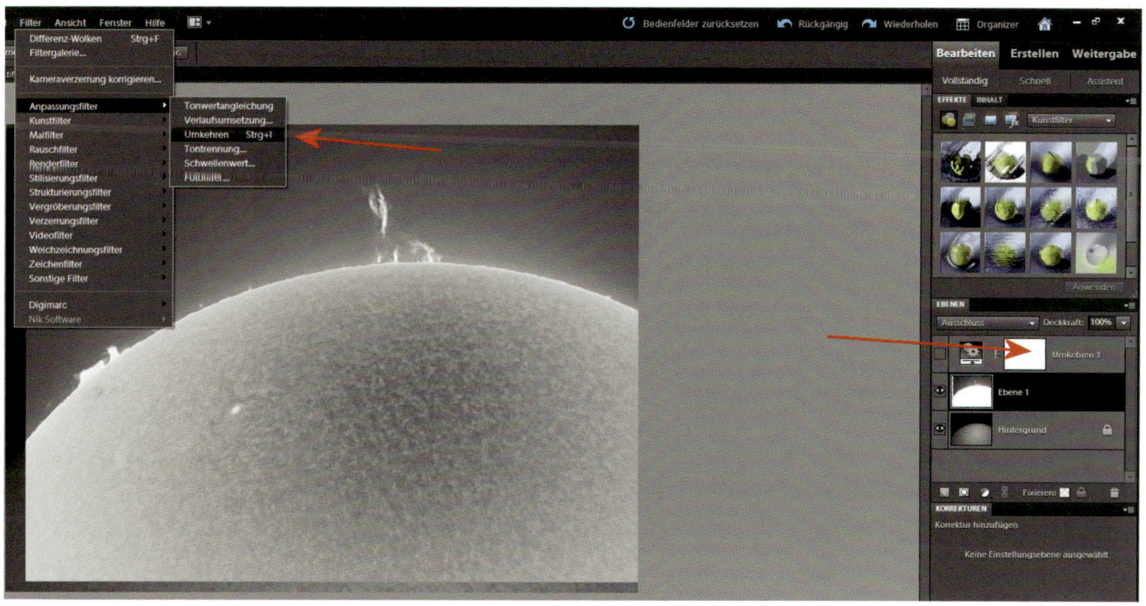

Abbildung 6.30
Neue Ebene

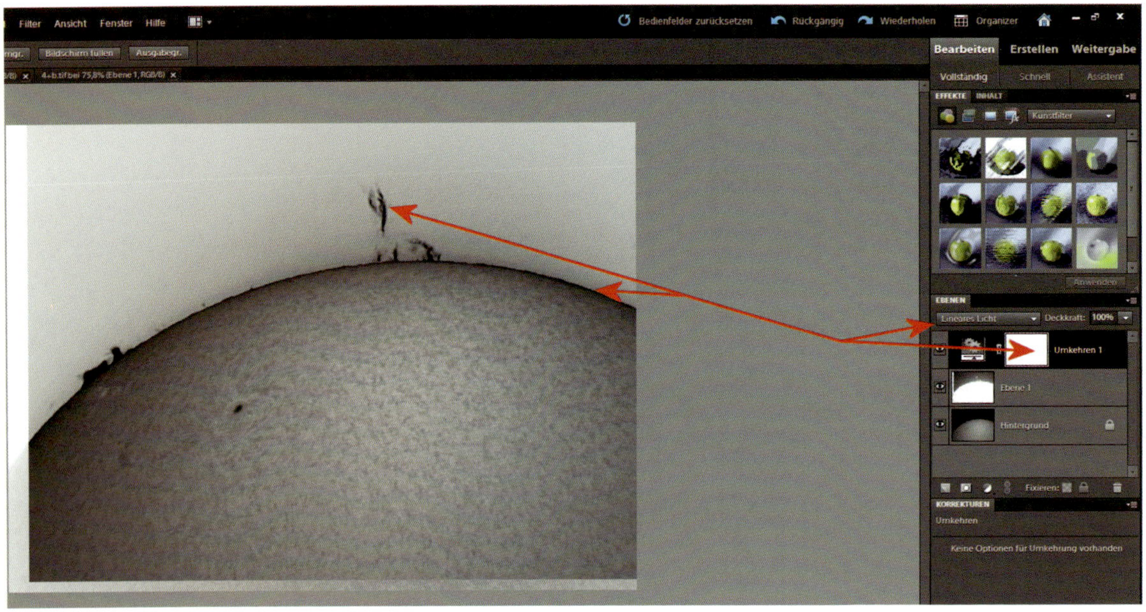

Abbildung 6.31 Umkehren

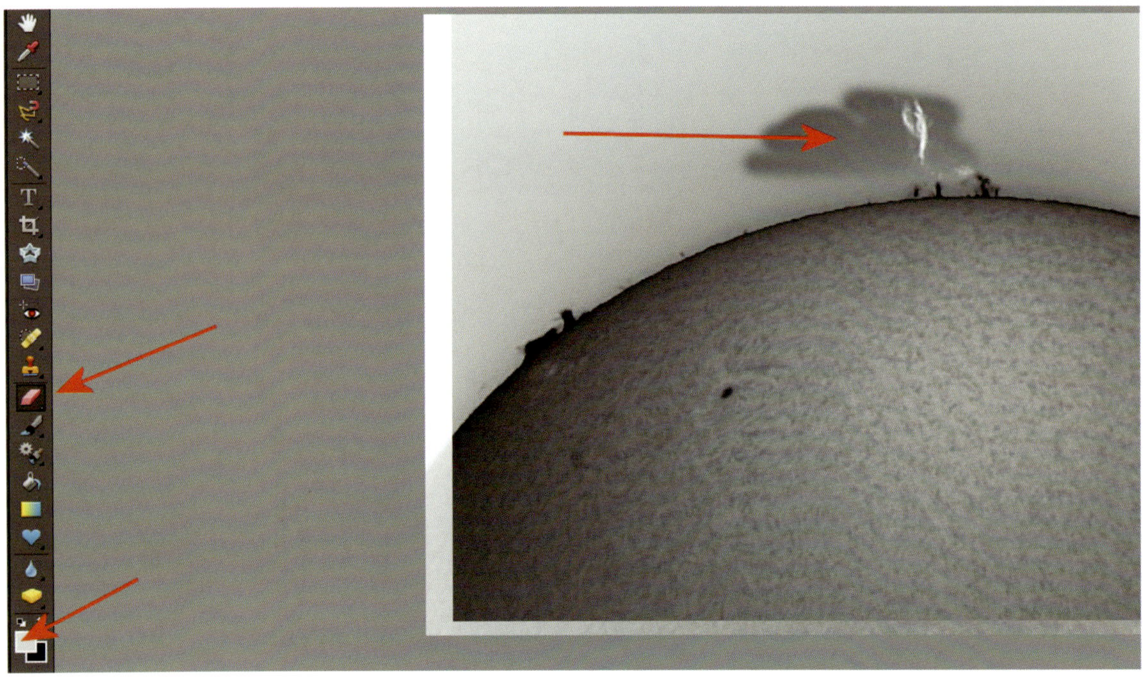

Abbildung 6.32 Einsatz des Radiergummis

Bei der Funktion wählen Sie LINEARES LICHT. Was ist nun passiert? Die Sonnenoberfläche hat nun wieder die richtige Struktur. Der Sonnenfleck im linken Bereich zeigt wieder den richtigen Kontrast und erscheint nicht mehr weiß. Dafür sind aber die Protuberanzen schwarz geworden. Diese werden nun bearbeitet. Aktivieren Sie mit einem Mausklick rechts die EBENENMASKE UMKEHREN. Anschließend stellen Sie die Vordergrundfarbe auf Weiß und legen mit dem RADIERGUMMI die Originalfarbe der Protuberanzen sowie des Sonnenrandes aus dem ersten Bild wieder frei (Abbildung 6.32).

Möchten Sie im Nachhinein Bereiche des Bildes nachschärfen, wählen Sie die betreffenden Bereiche mit dem Lassowerkzeug aus. Die nachfolgende Aktion wirkt sich nur auf den vom Lasso betroffenen Bereich aus. Bei Abbildung 6.33 wurde mit UNSCHARF MASKIEREN gearbeitet.

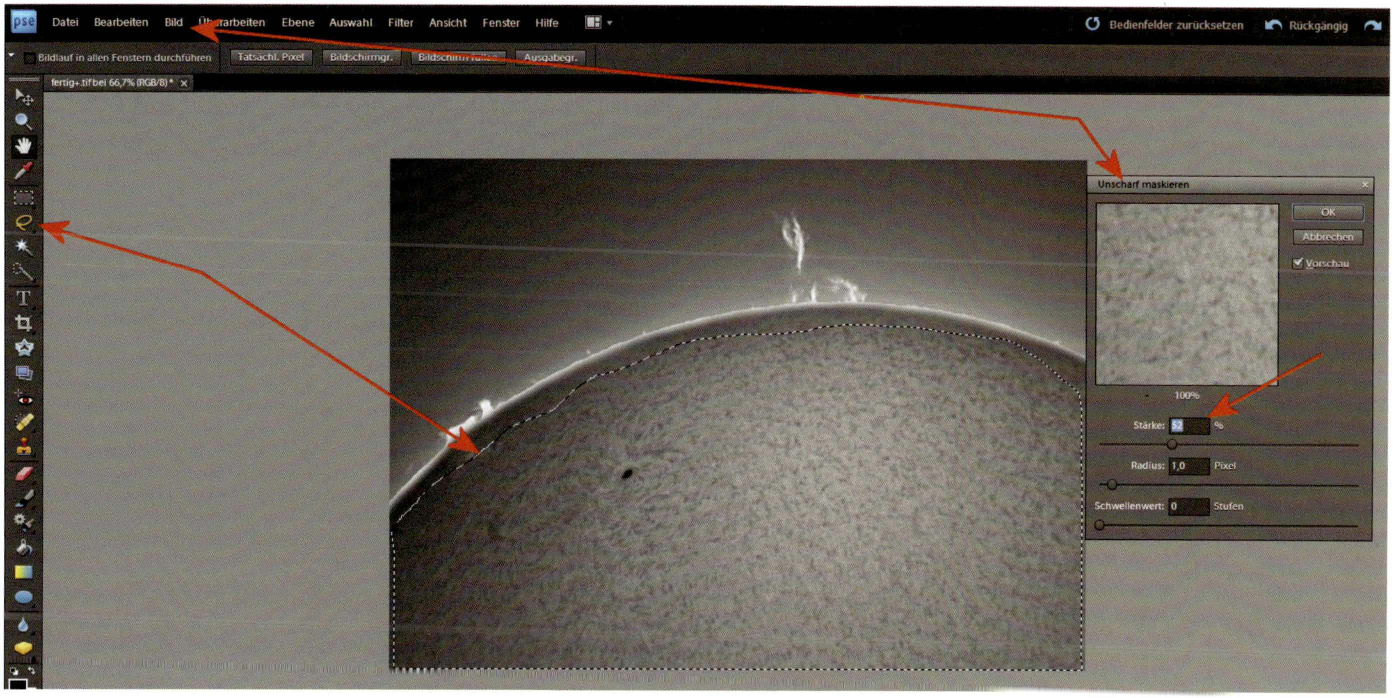

Abbildung 6.33
UNSCHARF MASKIEREN

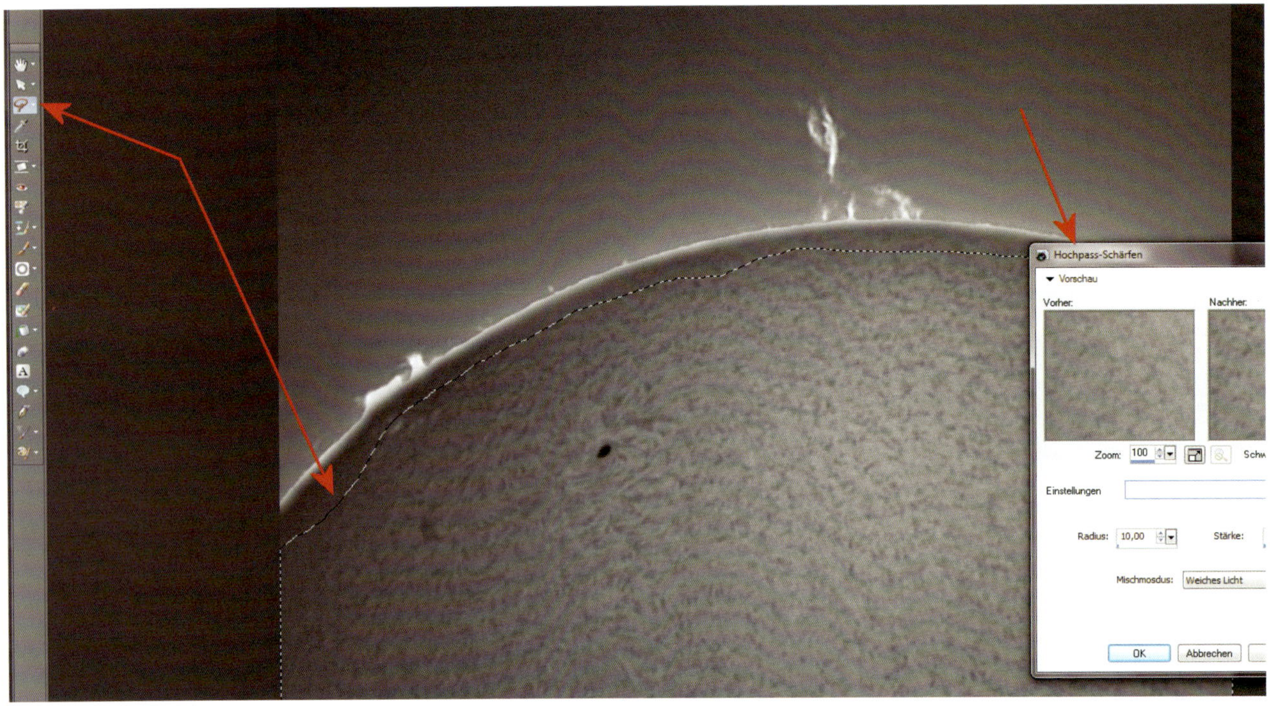

Abbildung 6.34
Hochpassfilter

Alternativ können Sie auch den HOCHPASSFILTER von Corel Paint verwenden (Abbildung 6.34). Abbildung 6.35 zeigt das fertige Bild.

Wie Sie sehen können, befindet sich in dem fertigen Bild ein heller Bereich in der Bildmitte. Dies ist ein sogenannter Hotspot. Diesen können Sie leicht entfernen. Öffnen Sie das Bild wieder in Photoshop (Elements) und wählen Sie den Nachbelichter. Je nach Bildgröße stellen Sie die Größe und die Belichtung ein. Ich habe im Bildbeispiel die Größe auf 962 Pixel und 17% Belichtung auf Mitteltöne gestellt. Anschließend erscheint ein Kreis, den Sie auf den hellen Bereich ausrichten. Nun klicken Sie mit der linken Maustaste so lange in das Bild, bis Sie mit dem Ergebnis zufrieden sind (Abbildung 6.36).

Steht Ihnen nur eine Aufnahme der Protuberanz zur Verfügung und fehlt die passende Aufnahme der Sonnenoberfläche, können Sie dennoch etwas aus dem Bild herausholen. Bedecken Sie den hellen Bereich der Sonnenscheibe bis zum Rand mit einer schwarzen Fläche in Photoshop. Abbildung 6.37 zeigt ein so bearbeitetes Bild.

Abbildung 6.35
Das fertige Bild stammt vom 07.08.2010.

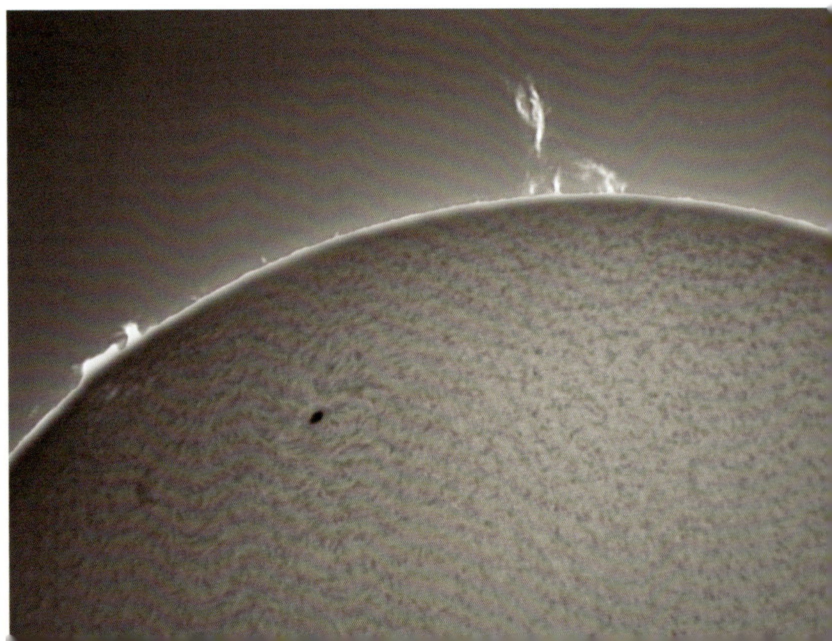

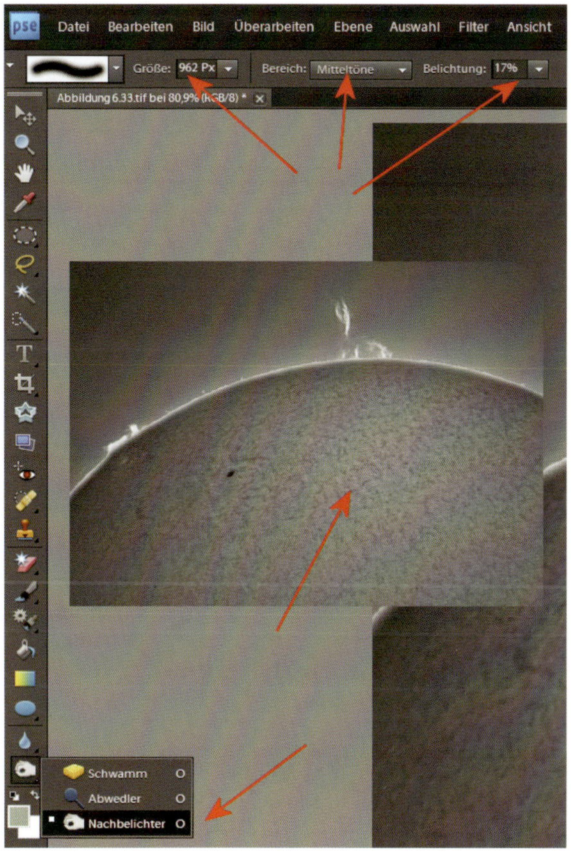

Abbildung 6.36
Der Nachbelichter

Abbildung 6.37
07.08.2010

Um einen solchen schwarzen Bereich zu erzeugen, gehen Sie folgendermaßen vor: Öffnen Sie das Bild im Bildbearbeitungsprogramm (hier wieder Photoshop Elements 9) und erzeugen Sie mit dem ELLIPSE-WERKZEUG einen mit Schwarz gefüllten Kreis (Abbildung 6.38 und Abbildung 6.39).

Bestätigen Sie die Änderung mit einem Mausklick auf das grüne Häkchen unten rechts und speichern Sie das neue Bild als TIF-Datei ab.

Nachfolgend weitere Bildbeispiele, die so bearbeitet wurden. Die Aufnahmen sind mit dem PST sowie mit dem Lunt-Teleskop entstanden. Die farbigen Bilder sind mit Photoshop eingefärbt, da ich fast nur noch mit der S/W DMK41 arbeite.

Vergrößern Sie diesen Kreis unter Beibehalten der Proportionen (ALT drücken und ziehen, Abbildung 6.40).

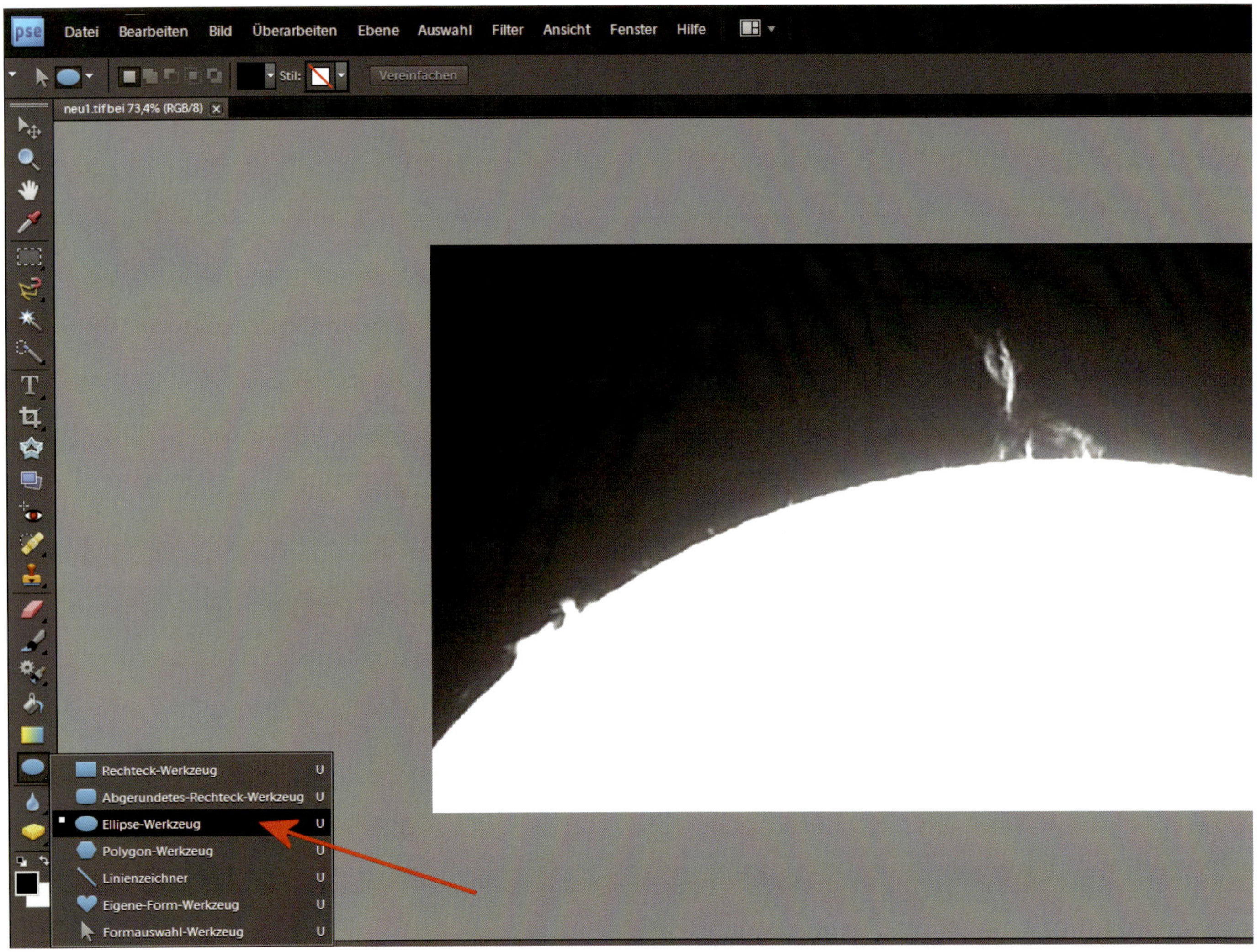

Abbildung 6.38
Ellipse-Werkzeug

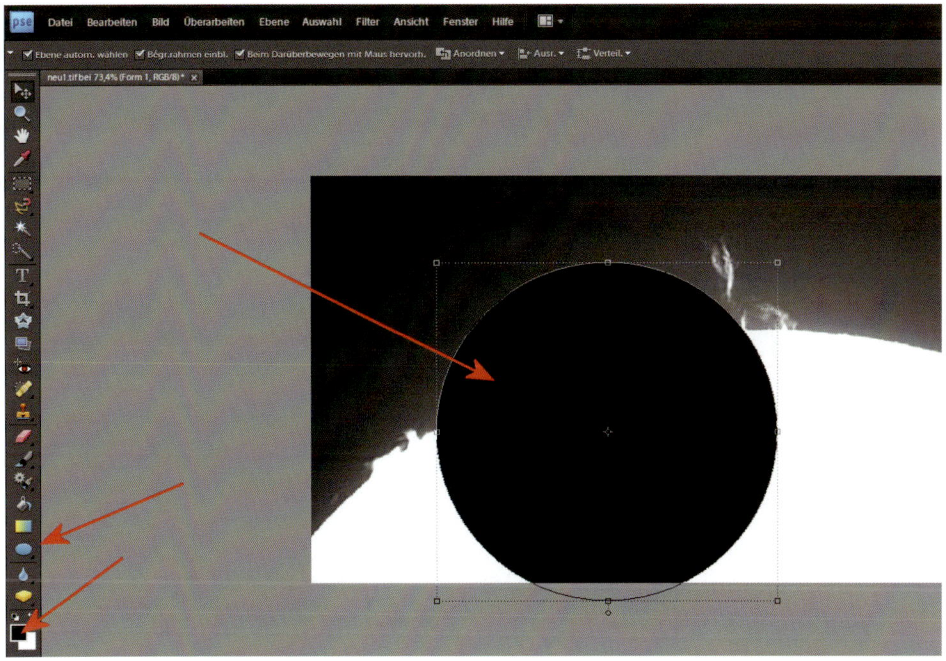

Abbildung 6.39 Schwarzer Kreis

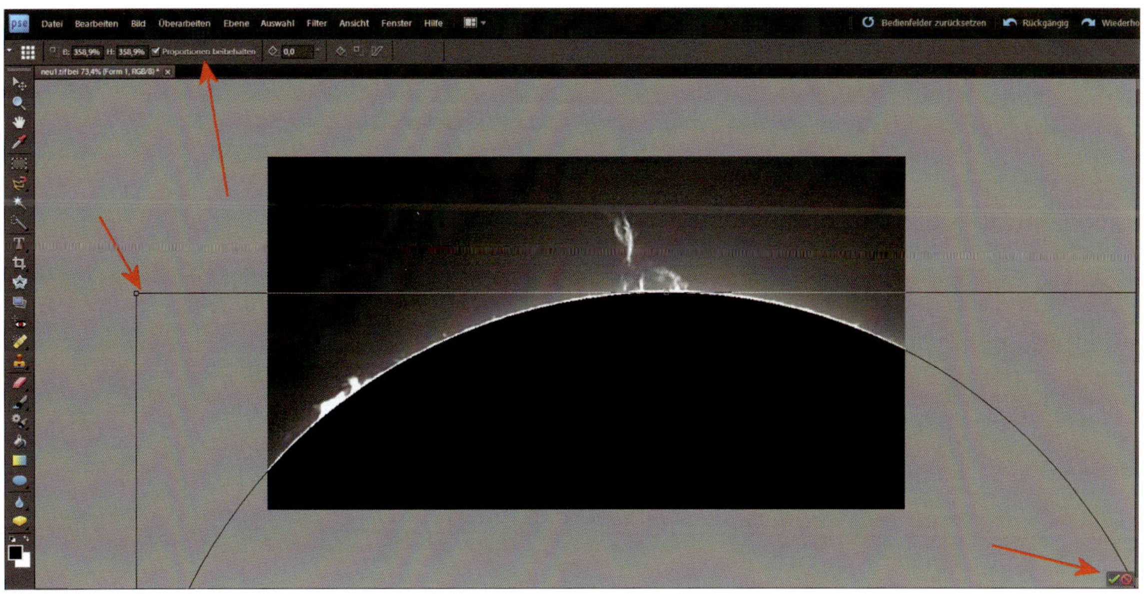

Abbildung 6.40 Kreis vergrößern und über dem Bild positionieren

6.7 BEISPIELBILDER MIT DEM PST

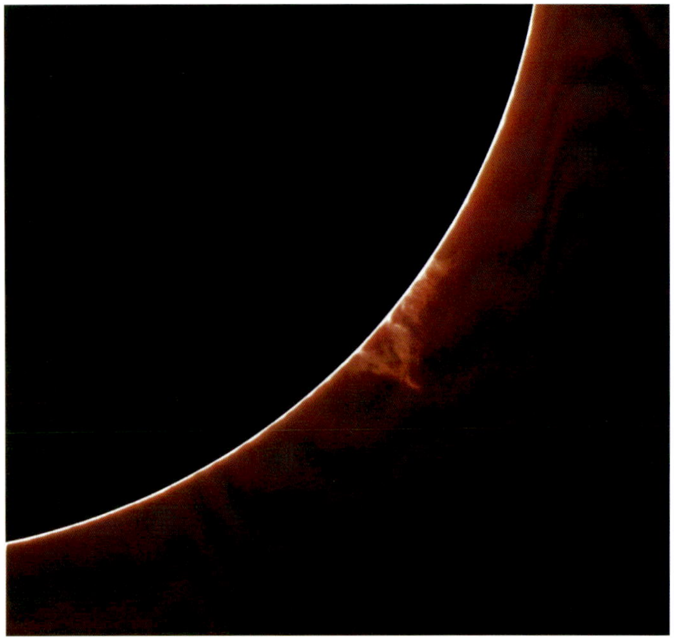

Abbildung 6.41
Protuberanzen

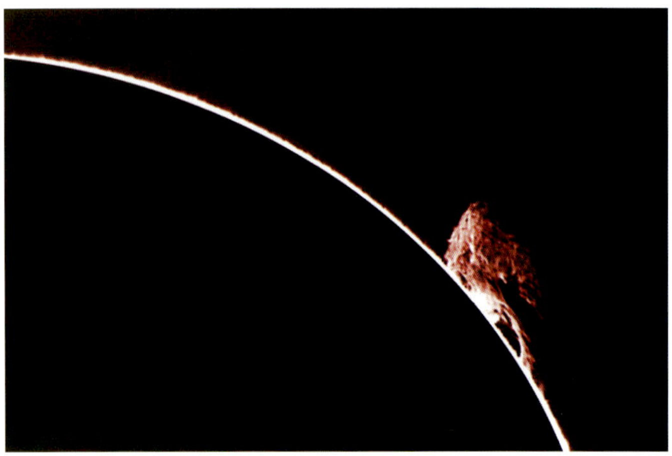

Abbildung 6.42
Protuberanzen

Abbildung 6.43
Gesamtsonne

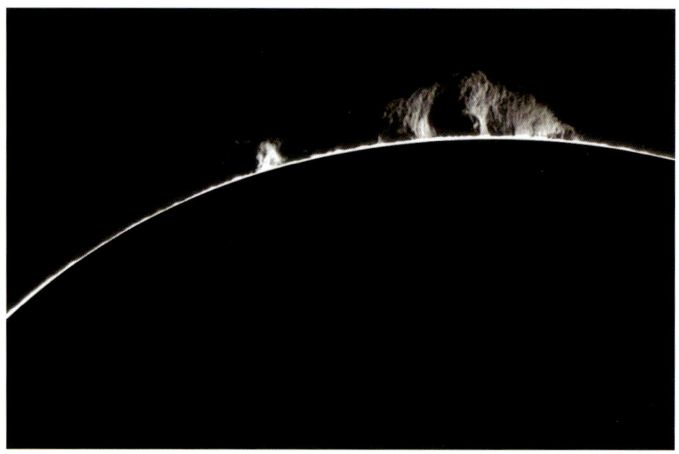

Abbildung 6.44
Protuberanzen

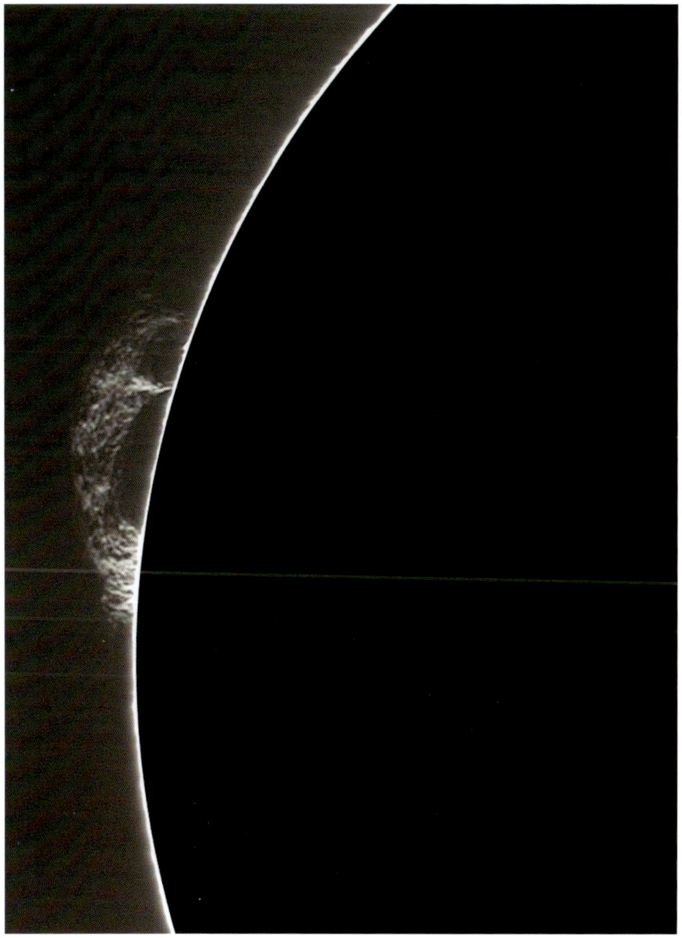

Abbildung 6.45
Protuberanzen

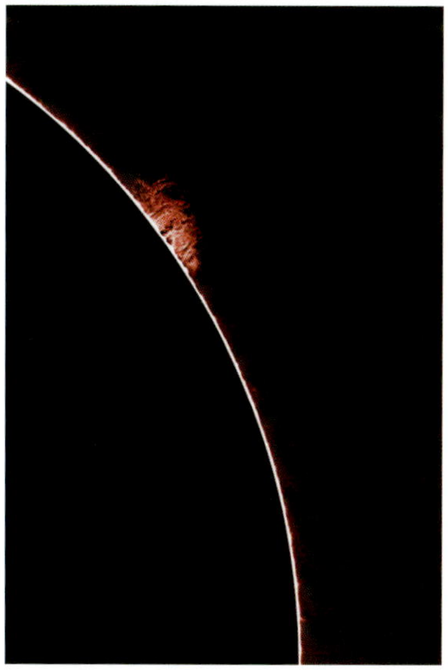

Abbildung 6.46
Protuberanzen

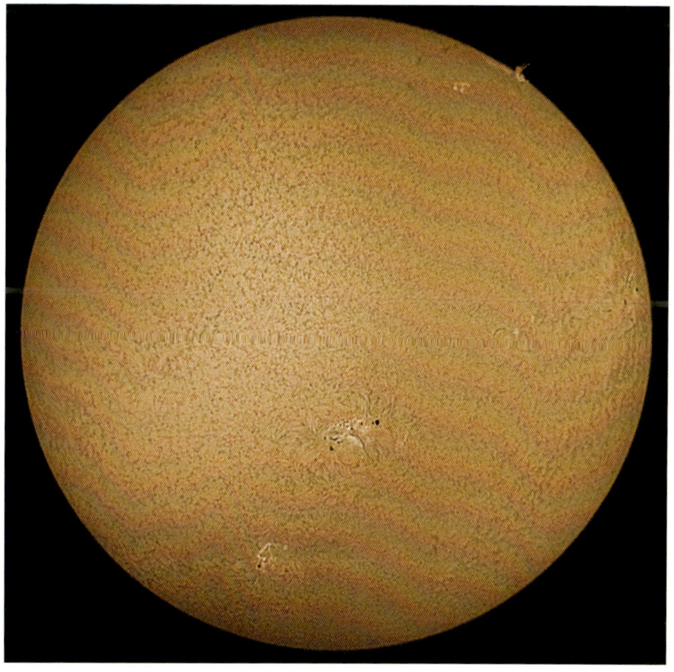

Abbildung 6.47
Gesamtsonne

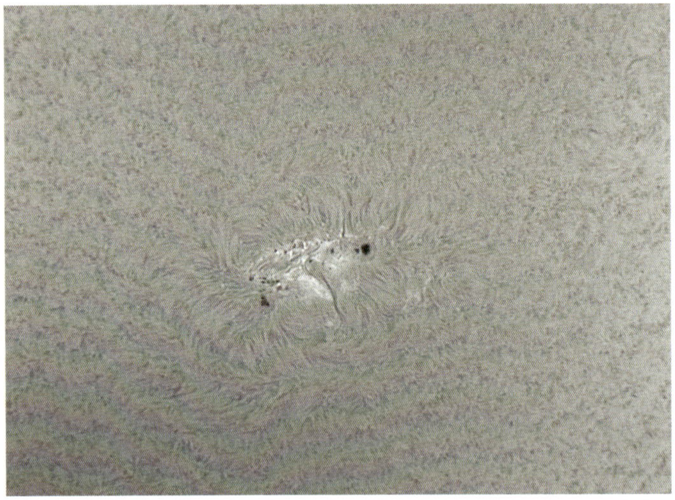

Abbildung 6.48
Sonnenfleck

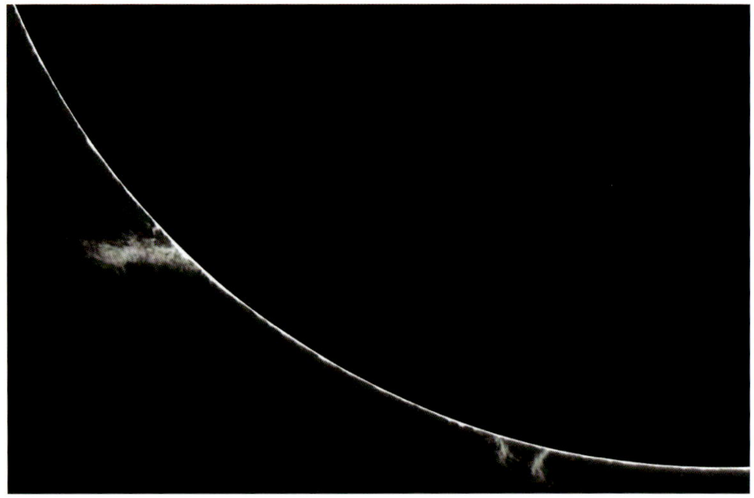

Abbildung 6.50
Protuberanzen

6.8 BEISPIELBILDER MIT DEM LUNT

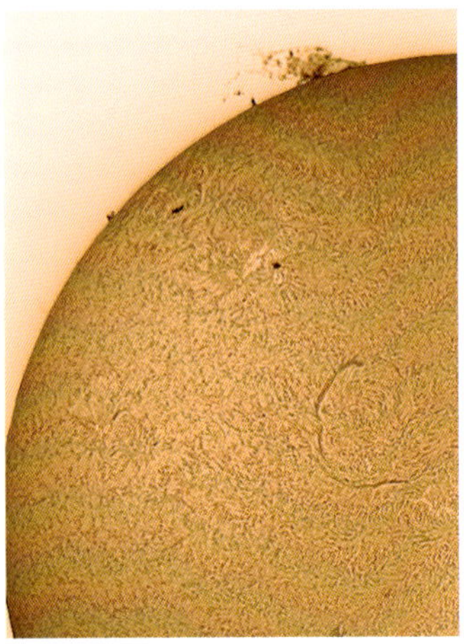

Abbildung 6.49
Sonnenoberfläche

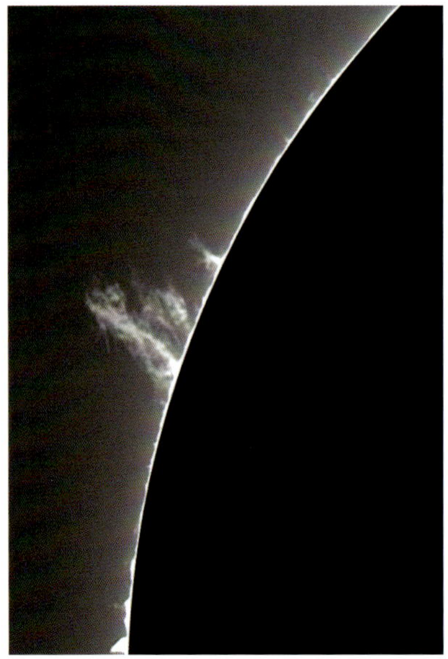

Abbildung 6.51
Protuberanzen

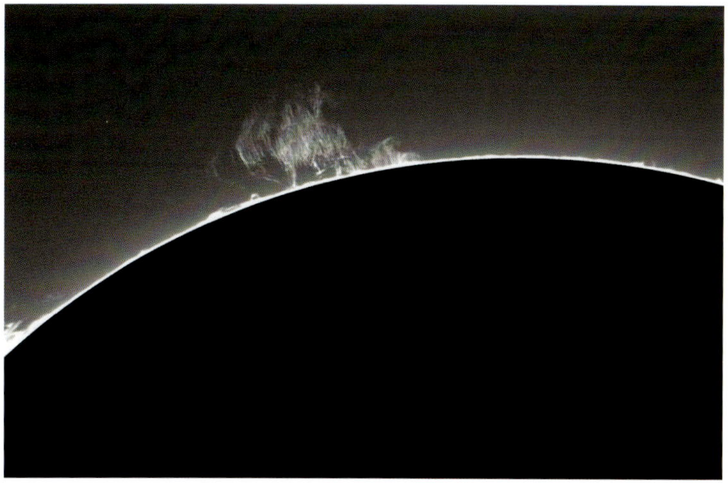

Abbildung 6.52
Protuberanzen

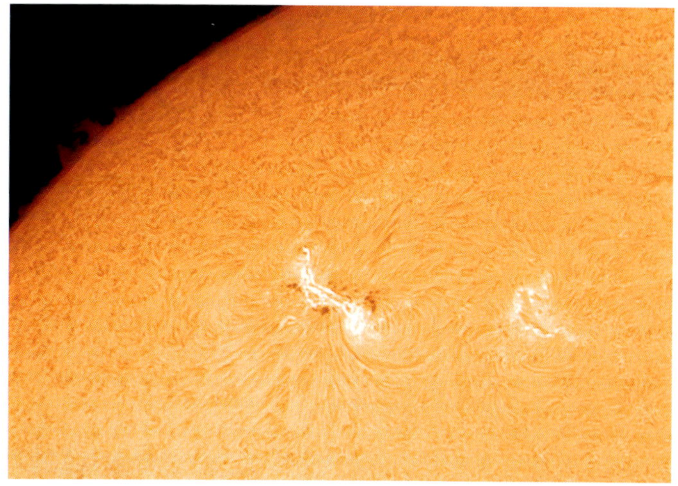

Abbildung 6.54
Sonnenoberfläche / Sonnenflecken

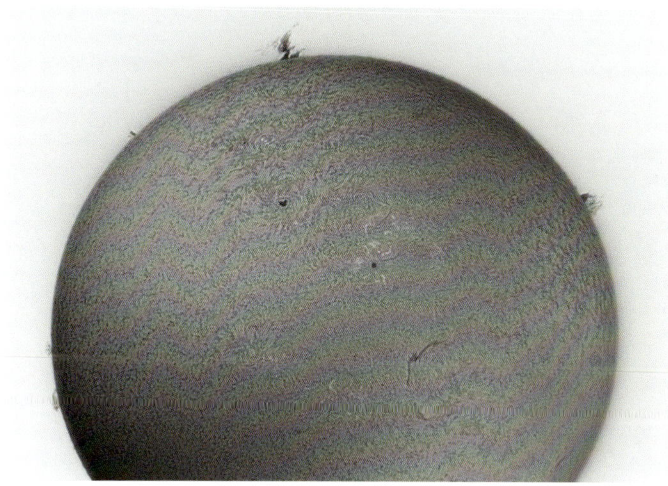

Abbildung 6.53
Sonnenoberfläche

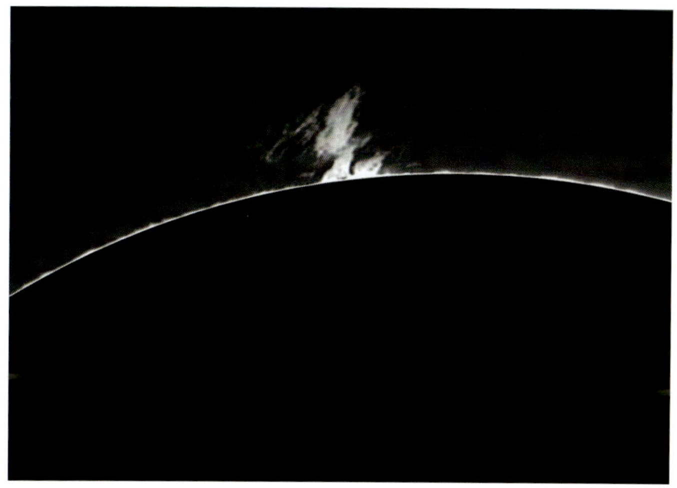

Abbildung 6.55
Protuberanzen

Abbildung 6.56
Sonnenflecken

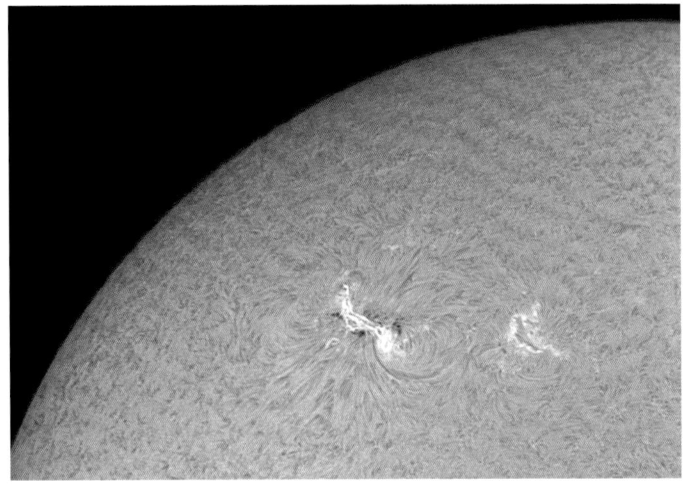

Abbildung 6.58
Sonnenflecken

Abbildung 6.57
Fackel

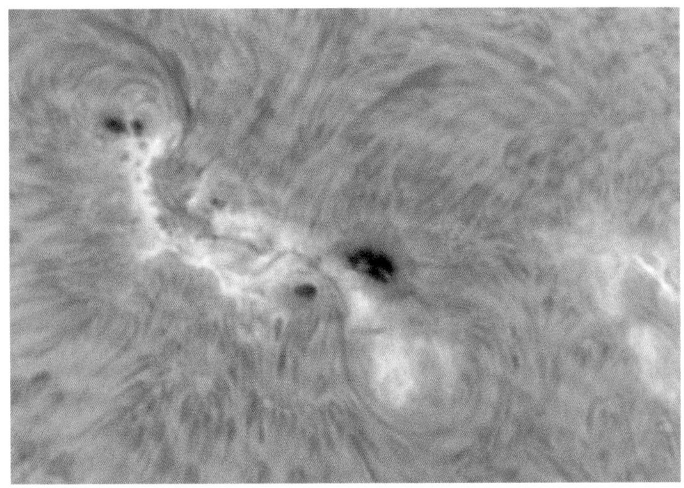

Abbildung 6.59
Sonnenflecken

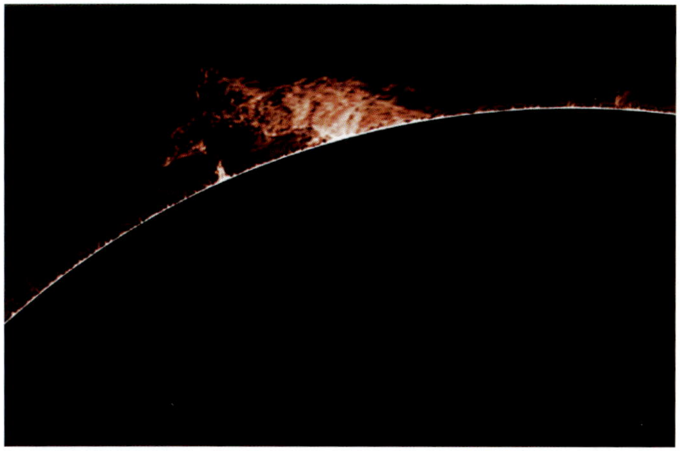

Abbildung 6.60
Protuberanzen

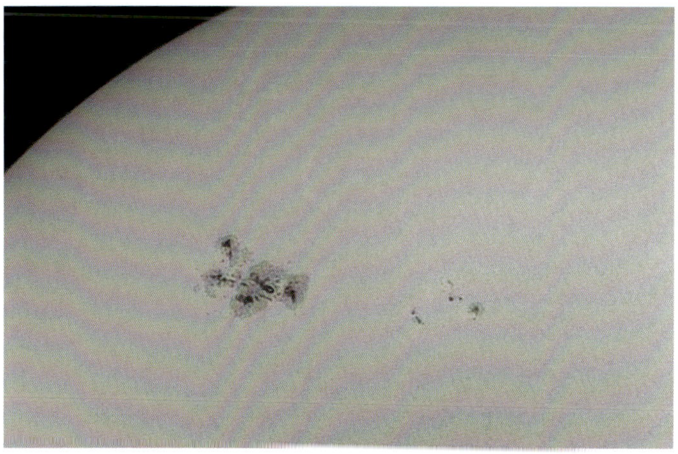

Abbildung 6.61
Sonnenflecken

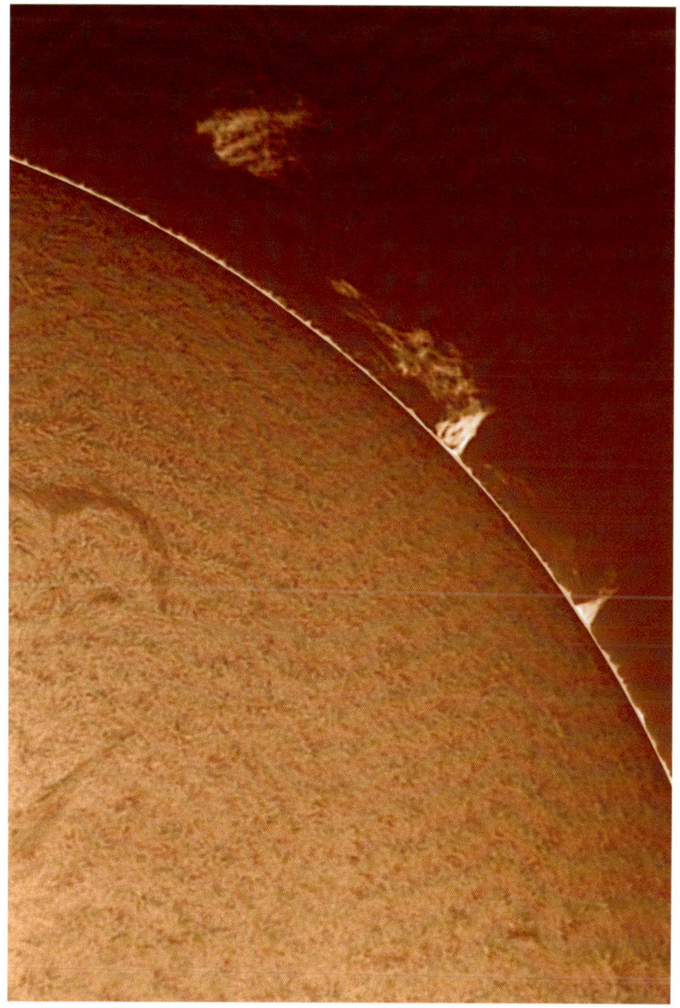

Abbildung 6.62
Protuberanzen

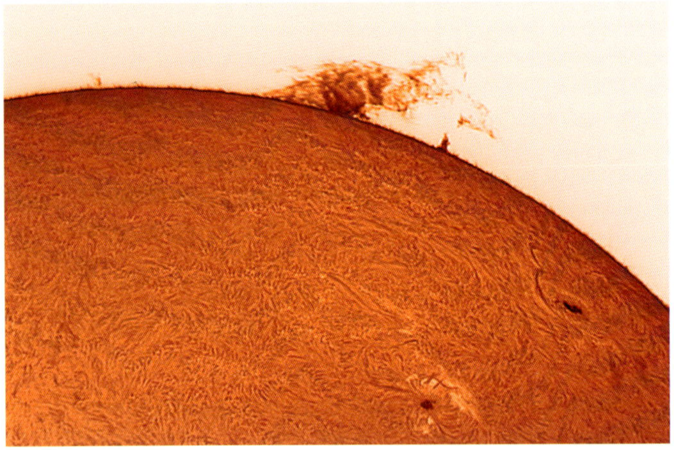

Abbildung 6.63
Protuberanzen

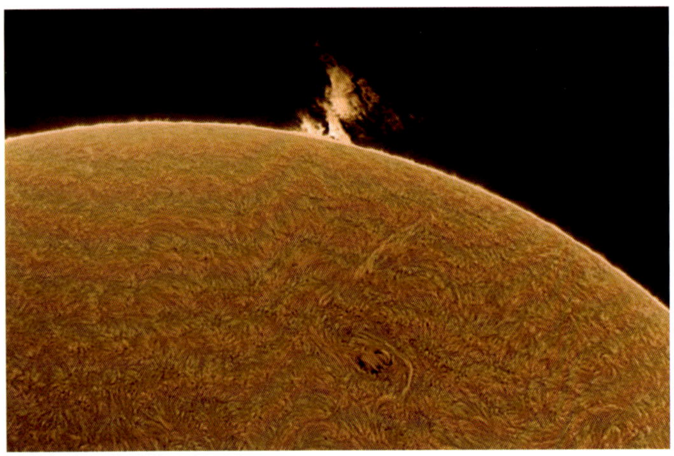

Abbildung 6.64
Protuberanzen

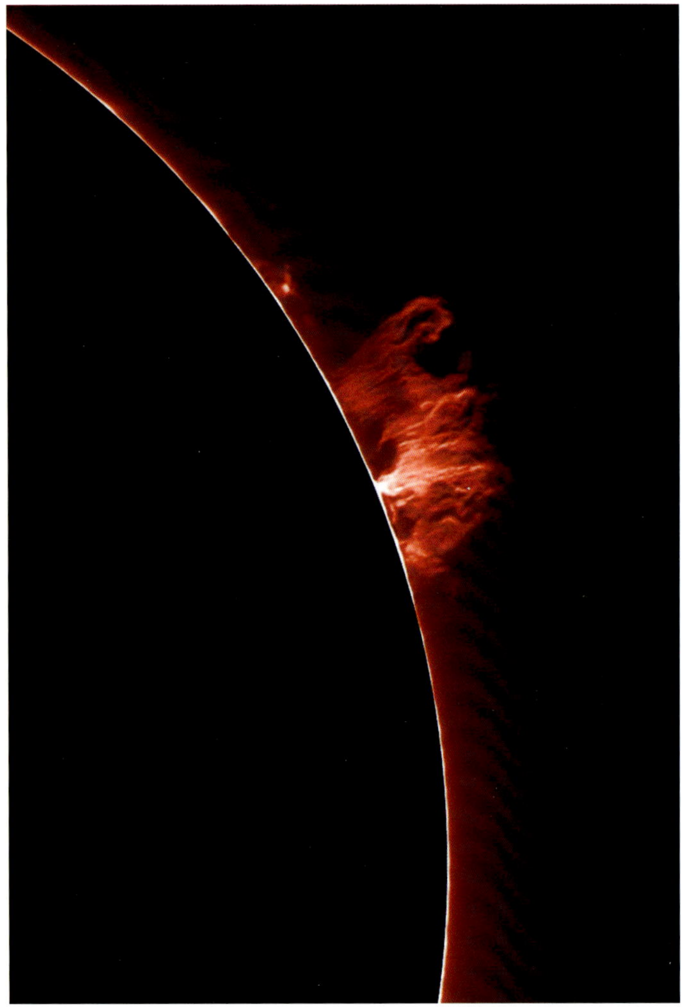

Abbildung 6.65
Protuberanzen

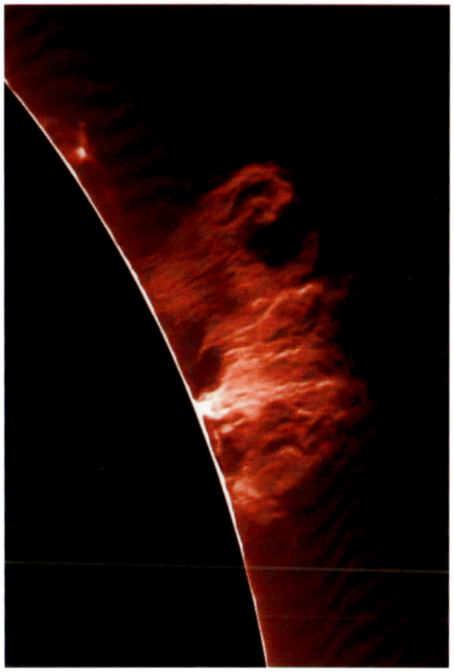

Abbildung 6.66
Protuberanzen

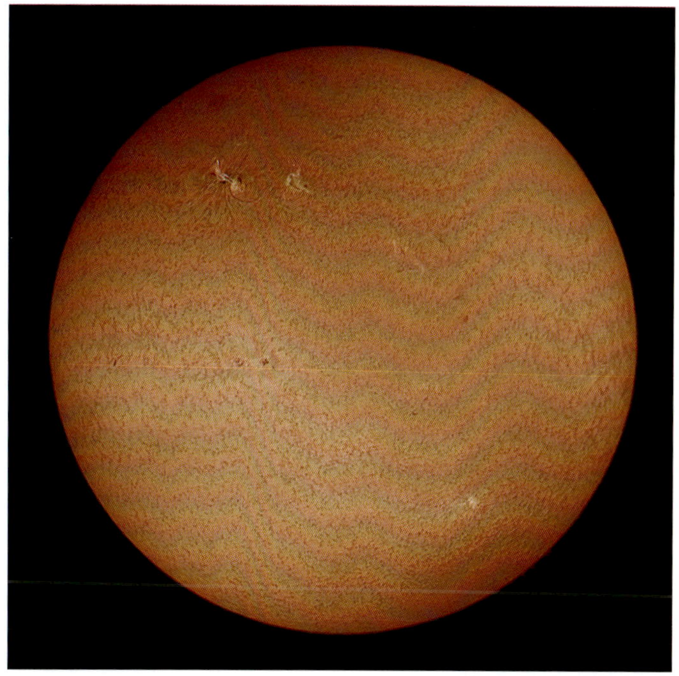

Abbildung 6.68
Sonnenoberfläche

Abbildung 6.67
Protuberanzen

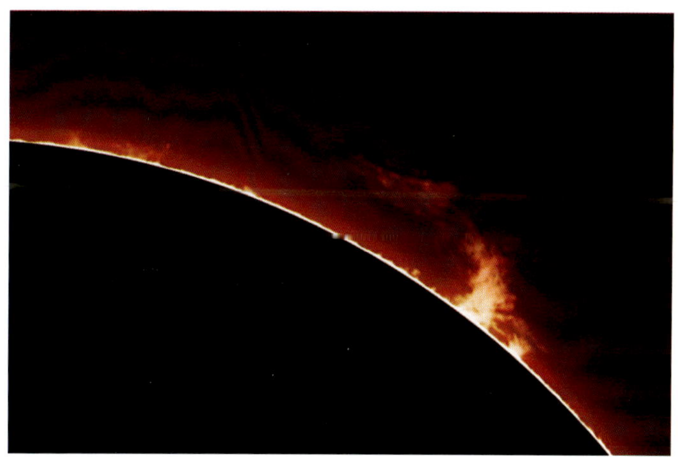

Abbildung 6.69
Protuberanzen

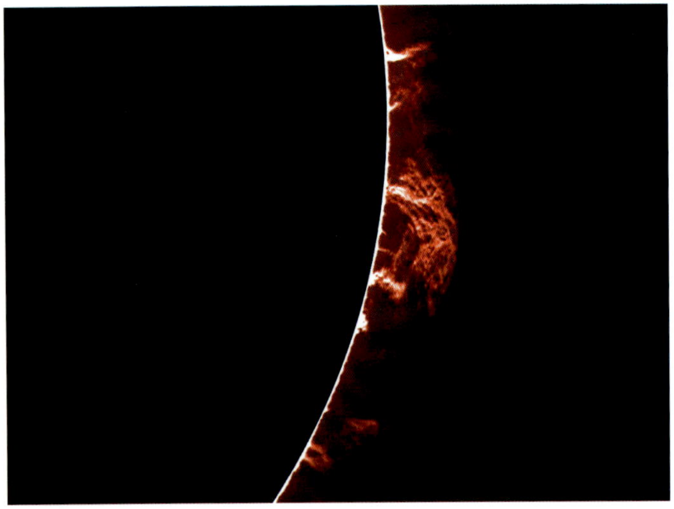

Abbildung 6.70
Protuberanzen

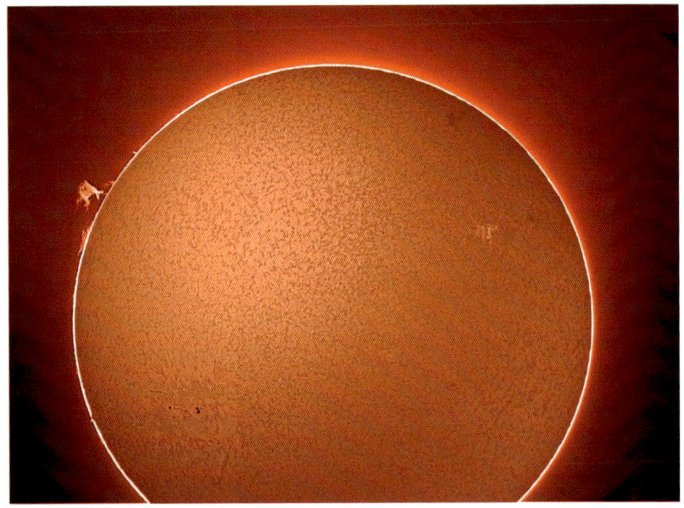

Abbildung 6.72
Sonnenoberfläche

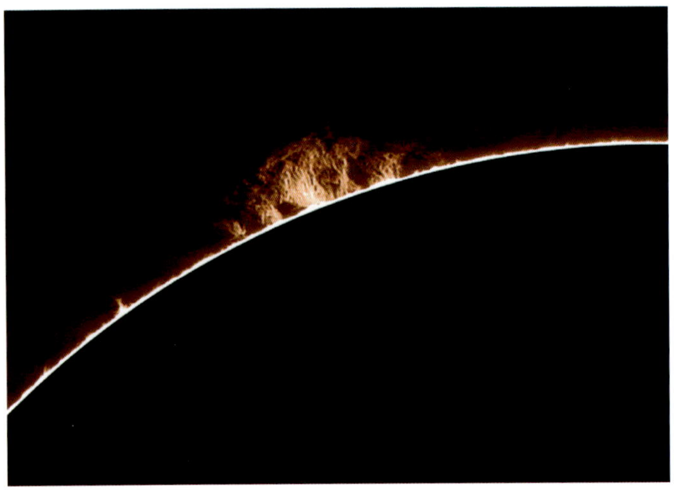

Abbildung 6.71
Protuberanzen

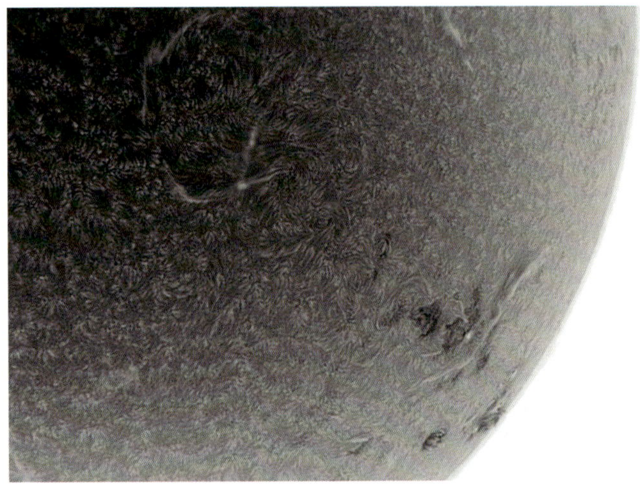

Abbildung 6.73
Sonnenflecken

6.9 SONNENFINSTERNIS

Die Beobachtung einer Sonnenfinsternis ist ein unvergleichliches fantastisches Erlebnis. Leider findet dieses Ereignis selten statt. Die letzte spektakuläre Sonnenfinsternis in Deutschland fand am 11. August 1999 statt. In vielen Bereichen war dieses Ereignis allerdings von starker Bewölkung getrübt. Die nächste totale Sonnenfinsternis, die von Deutschland aus zu sehen ist, ereignet sich erst am 03. September 2081. In anderen Ländern bzw. Erdteilen ereignen sich totale Sonnenfinsternisse früher, diese können Sie natürlich versuchen zu erleben. Es gibt schon seit Jahren den Trend, spezielle Reisen zu diesen Ereignissen zu buchen. Am 20. März 2015 können Sie (wenn es das Wetter zulässt) auf den Färöer-Inseln eine totale Sonnenfinsternis sehen. Am 12. August 2026 ist eine totale Sonnenfinsternis im Norden Spaniens zu beobachten und am 2. August 2027 in Nordafrika und Südspanien. Aber auch eine partielle – also teilweise – Sonnenfinsternis ist ein lohnendes (Foto-)Ereignis. Stehen Sonne, Mond und Erde in dieser Reihenfolge exakt auf einer Linie, dann fällt der Schatten des Mondes auf die Erde und eine Sonnenfinsternis tritt ein. Sonnenfinsternisse unterscheiden sich in drei Varianten: die partielle, die ringförmige und die totale Sonnenfinsternis. Bei einer totalen Sonnenfinsternis wird die Sonne komplett vom Mond bedeckt. Dies ist allerdings auf der Erde nur von dem Standpunkt aus zu sehen, wo der Kernschatten des Mondes auf die Erde trifft. Schiebt der Neumond sich als winzige Einkerbung vor die Sonnenscheibe, wird dies als 1. Kontakt bezeichnet. Der Mond verdeckt danach immer größere Teile der Sonne. Ist die Sonne komplett verdeckt, spricht man vom 2. Kontakt. Tritt die Sonne als schmale Sichel nach der Totalität hinter dem Mond wieder hervor, spricht man vom 3. Kontakt.

Kurz vor Ende nennt man es den 4. Kontakt. Nur Beobachter in der Totalitätszone erleben die totale Finsternis. Je weiter der Beobachter von der Zone entfernt ist, desto kleiner ist die zu beobachtende Bedeckung. Bei einer totalen Sonnenfinsternis werden besondere emotionale Komponenten wahrgenommen. So wird es kurz vor dem 2. Kontakt merklich dunkler. Es wird kühler und das Zwitschern der Vögel verstummt. Es wird auch beobachtet, dass Hunde anfangen zu bellen. Menschen sind von dem Ereignis so ergriffen, dass selbst die, die sich das Fotografieren einer solchen Finsternis vorgenommen haben, fast vergessen, auf den Auslöser zu drücken. Während bei einer totalen Sonnenfinsternis die Korona sichtbar wird, bleibt bei einer ringförmigen oder partiellen dieser Effekt aus. Partielle Sonnenfinsternisse sind für den Beobachter sogar so unspektakulär, dass sie von vielen Menschen, die den Zeitpunkt nicht kennen, gar nicht wahrgenommen werden. Fotografisch lohnen sich diese Ereignisse aber allemal.

6.10 SETUP ZUR SONNENFINSTERNIS

Eine partielle Sonnenfinsternis wird genauso aufgenommen wie die unverfinsterte Sonnenscheibe. Das Setup ist also das Gleiche wie bei der Sonnenfotografie. Gearbeitet wird mit Sonnenfilter, DSLR und Stativ bzw. nachgeführtem Teleskop. Besonders beachtet werden sollten unbedingt die **Sicherheitshinweise zur Sonnenfotografie** (Abschnitt 6.1). Da die Aufnahmetechnik identisch mit der normalen Sonnenfotografie ist, können Sie schon Tage, bevor eine Sonnenfinsternis eintritt, mit Ihrer Kamera einige Probeaufnahmen machen, damit zum Zeitpunkt der Finsternis auch alles klappt. Bei einer totalen Sonnenfinsternis ist alles ganz anders. Zunächst können Sie im Vorfeld die Einstellungen für die Belichtung nicht abschätzen und auch nicht simulieren. Versuchen Sie, während des kurzen Moments der Verfinsterung möglichst schnell viele Bilder mit unterschiedlicher Belichtung zu machen. Der kurze kostbare Moment muss effektiv genutzt werden. Eine zweite Chance haben Sie vermutlich erst wieder Jahre später. Deshalb sollten Sie jegliche Experimente oder einen Umbau der Kamera wie Objektivwechsel vermeiden. Es bietet sich auch an, mit zwei Kameras gleichzeitig bei unterschiedlicher Brennweite zu fotografieren. Im Zeitpunkt der Totalität müssen Sie den Sonnenschutzfilter vor dem Objektiv abnehmen – aber nur dann –, sonst dürften Ihre Bilder zu dunkel sein. Brennweiten von 300 mm bis 500 mm sind ideal, um die gesamte Sonne mit der Korona abzulichten. Für das Perlschnur-Phänomen oder Protuberanzen sollte es natürlich mehr Brennweite sein, hier ist ein Teleskop geeignet.

Den Fokus der Kamera sollten Sie manuell einstellen. Der Autofokus ist schnell überfordert und kostet unnötig viel Zeit, wenn die Kamera ständig versucht, den Schärfepunkt zu finden. Live-View dauert ebenfalls zu lange. Am besten stellen Sie während der partiellen Phase die Kamera schon manuell scharf und verändern dann die Einstellung nicht mehr. Wie schon erwähnt, ist es mit der richtigen Belichtung so eine Sache, da bei einer Sonnenfinsternis extreme Kontraste entstehen. Fertigen Sie am besten eine Belichtungsreihe von 1/2 Blendenstufen an und bearbeiten Sie die Bilder später am PC (siehe hierzu auch Abschnitt 1.1, HDR).

Vergessen Sie beim Fotografieren nicht, auch die Sonne visuell zu genießen. Beobachten Sie die Verfinsterung zum Beispiel mit einem Fernglas (mit Sonnenfilterfolie davor) oder mit einer Sonnenfinsternis-Brille (Abbildung 6.74).

Die partielle Sonnenfinsternis am 10. Mai 1994 um 20.10 Uhr war von Deutschland aus gut zu beobachten (Abbildung 6.75 und Abbildung 6.76).

Abbildung 6.74 Sonnenfinsternis-Brille

6.11 BEISPIELBILDER SONNENFINSTERNIS

Abbildung 6.75
Foto vom 10.05.1994

Am 1. August 2008 ereignete sich eine weitere partielle Sonnenfinsternis über Deutschland (Abbildung 6.77 bis Abbildung 6.82).

Abbildung 6.76
Foto vom 10.05.1994

Abbildung 6.77
Foto vom 01.08.2008

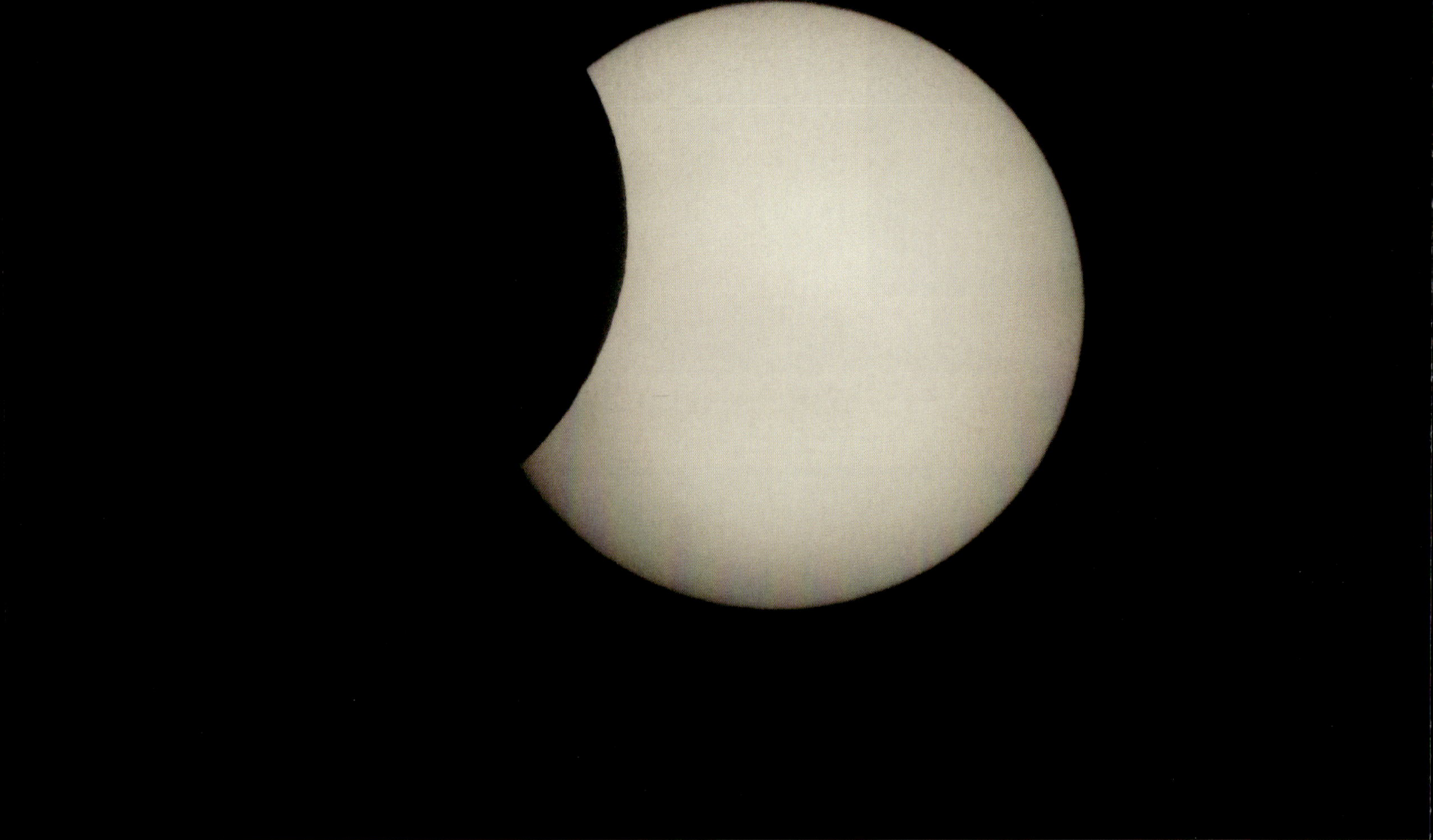

Abbildung 6.78
Foto vom 01.08.2008

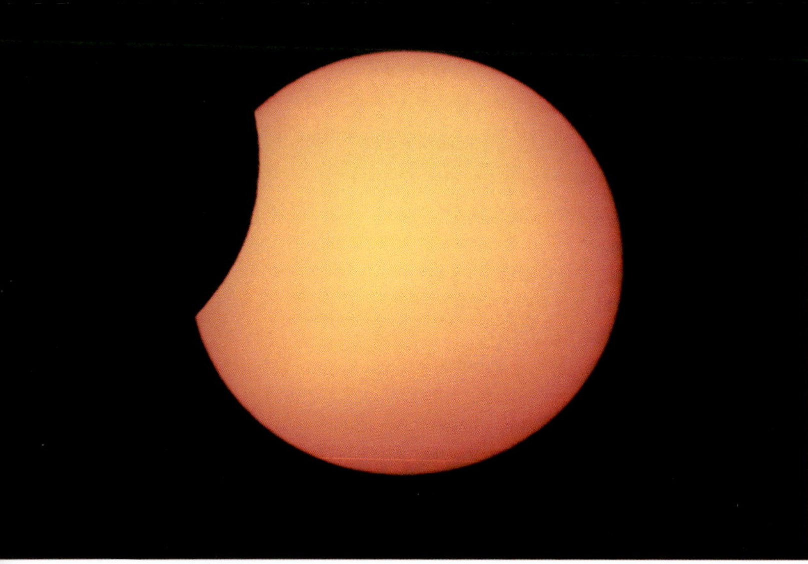

Abbildung 6.79
Foto vom 01.08.2008

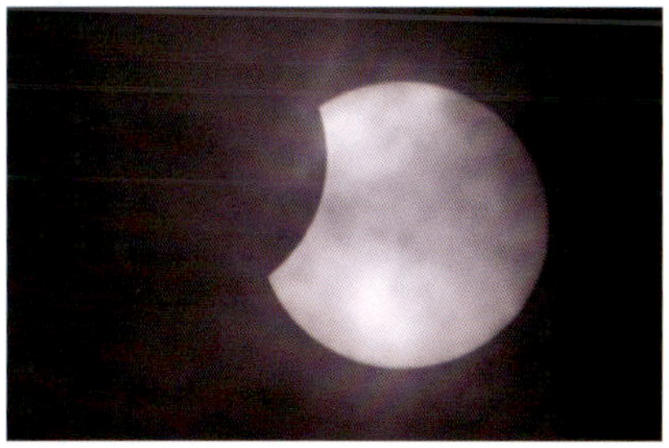

Abbildung 6.80
Foto vom 01.08.2008

Abbildung 6.81
Foto vom 01.08.2008

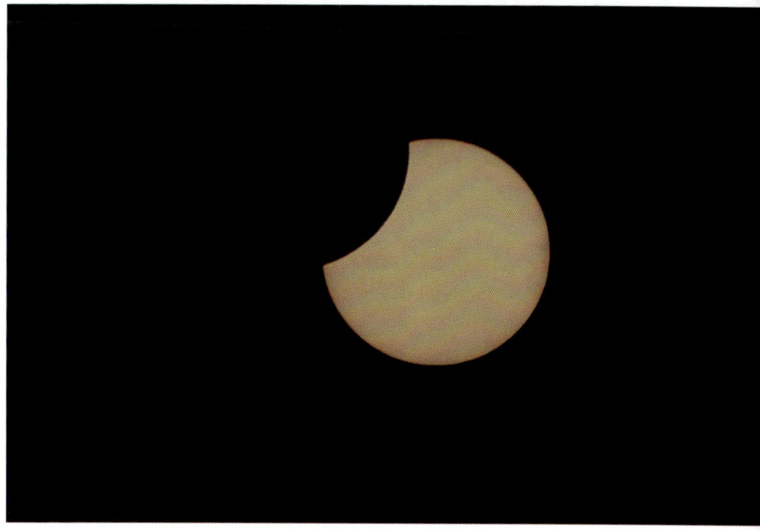

Abbildung 6.82
Foto vom 01.08.2008

Im Gegensatz zu Mittel-Europa war die Sonnenfinsternis vom 01.08.2008 in der Westmongolei (Bulgan Sum) als *totale* Sonnenfinsternis zu erleben. Abbildung 6.83 und Abbildung 6.84 wurden mit einer Canon EOS 300D am Lomo-TMB Apochromaten 80/480 aufgenommen.

Abbildung 6.83
Foto von Hannes Hase-Bergen am 01.08.2008. Belichtungszeit 1/250 Sekunde

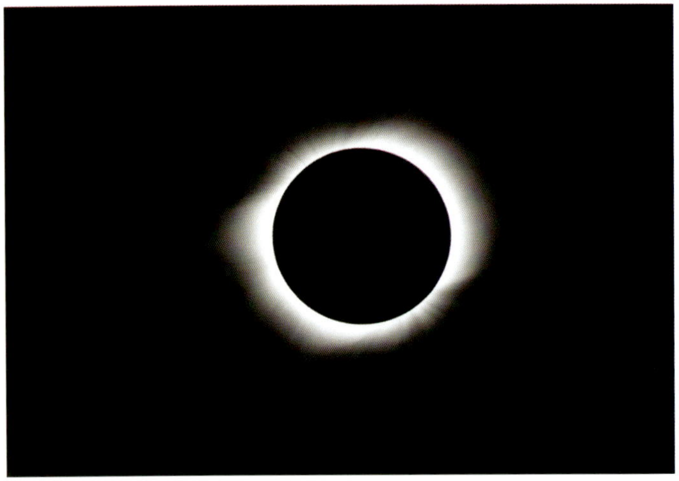

Abbildung 6.84
Foto von Hannes Hase-Bergen am 01.08.2008. Belichtungszeit 1/10 Sekunde

Das neue Jahr 2011 startete gleich zu Anfang mit einer kleinen astronomischen Sensation. Am Morgen des 04. Januar 2011 kam es im mitteleuropäischen Raum zu einer Sonnenfinsternis, die auch von Deutschland aus, zumindest teilweise, zu beobachten war. Bereits bei Sonnenaufgang um 8.16 Uhr war die Sonne etwas verfinstert. Die maximale Bedeckung von ca. 80 Prozent fand um 9.26 Uhr (Berlin) statt. In großen Teilen Deutschlands konnte dies jedoch wegen der starken Bewölkung nicht gesehen werden. Bei mir in NRW ließ ein Blick zum Himmel auch jede Hoffnung schwinden, aber ich war den gesamten Zeitraum vorbereitet und wartete auf eine Wolkenlücke. Gegen 9.40 Uhr war das erste Mal die Morgenröte zu sehen. Um 9.49 Uhr klarte es plötzlich auf und die partielle Sonnenfinsternis konnte um 9.50 Uhr beobachtet werden. Ich hatte schon darüber gelesen, dass es bei einer Sonnenfinsternis sehr schnell zu einem Aufreißen der Wolkendecke kommen könnte, dies aber noch nie in einer so unglaublichen Geschwindigkeit erlebt. Binnen einer Minute war von dem trüben Einheitsgrau der Wolkendecke nichts mehr zu sehen und die Sonne strahlte enorm hell zu mir rüber. Jetzt war die Hektik groß – obwohl ja eigentlich keine aufkommen sollte. Von meinen zwei vorbereiteten Spiegelreflexkameras war nur eine mit einer AstroSolar-Sonnenfilterfolie ausgestattet. Da ich ursprünglich durch den Dunst und Hochnebel hindurch zur Sonnenaufgangszeit fotografieren wollte, sollte in der ersten Phase des Sonnenaufgangs kein Filter zum Einsatz kommen, um die Morgenstimmung zu erhalten. Abbildung 6.86 und Abbildung 6.85 zeigen die Aufnahmen ohne Filter.

Abbildung 6.85
Partielle Sonnenfinsternis am 04.01.2011

Abbildung 6.86
Partielle Sonnenfinsternis am 04.01.2011

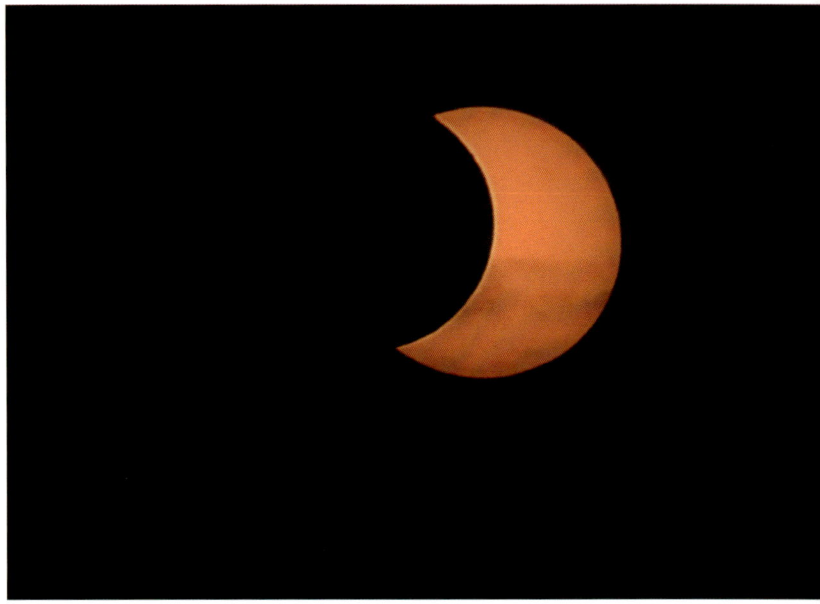

Abbildung 6.88
Partielle Sonnenfinsternis am 04.01.2011

Da die Sonne schon recht hoch stand, war die Sonnenfilterfolie für weitere Fotos zum Pflichtprogramm geworden. Schnell stattete ich die zweite Kamera mit einer Filterfolie aus und machte damit weitere Aufnahmen. Die andere Kamera kam am Skywatcher ED 80 / 600 mm zum Einsatz, war bereits mit einer AstroSolar-Filterfolie ausgestattet und wartete auf der CAM-Montierung. Aufgenommen habe ich im RAW- sowie JPEG-Format (Abbildung 6.87 und Abbildung 6.88).

Abbildung 6.87
Partielle Sonnenfinsternis am 04.01.2011

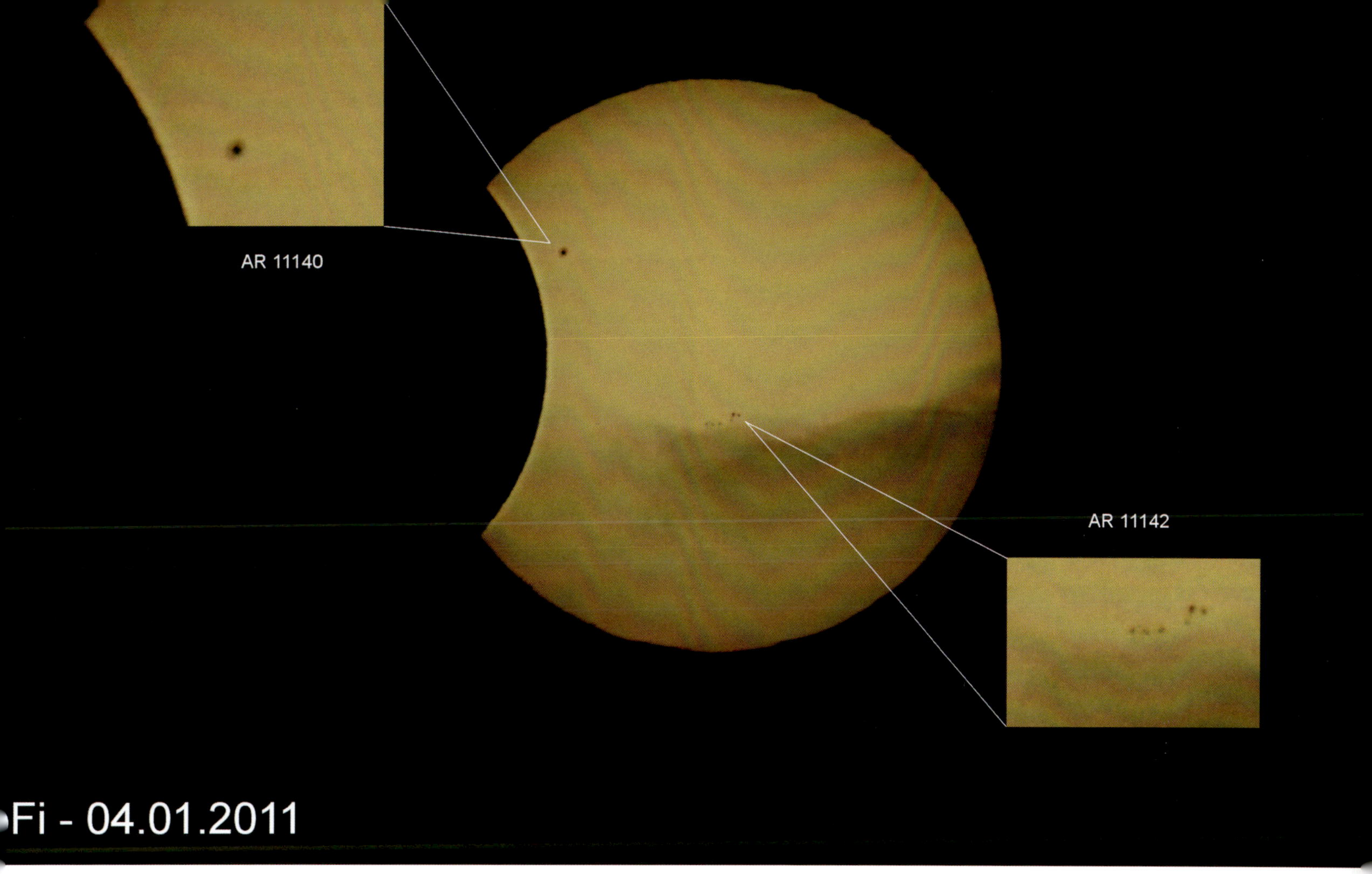

Abbildung 6.89
Partielle Sonnenfinsternis am 04.01.2011

Um die richtige Belichtung zu treffen, habe ich mich für den manuellen Modus (M) entschieden und verschiedene Belichtungen mit unterschiedlichen Verschlusszeiten durchgeführt. Gegen 10.10 Uhr gab der Mond die Oberfläche der Sonne so weit frei, dass die große aktive Region AR11140 zu sehen war. Die kleineren Sonnenfleckengruppen AR11142 hatte ich schon früher bemerkt, aber AR11140 kam überraschend ins Blickfeld. Im ersten Moment dachte ich an eine Verunreinigung des Kamerasensors, aber die spätere Auswertung der Bilder am PC bestätigte den großen Sonnenfleck (Abbildung 6.89).

Am 29.03.2006 gelang Hannes Hase-Bergen in Titreyengöl / Türkei (unweit von Side) mit seiner Canon EOS 300D am Vixen-70/560-mm-Fluorit-Apochromaten die beeindruckenden Bilder einer totalen Sonnenfinsternis (in Abbildung 6.90 und Abbildung 6.91). Beachten Sie die Auswirkung der unterschiedlichen Belichtungszeit bei den beiden Bildern.

Am 06. Juni 2012 wanderte der Planet Venus, von der Erde aus gesehen, vor die Sonnenscheibe. Dieser Vorgang wird als Venustransit bezeichnet und ist sehr selten. Leider konnte dieses Schauspiel wegen des schlechten Wetters, das zu dieser Zeit in Mittel-Europa herrschte, nicht überall gesehen werden. Uwe Neumann und Andreas Schnabel hatten jedoch besonderes Glück. Gleich zu Sonnenaufgang hielten sie das Ereignis im Bild fest (Abbildung 6.93 und Abbildung 6.92).

Abbildung 6.90
Sonnenfinsternis 2006, Belichtungszeit 1/400 Sekunde. Foto: Hannes Hase-Bergen

Abbildung 6.91
Sonnenfinsternis 2006, Belichtungszeit 1/25 Sekunde. Foto: Hannes Hase-Bergen

Abbildung 6.92
Venustransit 06.06.2012 Nikon D5100 am 4"-Refraktor mit Baader-Sonnenfilterfolie.
Belichtungszeit 1/125 Sek. bei ISO 100.
Foto: Uwe Neumann
Bearbeitung: Andreas Schnabel

Abbildung 6.03
Venustransit 06.06.2012. Aufnahmeort: ehemaliger Tagebau Lichterfeld-Schacksdorf in Brandenburg / Deutschland
Foto: Uwe Neumann
Bearbeitung: Andreas Schnabel

Solarpanels
Hauptantenne

KAPITEL 7
Satelliten und ISS

7.1 IRIDIUM-SATELLITEN

Iridium-Satelliten sind Kommunikationssatelliten für Satellitentelefone. Die Anzahl solcher Satelliten schwankt zwischen 66 und 86, wobei einige als Reserve-Satellit dienen, andere bereits ihren Dienst versagen und taumelnd steuerlos um die Erde kreisen, ihr im Laufe der Jahre immer näher kommen und schließlich in der Erdatmosphäre verglühen. Die funktionsfähigen Satelliten kreisen in ca. 780 km Höhe im Orbit. Für eine Umkreisung der Erde benötigen sie ca. 100 Minuten. Die Betriebsdauer solcher Satelliten beträgt etwa sieben bis neun Jahre. Fotografisch ist der sogenannte Iridium-Flare interessant. Der Name Iridium leitet sich von der ursprünglichen Betreiberfirma ab und Flare kommt aus dem Englischen und bedeutet rasch ansteigende und wieder abklingende Leuchterscheinung. Das chemische Element Iridium hat die Ordnungszahl 77 im Periodensystem – ursprünglich waren 77 Satelliten für das aktive Satellitensystem geplant, das jedoch jetzt mit 66 auskommen muss. Die Leuchterscheinung – der Iridium-Flare – wird hervorgerufen durch die drei Übertragungspanels (Antennen, Abbildung 7.1), die wie Spiegel wirken. Sie reflektieren das Sonnenlicht. Schauen Sie zum richtigen Zeitpunkt zum Himmel, können Sie diese Lichterscheinung sehen und auch fotografieren. Dazu ist es wichtig, den genauen Zeitpunkt zu kennen, wann ein solcher Flare an Ihrem Beobachtungsort sichtbar ist.Diese Daten werden berechnet und bereitgestellt auf verschiedenen Seiten im Internet. Vertretend für alle diese Seiten möchte ich hier auf CalSky (`www.calsky.com`) hinweisen. CalSky berechnet Ihnen den genauen Erscheinungszeitpunkt eines Iridium-Flares für Ihren Beobachtungsort.

Ist der Zeitpunkt bekannt und die Witterung günstig, können Sie mit sehr einfachen Mitteln diesen Flare fotografieren. Dazu benötigen Sie ein Fotostativ sowie eine Kamera, die es ermöglicht, 20 bis 30 Sekunden zu belichten. Ich verwende für die Aufnahme eines Iridium-Flares eine digitale Spiegelreflexkamera. Die Belichtungsautomatik stelle ich immer auf manuelle Belichtung. Der Fokus wird manuell eingestellt. Optimal ist die Verwendung eines Weitwinkelobjektivs; so ist die Wahrscheinlichkeit, den Flare auch wirklich zu treffen, viel größer. Von Vorteil ist bei einem Weitwinkelobjektiv auch, dass die zusätzlich abgebildeten Sterne bei Verwendung eines Fotostativs (also keine motorisch nachgeführte Montierung) noch fast rund abgebildet werden. Das Objektiv blende ich ein oder zwei Stufen ab. Die Empfindlichkeit stelle ich je nach zu erwartender Flare-Helligkeit auf ISO 800 oder ISO 1600; die Belichtungszeit meistens auf 30 Sekunden. Um die Kamera erschütterungsfrei auszulösen, verwende ich einen Kabelfernauslöser. Es ist ratsam, wenn Sie vor dem Erscheinen des Flares einige Probeaufnahmen machen, um die richtige Belichtung sowie die Schärfe zu kontrollieren. Steht die Erscheinung unmittelbar bevor, sollten Sie die Kamera im Dauerbetrieb mit dem Kabelfernauslöser auslösen.

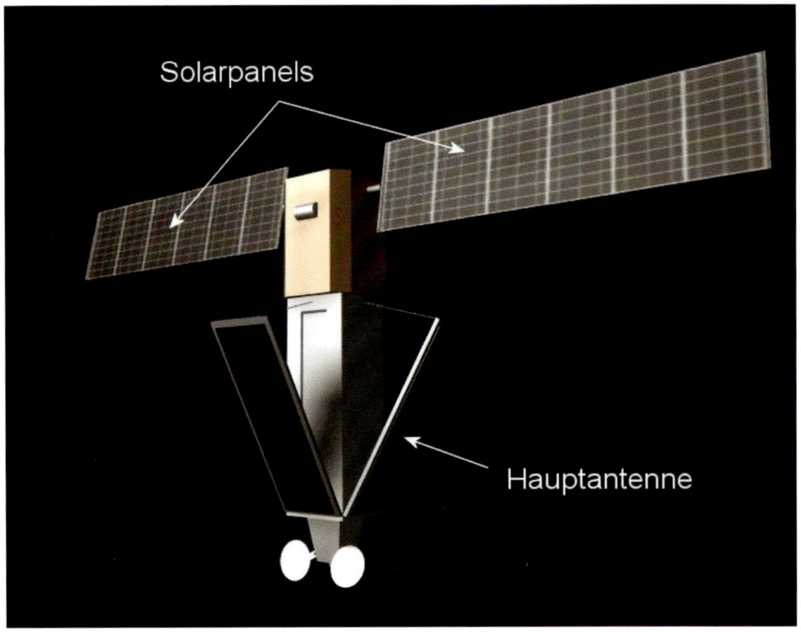

Abbildung 7.1
Model eines Iridium-Satelliten

Abbildung 7.2
Iridium 21
16.02.2010 – 19.39 Uhr
Flare von MMA1 (rechte Antenne)
Helligkeit = -4,5 mag
Höhe über Meer = 783,8 km
Distanz zum Satelliten = 1022,7 km

Abbildung 7.3
Flare von MMA1 – rechte Antenne.
Helligkeit -1,5 mag
Distanz zum Satelliten: 1423,7 km.
Das Bild entstand um 23.36 Uhr am 13.06.2009. Daneben zu sehen: das Sternbild Kassiopeia

Abbildung 7.4
Iridium 29 – Ausschnitt

Abbildung 7.5
Flare von MMA1 – rechte Antenne.
Helligkeit -1,9 mag
23.53 Uhr am 07.06.2009. Oberhalb zu sehen: das Sternbild Kassiopeia

Abbildung 7.6
Iridium 50 am 07.08.2009 um 22.48 Uhr
Flare von MMA1 (rechte Antenne) Helligkeit = -6,5 mag
Azimut = 51,1° NE Höhe = 42,8° im Sternbild Kassiopeia
Distanz zum Satelliten = 1090,8 km

Abbildung 7.7
Iridium 76 vom 06.03.2010 um 20.02 Uhr.
Flare von MMA1 (rechte Antenne)

Abbildung 7.8
30.01.2011 um 19.30 Uhr

Abbildung 7.9
Unbekannter Flare im Juli 2012

Abbildung 7.10
Iridium 54 am 14.11.2012

7.2 DIE INTERNATIONALE RAUMSTATION ISS

Die Internationale Raumstation (International Space Station, kurz ISS) ist das zurzeit größte in internationaler Kooperation betriebene Weltraumprojekt. Die ISS befindet sich seit 1998 im Bau und soll 2015 fertiggestellt werden. Ihre endgültige Größe wird dann etwa 110 m x 100 m x 30 m betragen. Die Raumstation kreist in ca. 400 km Höhe mit einer Bahnneigung von 51,6° ca. alle 91 Minuten um die Erde. Dabei leuchtet sie heller als die hellsten Sterne. Regelmäßig überfliegt sie auch Mittel-Europa und ist vom Boden aus als sich schnell von West nach Ost bewegender Punkt zu sehen. Im Feldstecher oder Teleskop ist erkennbar, dass es sich nicht um ein punktförmiges Objekt handelt, allerdings ist die von der Sonne angestrahlte ISS so hell, dass Einzelheiten überstrahlt werden. Der genaue Zeitpunkt für eine optimale Sicht ist im Internet abrufbar. Wenn Sie die ISS fotografieren, erkennen Sie wesentlich mehr Details als bei der Beobachtung. Sicherlich fragen Sie sich: Wie fotografiert man einen sich mit 28.000 km/h bewegenden Flugkörper, wenn er dazu noch ca. 400 km weit entfernt ist?

7.3 FOTOGRAFIE DER ISS

Zunächst einmal müssen Sie erfahren, wann die ISS an Ihrem Beobachtungsort zu sehen ist. Dies erfahren Sie online zum Beispiel beim CalSky-Astro-Kalender. Neben der Kamera (DSLR oder CCD-Kamera) benötigen Sie natürlich ein Teleskop. Am besten fangen Sie mit einer Brennweite von 2000 mm an, und wenn Sie die ersten Erfolge erzielt haben, versuchen Sie es mit einer längeren Brennweite. Ich arbeite oft mit einer Canon EOS 600D DSLR am Schmidt-Cassegrain C8 (2032 mm Brennweite). Aufgrund des größeren Sensors gegenüber einer CCD-Kamera ist es leichter, die sich sehr schnell bewegende ISS auf den Chip zu bannen. Da die Kamera über eine Auflösung von 18 Millionen Pixel verfügt, kann das Motiv nach der Aufnahme großzügig ausgeschnitten werden. So erhalten Sie noch mal eine Vergrößerung und die ISS wirkt schon viel ansehnlicher als zuvor.

7.4 DAS SETUP

Auf dieser Internetseite (`http://calsky.de/`) finden Sie eine Vielzahl von Informationen fast aller beobachtbaren Himmelsereignisse. So werden dort auch regelmäßig die Überflugdaten der ISS für Ihren Beobachtungsort/Wohnort angegeben. Planen Sie damit Ihre Beobachtung.

Rechtzeitig vor dem Überflug der ISS sollten Sie mit dem Aufbau der Ausrüstung beginnen. Das Teleskop wird wie gewohnt auf der Montierung befestigt. Die Montierung braucht bei der ISS-Fotografie nicht polausgerichtet zu sein. Die Balance zwischen Teleskop und Gegengewicht kann grob eingestellt werden. Eine elektronische Nachführung oder Computersteuerung ist nicht notwendig.

Unbedingt sollten Sie aber an die Verwendung einer Tauschutzkappe denken. Die Zeitspanne der eigentlichen Aufnahme ist zwar sehr kurz, aber es wäre schade, wenn durch eine beschlagene Optik, da das Gerät schon früher aufgebaut wurde, die Aufnahme misslingt.

Nachdem das Teleskop aufgebaut ist, sollte der Sucher nachjustiert werden. Es ist für die spätere Aufnahme der ISS unbedingt wichtig, dass Sucher und Teleskop genau auf das gleiche Ziel ausgerichtet sind. Dazu verwenden Sie am besten ein 10-mm-Fadenkreuzokular. Da die Kamera, mit der die ISS fotografiert werden soll, direkt ans Teleskop angeschlossen wird, sollten Sie das Fadenkreuzokular zum Abgleich mit dem Sucher auch direkt ans Teleskop ansetzen – also ohne Zenitspiegel. Bei Tage oder in der Dämmerung suchen Sie sich ein weit entferntes (ca. zwei bis drei Kilometer) Objekt (einen Strommast o.Ä.) und bringen dieses genau in die Mitte des Fadenkreuzokulars. Anschließend richten Sie das Sucherfernrohr (ebenfalls mit Fadenkreuz) auf das anvisierte Objekt aus. Die Feinjustage erfolgt mit den kleinen Schrauben an der Halterung des Suchers (Abbildung 7.11).

Abbildung 7.11
Feinjustage am Sucher

Je nach verwendetem Equipment werden Sie Ihre Kamera über einen T2-Adapter und eine Steckhülse oder direkt ans Teleskop anschließen. Abbildung 7.12 und Abbildung 7.13 zeigen einige Befestigungsvarianten.

Abbildung 7.12
T2-Adapter

Abbildung 7.13
Steckhülse

Abbildung 7.14
Crayford-Auszug

Wichtig ist vor allem, dass die Kamera fest verbunden ist und nicht wackelt. Haben Sie den Fokus gefunden, stellen Sie unbedingt den Okularauszug mit den Schrauben fest, um ein unbeabsichtigtes Verschieben der Schärfeebene zu vermeiden. Verwenden Sie, so wie ich, bei einem Schmidt-Cassegrain C8 einen 2"-Crayford-Auszug (Abbildung 7.14), können Sie nicht nur von dem Vorteil der 1:10-Untersetzung profitieren – in Verbindung mit einem Schmidt-Cassegrain erhöhen Sie sogar etwas die Brennweite, da Sie die Brennebene durch Verschieben des Hauptspiegels etwas nach außen verlegen können. Der zusätzlich angebrachte Crayford-Okularauszug dient praktisch auch als Verlängerungshülse. Das Scharfstellen der Kamera erfolgt vorzugsweise an einem nicht zu großen Stern unter Zuhilfenahme eines Laptops. Vergrößern Sie das Live-Bild der Kamera am Laptop so weit wie möglich. Dann stellen Sie, nachdem der Hauptspiegel so weit wie möglich nach hinten in Richtung Kamera gedreht wurde, am Okularauszug den Fokus ein. Wenn der abgebildete Stern am kleinsten dargestellt wird, ist der richtige Fokuspunkt gefunden. Der Canon-EOS-Kamera liegt das Programm Canon-Utilities bei. Hiermit ist es besonders einfach, die Schärfe am Stern einzustellen, sollte Ihre Kamera, wie meine 600D, die Live-Bild-Aufnahme unterstützen.

Bei einer CCD-Kamera oder Webcam überprüfen Sie die Schärfe des Sterns im Live-Fenster der entsprechenden Aufnahmesoftware. Bei der Fotografie der ISS ist es nicht notwendig, das Teleskop genau auszurichten. Achten Sie nur darauf, dass Sie das Teleskop so aufstellen, dass Sie bei einem Schwenk der Optik den gesamten Bereich abdecken, an dem die ISS erscheint.

7.5 DIE AUFNAHME

Da ich aufgrund des größeren Aufnahmesensors mich für eine DSLR entschieden habe, möchte ich hier kurz meine Einstellungen erwähnen, die ich vor der Aufnahme vornehme. Bei der Canon EOS 600D am Schmidt-Cassegrain C8 (2032 mm Brennweite) mit einer Öffnung von 203 mm belichte ich mit 1/1500 Sekunde und ISO 1600. Beim Maksutov 150/1800 (1800 mm Brennweite) mit nur einer Öffnung von 150 mm belichte ich mit 1/1000 Sekunden bei ISO 1600. Je nach Seeing und Sonnenreflexion kann es erforderlich sein, mit leicht veränderten Belichtungszeiten zu arbeiten. Leider merken Sie dies erst nachher beim Betrachten der Bilder. Korrekturen können also erst wieder bei einem weiteren Überflug (möglichst in der gleichen Nacht bei gleichen Bedingungen) vorgenommen werden. Als Dateiformat stelle ich an der Kamera nur JPG ein. Die Entscheidung fiel für JPG, weil das zwischenzeitliche Abspeichern von Dateien im RAW-Format zu lange dauern würde. Der Weißabgleich der Kamera kann auf Automatik belassen werden. Die Serienbildgeschwindigkeit der Kamera wird auf die höchstmögliche Einstellung gestellt und anschließend ein feststellbarer Kabelfernauslöser angeschlossen.

Abbildung 7.15
Kabelfernauslöser

Da ja der genaue Zeitpunkt und die Richtung, aus der die ISS erscheint, bekannt ist, gehen Sie ca. zwei Minuten vorher zu Ihrer Ausrüstung und beobachten von dort aus den Himmel. Sobald die ISS sichtbar ist, richten Sie das Teleskop mit der Kamera manuell auf die ISS aus. Dazu lösen Sie die Feststellklemmen der Montierung (Abbildung 7.16) und schwenken den Teleskop-Tubus mit den Händen in die richtige Position.

Abbildung 7.16
Deklinations- und Rektaszensionsklemmung

Jetzt ist auch der Zeitpunkt gekommen, wo Sie die Kamera mit dem Fernauslöser auslösen und diesen feststellen sollten. Die DSLR macht nun fortlaufend unter höchster Geschwindigkeit Fotos und speichert diese kontinuierlich ab. Mit dem Sucherfernrohr positionieren Sie die Optik kurz vor der fliegenden ISS. Sie werden sehen, wie die ISS den Sichtbereich des Suchers durchfliegt. Dies sollte möglichst direkt durch die Mitte des Fadenkreuzes sein. Verlässt die ISS den Sichtbereich des Suchers, positionieren Sie das Teleskop wieder neu kurz vor der ISS und wiederholen das Spiel.

Die Chance, dass die ISS möglichst oft mit der DSLR scharf fotografiert werden kann, steigt mit der Genauigkeit der manuellen Nachführung bzw. wie genau die ISS das Fadenkreuz des Suchers passiert. Wichtig ist, dass Sie das Teleskop mit der Kamera für die Zeit, in der die ISS den Sichtbereich des Suchers durchfliegt, nicht bewegen. Hat alles funktioniert, sollten Sie am Ende bei Ihren Aufnahmen einige Treffer haben, auf denen die ISS zu erkennen ist. Natürlich ist sie, trotz ca. 2000 mm Brennweite und Crop-Faktor der DSLR, recht klein abgebildet. Laden Sie die Bilder in ein Bildbearbeitungsprogramm und schneiden Sie es auf 640 x 480 Pixel aus. Eventuell sollten Sie die Bilder noch etwas nachschärfen.

Bildbeispiele

Abbildung 7.17
ISS am 02.07.2010 gegen 23.30 Uhr

Abbildung 7.18
ISS am 02.07.2010

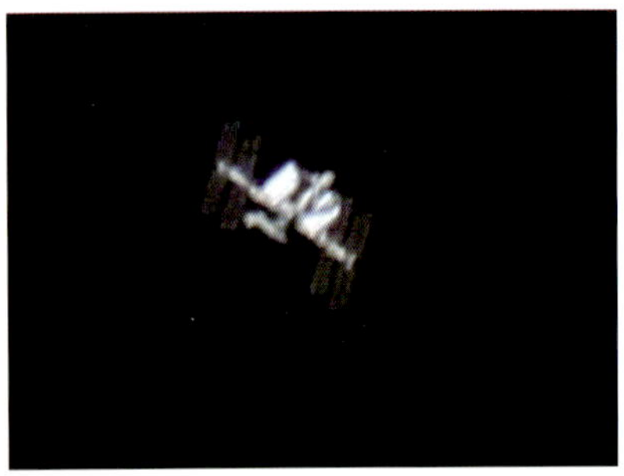

Abbildung 7.19
ISS am 05.09.2010

Abbildung 7.20
ISS am 20.08.2010

Abbildung 7.21
ISS am 27.06.2010

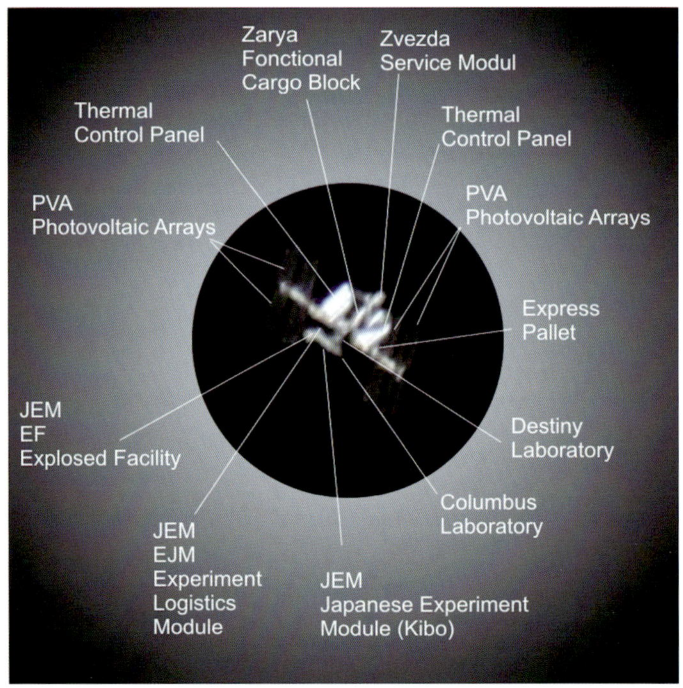

Abbildung 7.22
ISS

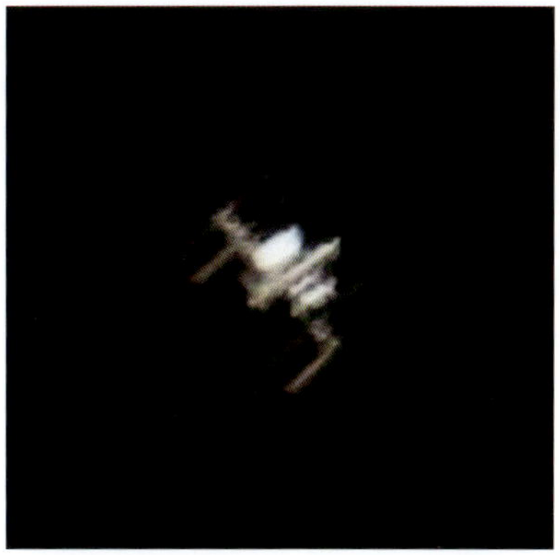

Abbildung 7.23
ISS am 10.08.2012

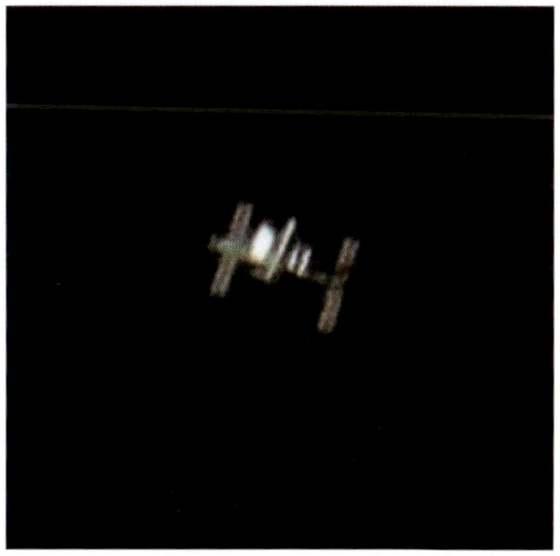

Abbildung 7.24
ISS am 16.06.2012

Abbildung 7.25
ISS am 25.04.2011

M 64
M 13
M 82
M 104

KAPITEL 8
Deep Sky – tiefer Himmel

Unter dem Begriff Deep Sky werden in der Astronomie diejenigen optisch beobachtbaren Himmelsobjekte zusammengefasst, die sich außerhalb unseres Sonnensystems befinden. Zu ihnen zählen unter anderem alle Sternsysteme, Sternhaufen, Quasare, Nebel und Galaxien bis hin zu extragalaktischen Objekten in anderen Galaxien. Galaxien sind riesige Ansammlungen aus Gas, Staub und Sternen, die durch ihre gegenseitige Anziehungskraft zusammengehalten werden. Es gibt eine Vielzahl unterschiedlicher Galaxie-Arten, so zum Beispiel Spiralgalaxien, elliptische Galaxien, Balkenspiralgalaxien, lentikuläre (linsenförmige) Galaxien und viele mehr. Unsere Milchstraße gehört zum Typ Balkenspiralgalaxie. In klaren Sommernächten ist das Band der Milchstraße als unregelmäßiger breiter, schwach milchig-heller Streifen über dem Firmament zu sehen. Am besten sichtbar ist das Band der Milchstraße von der Südhalbkugel. Unsere nächste Nachbargalaxie, die Andromeda-Galaxie, ist ebenfalls, klaren dunklen Himmel vorausgesetzt, mit bloßem Auge sichtbar. Die Andromeda-Galaxie (M31) misst einen Halo-Durchmesser von ca. einer Million Lichtjahre und hat eine Gesamtmasse von 198 bis 407 Milliarden Sonnenmassen. Der Durchmesser der sichtbaren Scheibe beträgt etwa 150.000 Lichtjahre. Unsere Milchstraße hat einen Durchmesser von ca. 100.000 Lichtjahren. Nach neuesten Erkenntnissen enthält M31 etwa eine Billion Sterne, während die Milchstraße 100 bis 200 Milliarden Sterne enthält.

Für die Deep-Sky-Fotografie benötigen Sie einen sehr dunklen Himmel ohne künstliche Lichtquellen. Der Halbmond ist schon so hell, dass es fast unmöglich ist, schwache Sterne und dunkle nebulöse Objekte fotografieren zu können. Die Lichtverschmutzung in den Industriegebieten behindert zusätzlich das Fotovergnügen. Ein klarer und dunstfreier Himmel mit guter Durchsicht ist ebenfalls nötig. Dunst führt zur Herabsetzung der fotografischen Grenzgröße, man kann also schwache Objekte trotz dunklem Himmel nicht fotografieren. Der Dunst führt auch zu einer leicht diffusen bis flauen Darstellung von Sternen. Deshalb sollte das zu fotografierende Objekt möglichst hoch am Himmel, idealerweise nahe seiner Kulmination, stehen. Klare Nächte haben allerdings oft schlechtes Seeing (Luftunruhe, flimmernde Sterne). Das Seeing verringert die Auflösung in der Fotografie und führt zu oftmals verschwommenen, unscharfen Aufnahmen. Dies ist bei Sternen stärker als bei Aufnahmen von Nebel und Galaxien. Das Fotografieren von lichtschwachen Objekten setzt eine lange Belichtung voraus. Deshalb muss die Aufnahmeoptik lange den Sternen nachgeführt werden, oftmals über mehrere Minuten, bei mehreren Aufnahmen auch Stunden. Beachten Sie dazu auch den Abschnitt 3.3: das nachgeführte Teleskop. Die Fokussierung ist besonders schwierig. Ich verwende dazu die Live-View-Funktion der Kamera in Verbindung mit einem Laptop oder eine *Bahtinov-Maske* (Abbildung 8.1).

Abbildung 8.1
Bahtinov-Maske

Gleich zu Anfang möchte ich den Hinweis geben, dass sich im Laufe einer Aufnahmenacht die zu Beginn der Aufnahmeserie eingestellte Bildschärfe (Fokus) verstellen kann. Dies tritt häufig bei Temperaturschwankungen in der Nacht auf. Kontrollieren Sie deshalb (stündlich) Ihre Aufnahmen und stellen Sie gegebenenfalls den Fokus nach.

Bei schwach leuchtenden Objekten sowie bei Optiken mit schwacher Lichtstärke ist eine hohe Empfindlichkeit der Kamera notwendig. Dies wird über die ISO-Einstellung (bei DSLR) geregelt. Eine geringe Empfindlichkeit, also ein kleiner ISO-Wert, liefert zwar die besseren Ergebnisse, aber oftmals ist es notwendig, die Empfindlichkeit bis zu ISO 1600 zu erhöhen.

8.1 DSLR IM VERGLEICH MIT CCD

Digitale Spiegelreflexkameras basieren zwar auf dem Prinzip der CCD-Aufnahmetechnik, liefern aber Farbfotos. CCD-Kameras arbeiten, bis auf einige Ausnahmen, im S/W-Modus. Farbbilder gewinnen Sie durch die Verwendung eines speziellen Filtersatzes von Rot-, Grün- und Blaufilter. Den Filterwechsel können Sie über ein Filterrad oder eine ähnliche Vorrichtung realisieren (siehe auch Abschnitt 4.2, 4.3, 5.7). Digitale Spiegelreflexkameras haben meistens auch einen größeren Sensor als CCD-Kameras. Dazu kommt noch die Abwägung des Preises. DSLRs können schon recht günstig bezogen werden, gute astronomische CCD-Kameras sind dagegen sehr teuer. CCD-Kameras haben wegen der oftmals eingebauten Kühlung (z.B. -35 Grad Celsius) ein geringeres thermisches Rauschen gegenüber DSLRs. Der gemeinsame größte Vorteil beider Systeme ist allerdings die sofortige Verfügbarkeit der Bilddaten. So kann schnell eine Einschätzung bezüglich der Bildqualität vorgenommen werden und eventuelle Fehler (Nachführfehler, Verwackelungen, Fokusfehler) noch rechtzeitig korrigiert werden.

Bildbeispiele: Andromeda-Galaxie M31

Abbildung 8.2 bis Abbildung 8.9 entstanden im Jahr 2012 und zeigen die Galaxie Andromeda M31.

Abbildung 8.3
Andromeda-Galaxie

Abbildung 8.2
Andromeda-Galaxie

Abbildung 8.4
Andromeda-Galaxie

Abbildung 8.5
Andromeda-Galaxie

Abbildung 8.6
Andromeda-Galaxie

Abbildung 8.7
Andromeda-Galaxie

Abbildung 8.8 Andromeda-Galaxie

Abbildung 8.9 Andromeda-Galaxie

Was sind Darkframes und Co?

Lightframes

Einfache Fotos, ob Langzeitaufnahme, Astrobild oder auch jedes andere Bild, das die Bildinformationen enthält, werden als Lightframes bezeichnet.

Darkframes

Ein Darkframe ist ein Foto, das idealerweise unmittelbar nach der eigentlichen Aufnahme – dem Lightframe – mit denselben Einstellungen, aber mit verschlossener Optik, aufgenommen wird. Gleiche Kameraeinstellungen für Belichtungszeit und ISO-Wert sowie gleiche Umgebungstemperatur sind die Voraussetzung für ein gutes Darkframe. Das Sucherfenster bei digitalen Spiegelreflexkameras muss ebenfalls lichtdicht verschlossen sein. Ein Darkframe wird benötigt, um Elektronikfehler aus einer Langzeitaufnahme herauszurechnen. Jeder Kamerachip hat mehr oder weniger sogenannte Deadpixel, Hotpixel, Verstärkerglühen und ein gewisses Grundrauschen des Aufnahmechips. Deadpixel sind einzelne Pixel auf dem Kamerasensor, die keine Bildinformationen aufnehmen können und sich im Bild als weiße Punkte darstellen. Hotpixel stellen die Bildinformationen übersteuert dar, sie erscheinen meist als rote oder blaue Punkte. Das Verstärkerglühen entsteht durch die Wärme des Ausleseverstärkers und zeigt sich im Bild durch eine magentafarbene Einfärbung eines bestimmten Bildteils, oftmals am Rand. Sinn eines Darkframes ist es, die zuvor beschriebenen Elektronikfehler zu minimieren, am besten zu beseitigen. Es gibt zwei grundverschiedene Möglichkeiten, wie Darkframes angewandt werden. Die eine Möglichkeit ist die kamerainterne Rauschunterdrückung bei Langzeitaufnahmen (Abbildung 8.10).

Die zweite Möglichkeit ist die Anwendung von Darkframes mittels einer Bildbearbeitungssoftware. Viele digitale Spiegelreflexkameras fertigen, wenn dies eingestellt ist, nach einer Langzeitbelichtung automatisch ein Darkframe an. Dieses wird dann mit dem eigentlichen Foto verrechnet bzw. von diesem abgezogen. Dieses Vorgehen funktioniert bei den meisten Kameramodellen erstaunlich gut, hat aber einen entscheidenden Nachteil: die Zeit.

Ein kamerainternes Darkbild benötigt genauso viel Zeit wie das Lightframe. Nehmen Sie ein Bild mit einer Belichtungszeit von zwei Minuten auf, benötigt die Kamera im Anschluss mindestens ebenfalls zwei Minuten. Dies bedeutet, dass Sie für Ihre Astrofotos nur die Hälfte der zur Verfügung stehenden Zeit nutzen können. Somit ist es, im Hinblick darauf, dass in unserer Region klare lange Nächte selten sind, besser geeignet, die Darkframes im Anschluss der Fotosession zu machen, wenn zum Beispiel wieder Wolken aufziehen oder Sie schon Teile der Ausrüstung einpacken. Wenn möglich, sollten Sie die gleiche Anzahl Darkframes wie Lightframes machen, mindestens aber 10 bis 20 Stück. Die Belichtungszeit von Darks und Lights sowie die Einstellung des ISO-Wertes muss gleich sein. Achten Sie unbedingt darauf, dass Sie die Darkframes bei gleicher Temperatur herstellen wie die Lightframes. Je nach Außentemperatur rauscht die Kamera unterschiedlich und erzeugt so unterschiedliche Hotpixel o.Ä. Es ist auch möglich, die Darkframes an einem anderen Aufnahmetag nachzuholen, wichtig ist allerdings, dass unbedingt neben identischer Belichtungszeit und Empfindlichkeit die Temperatur identisch ist. Die so erzeugten Darkframes werden anschließend mit einer Bildbearbeitungssoftware zu einem Masterdark verrechnet (siehe Abschnitt 8.5).

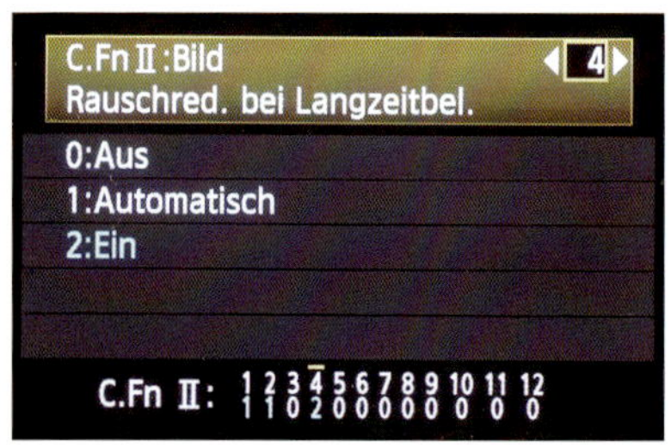

Abbildung 8.10
Kamerainterne Rauschunterdrückung

Biasframes

Beim Auslesen der Chipdaten erzeugt die Kamera ebenfalls ein Rauschen. Um dieses später herauszurechnen, benötigen Sie die Biasframes. Diese sind leicht herzustellen. Der ISO-Wert sollte denen der Lightframes entsprechen, die Außentemperatur kann vernachlässigt werden. Stellen Sie Ihre Kamera auf die kürzestmögliche Belichtungszeit und sorgen Sie wieder für Lichtlosigkeit (Abdecken). Lösen Sie etwa 10 bis 20 Aufnahmen so aus.

Flatframes

Flatframes werden benötigt, um Schmutz oder Vignettierung aus den Lightframes herauszurechnen. Ganz wichtig ist es, nachdem Sie die Lightframes (und ggf. die anderen Frames) aufgenommen haben, die Kamera nicht vom Teleskop/Objektiv abzunehmen bzw. sie nicht zu verdrehen. Ändern Sie auch nicht den Fokus. Ziel ist es nun, mit der Kamera eine helle Fläche zu fotografieren, um eine Art Abbild der Verunreinigungen zu erhalten. Verwenden Sie dazu eine Flatbox (von hinten beleuchtetes Milchglas) oder spannen Sie ein weißes T-Shirt faltenfrei vor die Optik. Fotografieren Sie nun gegen etwas Helles (Blitz, weiße Leuchte). Der Astro-Fachhandel hat auf die steigende Nachfrage bereits reagiert und bietet fertige *Flatfield-Leuchtfolien* an. Hierbei handelt es sich um eine dünne Folie, die durch das Anlegen einer Spannung völlig gleichmäßig leuchtet. Richten Sie die Teleskopöffnung nach oben aus, legen Sie die Flatfield-Leuchtfolie auf die Teleskopöffnung und machen Sie Ihre Flatfield-Aufnahmen. Bei Verwendung einer DSLR sollten die Flatfield-Aufnahmen den gleichen ISO-Wert aufweisen wie die Lightframes. Fertigen Sie auch hiervon wieder 10 bis 20 Aufnahmen. Wie die einzelnen Frames miteinander verarbeitet werden, erkläre ich im weiteren Verlauf des Kapitels.

8.2 DAS SETUP – MIT EINER DSLR

Das Setup ist recht einfach. Sie kennen es im Grunde schon: eine nachgeführte Kamera, entweder auf dem Teleskop montiert oder direkt statt des Okulars am Teleskop. Das Teleskop sollte auf einer parallaktischen Montierung mit Nachführmotoren befestigt sein. Die Teleskopmontierung wird wie in Kapitel 3 beschrieben, ausgerichtet und ist je nach Bedarf und Möglichkeit mit einer GoTo-Computersteuerung sowie einem Leitrohr mit automatischer Nachführung ausgestattet. Als Aufnahmekamera können Sie spezielle CCD-Kameras für die Astrofotografie oder eine digitale Spiegelreflexkamera verwenden. In den folgenden Workflows habe ich zunächst eine digitale Spiegelreflexkamera verwendet. Ein Workflow mit einer gekühlten Astrokamera folgt am Ende dieses Kapitels.

Abbildung 8.11 und Abbildung 8.12 zeigen zwei verschiedene Aufbauten, die ich bei der Deep-Sky-Fotografie einsetze.

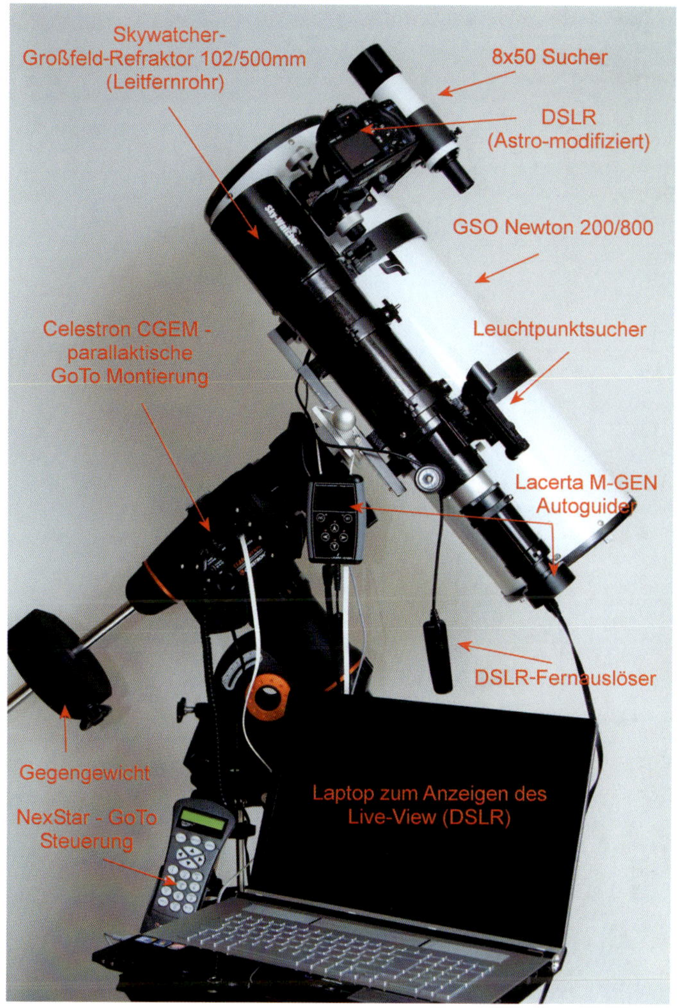

Abbildung 8.11
GSO Fotonewton mit Nachführung

Abbildung 8.11 zeigt einen Foto-Newton auf einer Celestron CGEM, parallaktische Montierung mit Computersteuerung. Der zum Einsatz kommende Newton hat eine Öffnung von 200 mm bei einer Brennweite von 800 mm. Dies ergibt eine Lichtstärke von Blende F4. Die hohe Lichtstärke erfordert eine gute Abbildungsqualität, die der Newton bietet. Zur Fotografie mit diesem Newton wird ein passender *Koma-Korrektor* benötigt. Dieser sorgt dafür, dass die Sternabbildungen bis zum Rand hin scharf und rund abgebildet werden (Abbildung 8.13).

Abbildung 8.12
SkyWatcher ED 80 im Einsatz

Abbildung 8.13
Koma-Korrektor

Um eine Ausleuchtung des gesamten Bildfeldes beim Anschluss einer digitalen Spiegelreflexkamera zu erreichen, ist dieser Newton mit einem 70-mm-Fangspiegel ausgestattet. Der Hauptspiegel wird auf der Rückseite durch einen Lüfter gekühlt. Somit erreicht der Spiegel schneller die Umgebungstemperatur. Das Tubus-Seeing wird verringert und das Gerät ist schneller einsatzbereit (Abbildung 8.14).

Abbildung 8.14
Hauptspiegel-Lüfter

Als Aufnahmekamera verwende ich mittlerweile eine zur Astrokamera umgebaute Canon EOS 60Da. Zuvor konnte ich schon gute Ergebnisse mit einer EOS 1000Da und EOS 1100Da erzielen.

Die EOS wird direkt am 2"-Crayford-Okularauszug mit 1:10-Micro-Untersetzung angeschlossen. Statt einer Einsteckhülse erfolgt die Klemmung am Koma-Korrektor (Abbildung 8.15).

Abbildung 8.15
Klemmung der DSLR

Abbildung 8.12 zeigt einen *SkyWatcher ED 80/600* Pro Refraktor mit einem Öffnungsverhältnis von F/7,5 und *2"-Crayford-Okularauszug*. Zusätzlich ist ein *Skywatcher 102/500 mm* als Leitfernrohr montiert.

Für die Deep-Sky-Fotografie ist es unbedingt erforderlich, dass die Montierung möglichst genau ausgerichtet ist und permanent (motorisch) nachgeführt wird (siehe Kapitel 3). Ist dies sichergestellt, wird zunächst der genaue Fokus an der Aufnahmekamera eingestellt. Verfügt die DSLR über Live-View, ist dies besonders einfach. Verbinden Sie über USB die Kamera mit einem Laptop und stellen Sie den Fokus unter Kontrolle am Bildschirm möglichst genau ein. Wenn die Sterne am kleinsten sind, ist der Fokus gefunden. Bei einem Newton mit Fangspiegelstreben dürfen die Streben nur einfache knackige Spikes erzeugen. Sobald bei den Spikes mehr als vier Strahlen zu sehen sind, haben Sie den Fokus nicht genau getroffen. Hinzu kommt noch, dass zuvor der Teleskop-Tubus und die optischen Elemente wie Linsen und Spiegel der Außentemperatur angeglichen sein müssen. Dazu ist es notwendig, das Teleskop rechtzeitig nach draußen zu bringen und auskühlen zu lassen. Bei allen Teleskoptypen ist es nötig, während einer längeren Aufnahmesession den Fokus immer wieder zu kontrollieren und gegebenenfalls nachzustellen.

Bei Schmidt-Cassegrain- und Maksutov-Teleskopen ist neben einer guten (stundenlangen) Anpassung der Temperatur noch das Spiegelshifting ein Problem. Bei diesen Teleskopen wird zum Fokussieren nicht der Okularauszug benutzt, sondern der Hauptspiegel auf einem Rohr hin- und hergeschoben. Durch Drehen am Fokusknopf kippt der Spiegel mal in die eine und mal in die andere Richtung. Das Fokussieren wird somit zum Geduldsspiel. Bei Refraktoren ist die Einstellung des genauen Fokus am einfachsten. Die Schärfe kann bei Verwendung eines Crayford-Okularauszugs mit 1:10-Micro-Untersetzung sehr genau vorgenommen werden. Sollte Ihre Kamera nicht über Live-View verfügen, können Sie zum genauen Finden des Fokuspunktes auch eine Bahtinov-Maske verwenden.

Eine Bahtinov-Maske ist eine Scharfstellhilfe, ähnlich der Scheinerblende. Sie wird direkt vor dem Teleskop befestigt (Abbildung 8.1). Richten Sie die Aufnahmeoptik mit der vorgeschalteten Maske auf einen hellen Stern aus, zeigt sich im Kamerasucher ein strahlenförmiges Muster. Bei völliger Symmetrie des Abbildes ist der Schärfepunkt erreicht.

Neben der Nachführung und dem genauen Fokus darf es während der Fotoaufnahme zu keinerlei Erschütterungen kommen. Verwenden Sie deshalb zur Auslösung einen Fernauslöser, Timer oder starten Sie die Aufnahme vom Laptop aus. Die zu fotografierenden Fotomotive sind oft sehr lichtschwach. Um genug Informationen mit dem Kamerachip festhalten zu können, ist neben einer langen Belichtungszeit oftmals eine hohe Empfindlichkeitseinstellung/hoher ISO-Wert notwendig. Ich arbeite oft mit Einstellungen zwischen ISO 400 und ISO 1600.

Die Länge der Belichtungszeit wird durch drei Kriterien begrenzt:

Das erste ist die Nachführung. Sie sollten natürlich nur so lange belichten, wie Sie die Kamera nachführen können. Sind die Sterne nicht mehr rund, ist diese Zeit überschritten. Zweitens ist die Belichtungszeit abhängig von der Himmelshelligkeit. In der Stadt ist eine zu lange Belichtung wenig sinnvoll, da die Bilder bei dem vom Stadtlicht aufgehellten Himmel fast taghell werden. Und letztendlich nimmt bei sehr langen Belichtungen das Bildrauschen zu. Ich wohne am Stadtrand und der Himmel ist sehr aufgehellt. Bei fünf Minuten ist das Maximum an Belichtungszeit (ohne Filter) erreicht. Deshalb fotografiere ich sehr gern auch im unteren Bereich von 30 bis 180 Sekunden. Der Trick dabei ist, sehr viele Aufnahmen zu machen.

Fotografieren Sie unbedingt im RAW-Format. Zusätzlich können Sie die Bilder natürlich – für eine schnelle Durchsicht – in JPG abspeichern. Weiterverarbeiten sollten Sie aber nur Ihre RAW-Dateien zu einem fertigen Astrobild.

Nach den Aufnahmen der Lightframes kommen die Darkframes dran. Decken Sie die Teleskopöffnung und den Sucher der Kamera ab und machen Sie, wenn möglich, die gleiche Anzahl an Aufnahmen, mindestens aber 15–20 Aufnahmen.

Diese Darkframes werden später in der Bildbearbeitung zu einem Master-Darkframe verarbeitet. Sie sollten sich pro Nacht auch immer nur ein einziges Objekt als Fotomotiv vornehmen. Schwenken Sie von einem zum anderen Himmelsobjekt, wird die Aufnahmezeit der einzelnen Objekte sehr kurz und bei der Deep-Sky-Fotografie benötigen Sie sehr viel Belichtungszeit. Auch wenn es verlockend erscheint, da klare dunkle Himmel in Deutschland knapp und selten sind, konzentrieren Sie sich immer nur auf ein Objekt pro Nacht, es lohnt sich.

8.3 DIE BILDBEARBEITUNG – WORKFLOW MIT FITSWORK

Ist die Aufnahmenacht vorüber, geht es ans Auswerten der Bilder. Verwenden Sie nur die guten Aufnahmen. Alle Bilder, die unscharf sind, wo die Sterne nicht rund sind oder die Leuchtspur eines Flugzeuges zu sehen ist, sollten Sie löschen. Nun werden die übrigen Bilder übereinandergelegt (gestackt). Gut geeignet sind hier die kostenlosen Programme Fitswork und *DeepSkyStacker*. Im folgenden Workflow zeige ich Ihnen eine Möglichkeit, wie Sie die Bilder mit Fitswork verarbeiten können. Fitswork bietet unzählige Bearbeitungskombinationen an. Sie sollten sich, wenn Sie das Programm dauerhaft einsetzen, unbedingt die dazugehörige Anleitung aus dem Netz laden – es lohnt sich. In dem Beispiel unten zeige ich zunächst die einfache Batchverarbeitung ohne Darkframes (später mehr zur Darkframe-Verarbeitung). Haben Sie die kamerainterne Rauschunterdrückung bei Ihren Aufnahmen verwendet, benötigen Sie ohnehin keine Darkframe-Verarbeitung. Die Aufnahmen, die im ersten Beispiel in Fitswork verarbeitet werden, stammen von einer nicht modifizierten digitalen Spiegelreflex. Nun aber zum Workflow: Starten Sie Fitswork und wählen Sie mit [F5] die Stapelbearbeitung aus (Abbildung 8.16).

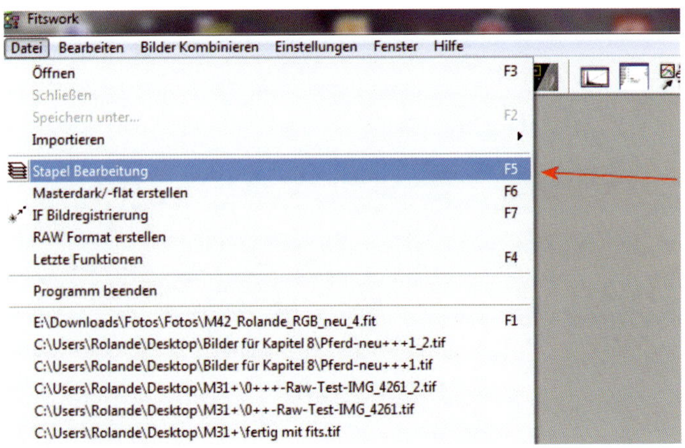

Abbildung 8.16
[F5] – Batchverarbeitung

Es öffnet sich ein Fenster mit dem ersten Arbeitsschritt. Wählen Sie dort das erste Bild aus dem Ordner aus, in dem Sie alle Ihre zu verarbeitenden Bilder gespeichert haben. Dann geben Sie noch den Zielordner/die Zieldatei an und klicken auf den Pfeil rechts am Fensterrand (Abbildung 8.17).

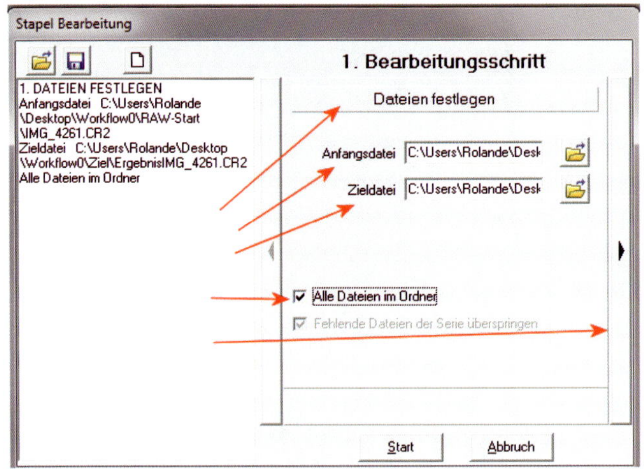

Abbildung 8.17
1. Bearbeitungsschritt

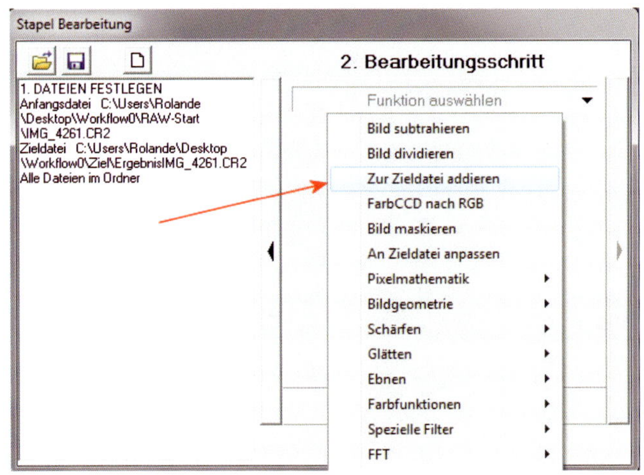

Abbildung 8.18
2. Bearbeitungsschritt

Sie gelangen nun zu dem zweiten Bearbeitungsschritt. Dort wählen Sie Zur Zieldatei addieren. Für Deep-Sky-Aufnahmen sollte der Modus auf Normal stehen. Bei der Sternenanzahl sollten Sie mindestens 1 wählen, damit die Bilder vor der Addition ausgerichtet (verschoben) werden. Besser ist hier die Einstellung zwei oder drei (M) Sterne. So wird eine eventuell vorhandene Bildfelddrehung ausgeglichen. Mit einem Klick auf Start gelangen Sie zum nächsten Arbeitsschritt (Abbildung 8.18 und Abbildung 8.19).

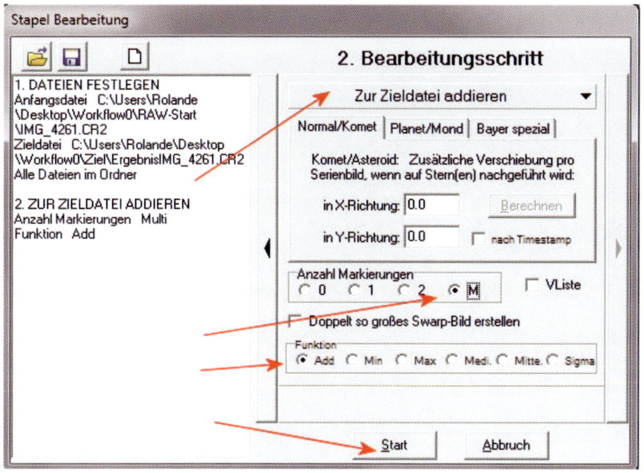

Abbildung 8.19
Modus und die Anzahl der Markierungen auswählen

Hier in meinem Beispiel habe ich ADD gewählt. Das ist die normale Addition der Bilder. Es stehen aber noch andere Funktionen zur Verfügung. Eine interessante Funktion ist das SIGMA. Es steht für *Sigma clipping*. Dort werden die Werte verworfen, die statistisch eine bestimmte Grenze überschreiten. Die restlichen Werte werden gemittelt. Diese Funktion ist unter anderem gut, um Strichspuren von Flugzeugen verschwinden zu lassen. Diese Bearbeitung dauert aber, je nach Menge der zu verarbeitenden Bilder, sehr lange. Im folgenden Schritt werden Sie aufgefordert (bei Sternenanzahl M) drei Sterne durch Aufziehen eines Rahmens mit der Maus zu markieren. Ist dies geschehen, machen Sie noch ein Häkchen in KEINE KONTROLLE MEHR und starten die Batchverarbeitung mit OK (Abbildung 6.15).

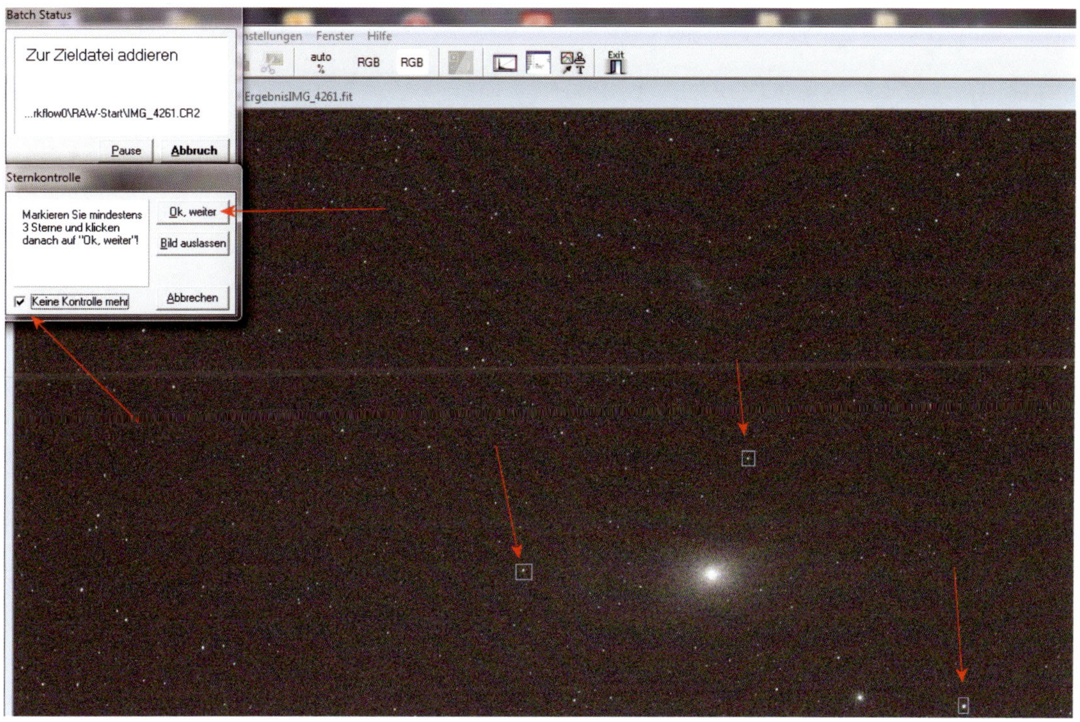

Abbildung 8.20
Markieren der Referenzsterne

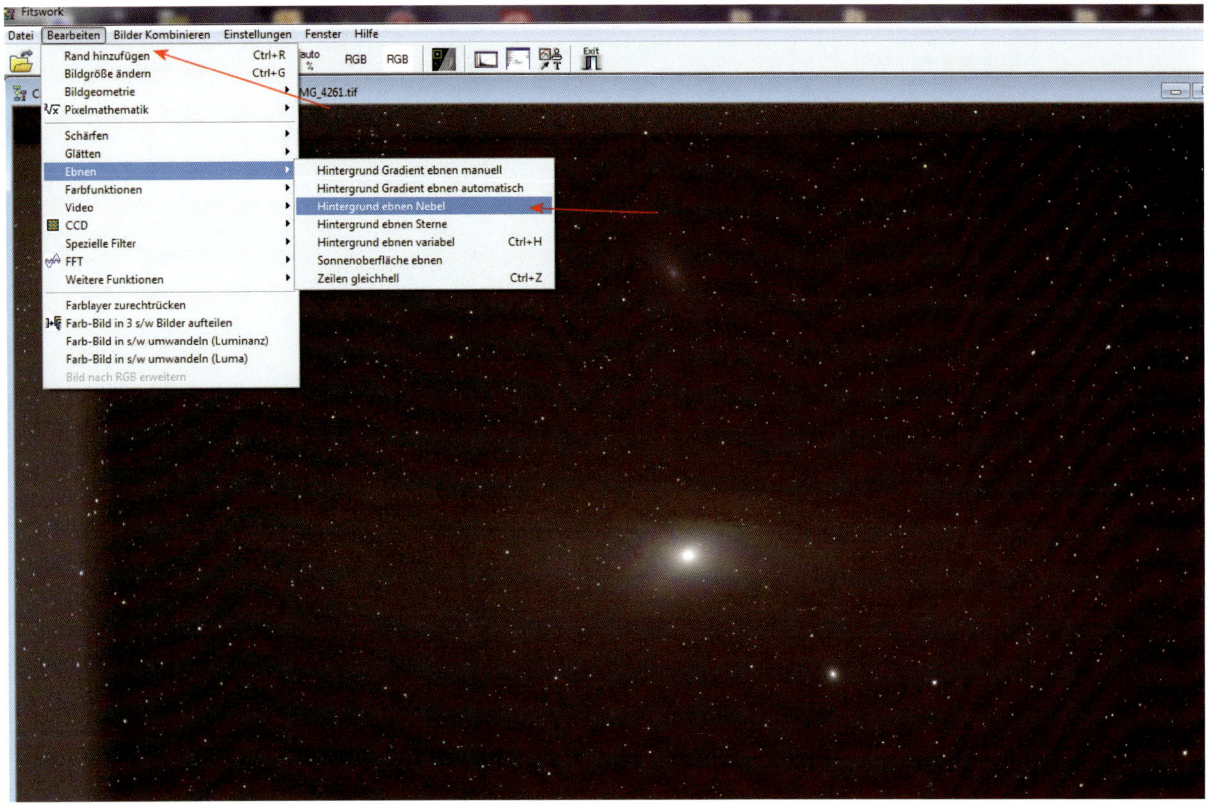

Abbildung 8.21
HINTERGRUND EBNEN

Eventuell kommen während der Batchverarbeitung noch Nachfragen zur Position der markierten Sterne. Liegen bei einem Bild die markierten Sterne außerhalb der Markierungen, verschieben Sie die Rahmen entsprechend und setzen die Batchverarbeitung fort. Nach einiger Zeit ist das Programm fertig und das fertige Bild wird geöffnet. Weist das Bild einen Hintergrund-Gradienten (Helligkeitsunterschiede) auf, können Sie diesen nun mit BEARBEITEN|EBNEN|HINTERGRUND EBNEN NEBEL etwas glätten (Abbildung 8.21).

Dies geht in Fitswork recht einfach und schnell. In manchen Fällen führt es jedoch nicht zum zufriedenstellenden Ergebnis. Dann ist wieder Photoshop und Co gefragt (siehe Abschnitt 8.9). Speichern Sie Ihr Ergebnis zur weiteren Verarbeitung mit einem anderen Bildverarbeitungsprogramm als TIFF-Datei ab.

Erweiterte Batchverarbeitung in Fitswork

Möchten Sie Darkframes, Flatframes und Biasframes bei der Batchverarbeitung in Fitswork berücksichtigen, sind die einzelnen Arbeitsschritte etwas komplizierter. Zunächst erstellen Sie ein Masterdark aus Ihren aufgenommenen Darkframes. Dabei stacken Sie die mit gleichem ISO-Wert, gleicher Belichtungszeit und bei gleicher Temperatur aufgenommenen Darkframes. In Fitswork gibt es dazu die Funktion MASTERDARK / -FLAT ERSTELLEN. Das fertige Masterdark wird anschließend im FIT-Format gespeichert (Abbildung 8.22).

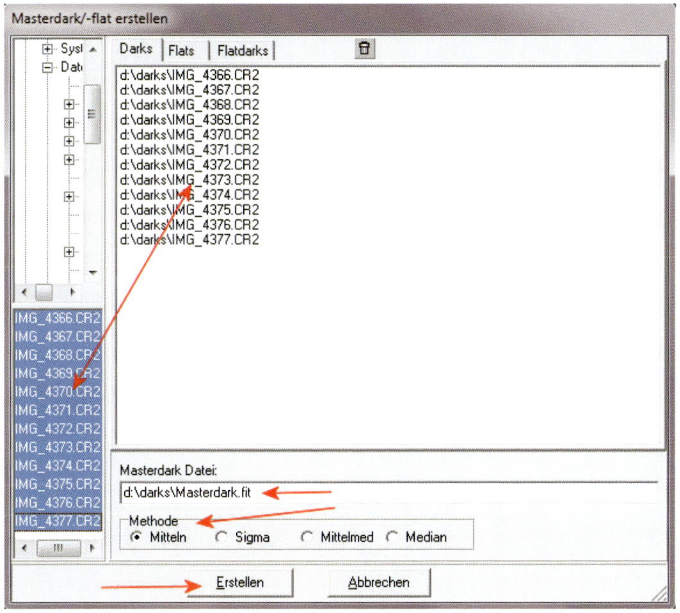

Abbildung 8.22
Masterdark erstellen

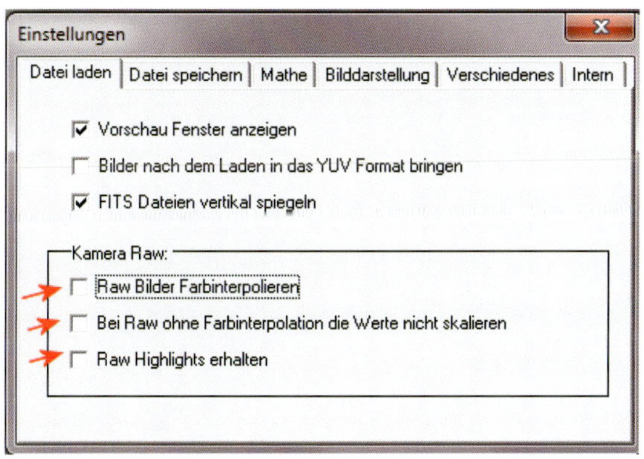

Abbildung 8.23
KAMERA-RAW-Einstellungen

Die Funktion MASTERDARK / -FLAT ERSTELLEN in Fitswork können Sie auch für die Erstellung eines Masterbias verwenden. Die Erstellung eines Masterflats funktioniert genauso. Auch für das Masterflat sollten Sie ein separates Masterdarkflat machen, das vom Masterflat abgezogen werden muss. Nach dem Abziehen des Masterdarkflats wird das Masterflat noch normalisiert. Dies können Sie mit der Fitswork-Funktion MASTERFLAT NORMALISIEREN durchführen. In der Batchfunktion von Fitswork können Sie nun die weitere Bildverarbeitung programmieren. Als Erstes müssen Sie, bei der Verwendung von RAW-Dateien, in Fitswork unter EINSTELLUNGEN alle Häkchen bei KAMERA-RAW entfernen (Abbildung 8.23).

Dann öffnen Sie ein beliebiges RAW-Bild aus Ihrer Aufnahmeserie und wählen im Menü unter BEARBEITEN|CCD ZU RGB-BAYER PATTERN. Speichern Sie die Datei nun als FCM-Datei (Abbildung 8.24).

Abbildung 8.24
Farb-CCD zu RGB

Sie brauchen diese FCM-Datei später für die Farbinterpolation.

Zur Korrektur der Lightframes ziehen Sie von jedem Lightframe den Masterbias ab. Von dem erhaltenen Bias-korrigierten Lightframe ziehen Sie wiederum das Masterdark ab. Stimmt die Temperatur zwischen Darks und Lights nicht überein, aktivieren Sie in Fitswork den Temperaturausgleich (Abbildung 8.25).

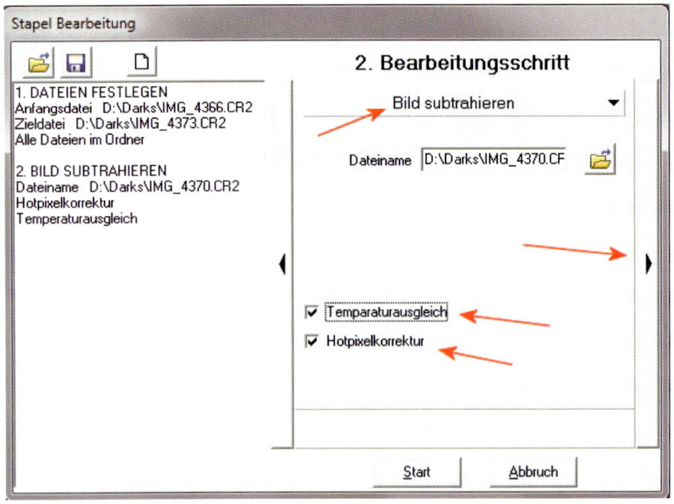

Abbildung 8.25
Temperaturausgleich

Nach dem Abziehen des Masterdarks dividieren Sie alle Lightframes durch ein Bias-korrigiertes Masterflat. Wählen Sie nun Ihre zuvor gesicherte Farbinterpolation (FCM-Datei) unter FUNKTIONEN AUSWÄHLEN, Menüpunkt FARB CCD NACH RGB. Als letzten Bearbeitungsschritt wählen Sie ZUR ZIELDATEI ADDIEREN. Wie schon bekannt, müssen Sie jetzt 2 oder 3 Sterne durch Aufziehen eines Rahmens aktivieren. Diese sollten möglichst weit auseinanderliegen. Starten Sie nun die Batchverarbeitung. Das Ergebnis sichern Sie wieder im TIFF-Format zur weiteren Bearbeitung in anderen Programmen.

Hier noch einmal die Arbeitsabläufe im Einzelnen:

1. Masterdark aus den Darkframes erstellen [F6]
2. Masterbias aus den Biasframes erstellen
3. Masterflats aus den Flatsframes erstellen
4. Farbinterpolations-Datei (*.fcm) erstellen
5. In Fitswork unter EINSTELLUNGEN alle Häkchen bei Kamera-RAW entfernen
6. Batchverarbeitung aufrufen [F5]
7. Mit Klick auf den rechten Pfeil geht es zum nächsten Bearbeitungsschritt.
8. Unter FUNKTION AUSWÄHLEN wird das Masterbias vom Lightframe subtrahiert.
9. Dann wird das Masterdark subtrahiert.
10. Evtl. Temperaturausgleich aktivieren
11. Alle Lightframes durch ein Bias-korrigiertes Masterflat dividieren
12. Die gesicherte Farbinterpolarisation (FCM-Datei) laden
13. Referenzsterne auswählen
14. Batchverarbeitung starten

8.4 DIE BILDBEARBEITUNG – WORKFLOW MIT PHOTOSHOP UND GIMP

Sollten Sie eine modifizierte DSLR für Ihre Aufnahmen benutzen, werden Sie von dem Ergebnis der in Fitswork gestackten Aufnahmen im ersten Moment enttäuscht sein. Das Ausgabebild der Stapelverarbeitung wird extrem rot sein. Dies können Sie nun mit einem Bildbearbeitungsprogramm beheben. Ich möchte Ihnen kurz zwei Wege aufzeigen. Einmal mit dem kostenpflichtigen Programm Photoshop (Elements) und einmal mit der Freeware Gimp. Starten wir mit Photoshop. In meinem Beispiel habe ich absichtlich ein anderes Motiv als zuvor gewählt. Es sollte ein sehr H-alpha-lastiges Bild sein, wobei die modifizierte Kamera zum Einsatz kam. Ich habe mich für den Orionnebel M42 entschieden. Das Beispielbild ist extrem rot. Im ersten, etwas komplizierteren Arbeitsschritt zeige ich eine Bearbeitungsvariante in Photoshop. Im zweiten Abschnitt eine viel einfachere, schnellere Bearbeitung mit der Freeware Gimp. Dort ist der Rotanteil im fertigen Bild auch etwas stärker ausgeprägt. Begleiten Sie mich nun auf meinem Workflow mit diesem Bild.

Starten Sie Photoshop und öffnen Sie das zu bearbeitende Bild. Auffallend ist der Versatz der Überlagerung oben und rechts am Bildrand (Abbildung 8.26).

Dies kommt von einer nicht genau nachgeführten Kamera (siehe Kapitel 3). Für die weitere Bildbearbeitung ist es erst einmal unerheblich, da das Bild zum Ende der Bearbeitung noch beschnitten wird. Duplizieren Sie zunächst das geladene Bild. So haben Sie später eine gute Möglichkeit eines Vorher-Nachher-Vergleichs (Abbildung 8.27).

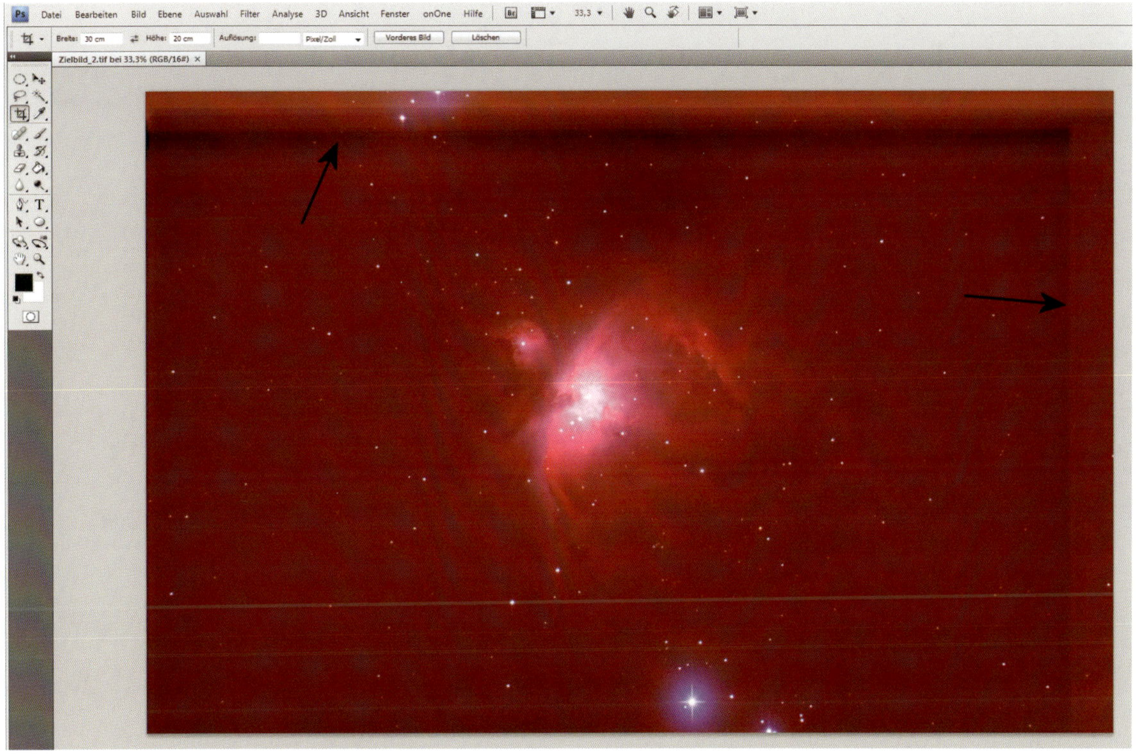

Abbildung 8.26
Das Ausgangsbild

Abbildung 8.27
Duplizieren Sie das Bild.

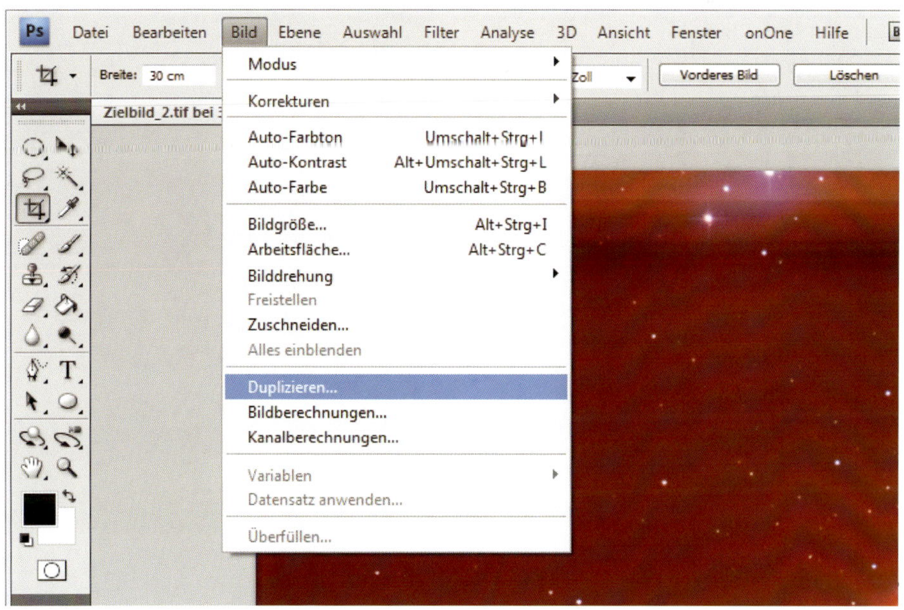

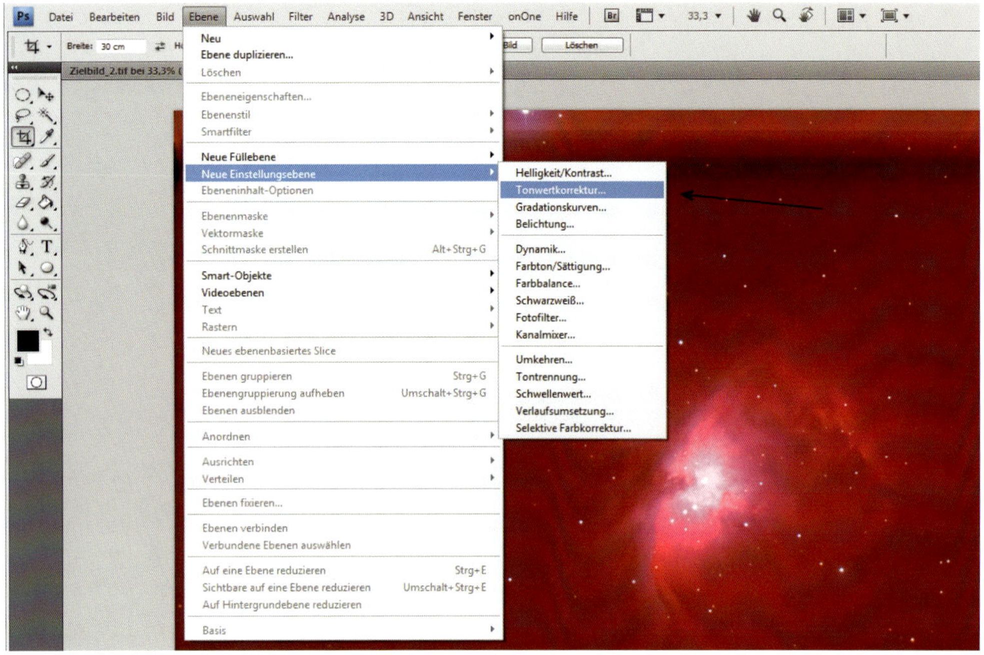

Abbildung 8.28
Die Tonwertkorrektur

Abbildung 8.29
Rotkanal bearbeiten

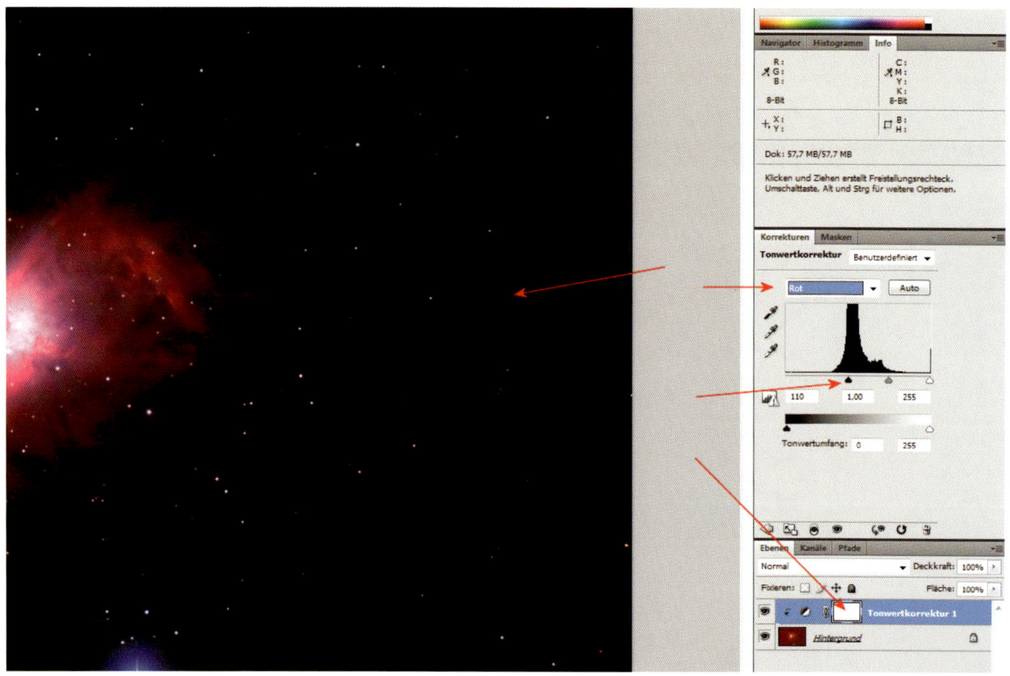

Führen Sie nun zuerst eine Tonwertkorrektur des Rotkanals durch. Dazu erstellen Sie eine neue Einstellungsebene Tonwertkorrektur unter Ebene|Neue Einstellungsebene|Tonwertkorrektur (Abbildung 8.28).

Im Arbeitsbereich Tonwertkorrektur wählen Sie den Rotkanal. Dann verschieben Sie die dunkle Markierung links unter dem Histogramm so weit nach rechts, bis der Bildeindruck in etwa dem der Abbildung 8.29 entspricht.

Durch Drücken von Strg+Shift+E reduzieren Sie die Einstellungsebene auf das kopierte Ausgangsbild (Hintergrund). Anschließend schalten Sie auf die Kanäle und wählen den Grünkanal. Der Grünkanal ist immer der Kanal mit den größten Schärfeinformationen (Abbildung 8.30).

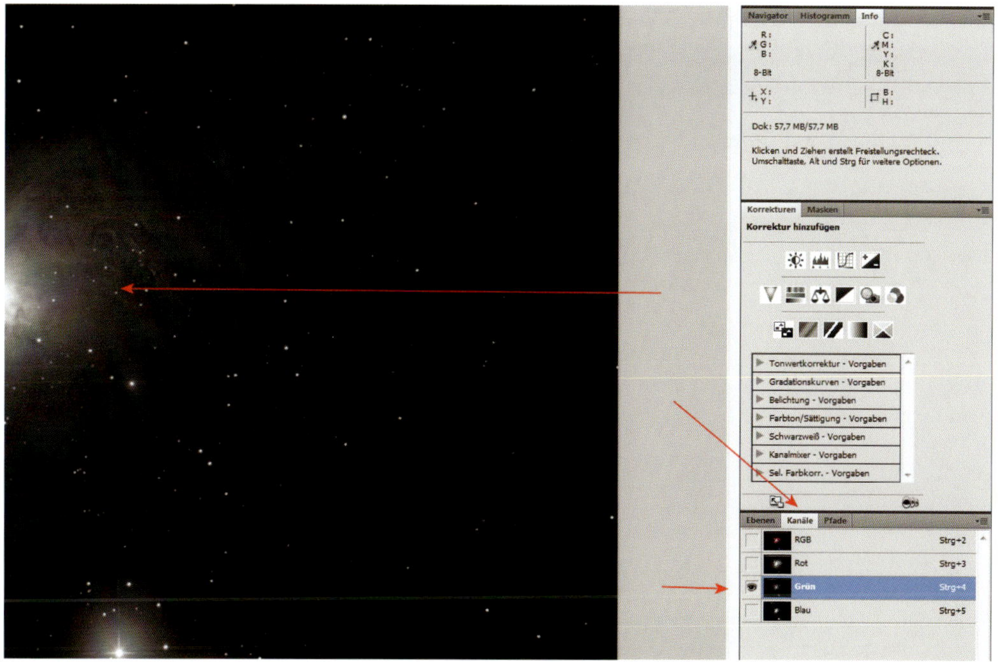

Abbildung 8.30
Der Grünkanal

Abbildung 8.31
Grünkanal schärfen

Diese Schärfe steigern Sie noch einmal mit dem Filter UNSCHARF MASKIEREN (Abbildung 8.31).

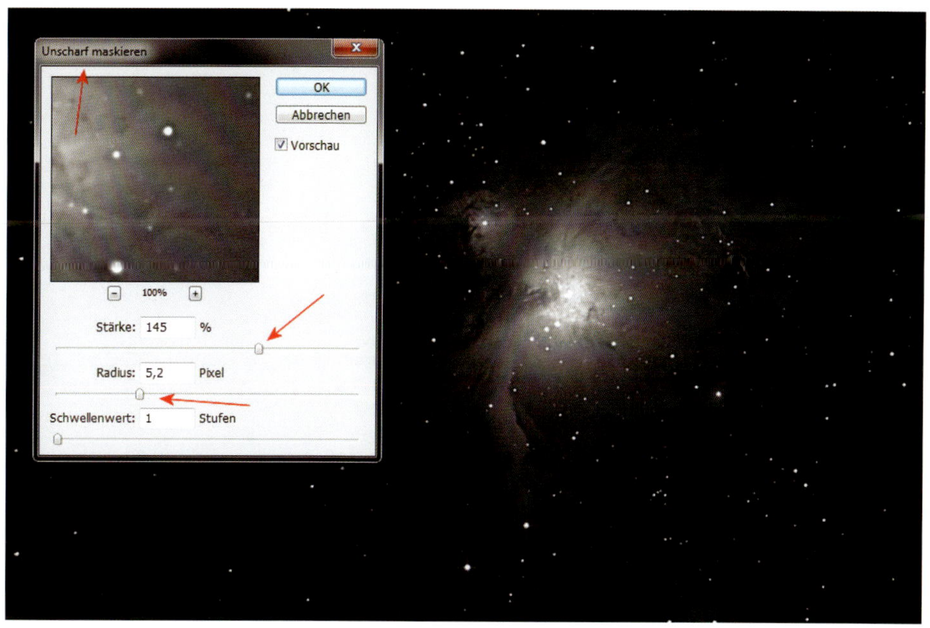

Mit Strg+A wählen Sie nun den gesamten Grünkanal aus. Mit Strg+C laden Sie den Grünkanal in den Zwischenspeicher. Erstellen Sie dann ein neues Bild mit leerem Inhalt. Dazu klicken Sie auf DATEI|NEU und bestätigen den Dialog mit OK. In diesem neuen Bild fügen Sie mit Strg+V den Grünkanal ein. Mit dem Rotkanal verfahren Sie genauso. Zuerst im kopierten Ausgangsbild auswählen, dann schärfen und im neuen Bild über den Grünkanal legen. Dies im Modus NORMAL mit einer Deckkraft von 50% (Abbildung 8.32).

Mit Strg+E reduzieren Sie alle Ebenen wieder auf die Hintergrundebene. Jetzt wieder mit Strg+A alles markieren, dann mit Strg+C in den Zwischenspeicher laden. Aktivieren Sie nun im duplizierten Ausgangsbild wieder alle Kanäle und fügen Sie das Bild aus dem Zwischenspeicher mit Strg+V ein. In Abbildung 8.33 sehen Sie das nun veränderte Bild.

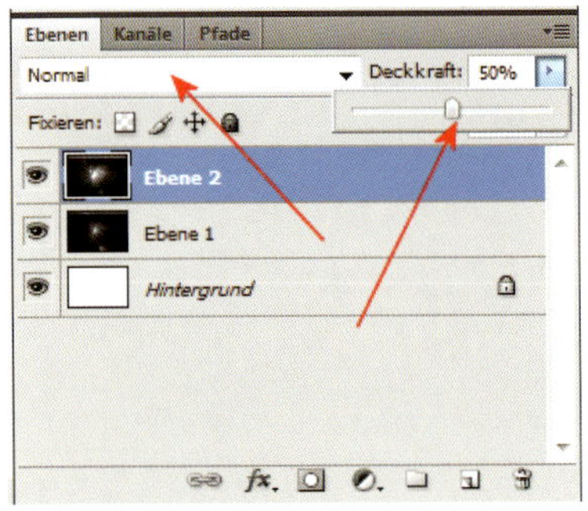

Abbildung 8.32
Deckkraft anpassen

Abbildung 8.33
Zwischenergebnis

Den Blaukanal mischen Sie mit dem Grünkanal genauso wie zuvor den Rotkanal. Um dem Bild noch etwas mehr Cyan in den Mitteltönen beizufügen, gehen Sie folgendermaßen vor: Kreisen Sie zunächst den sehr hellen Bereich des M42-Trapezes mit dem LASSOWERKZEUG bei einer weichen Auswahlkante (ca. 30%) ein. Kehren Sie dann die Auswahl um (Abbildung 8.34).

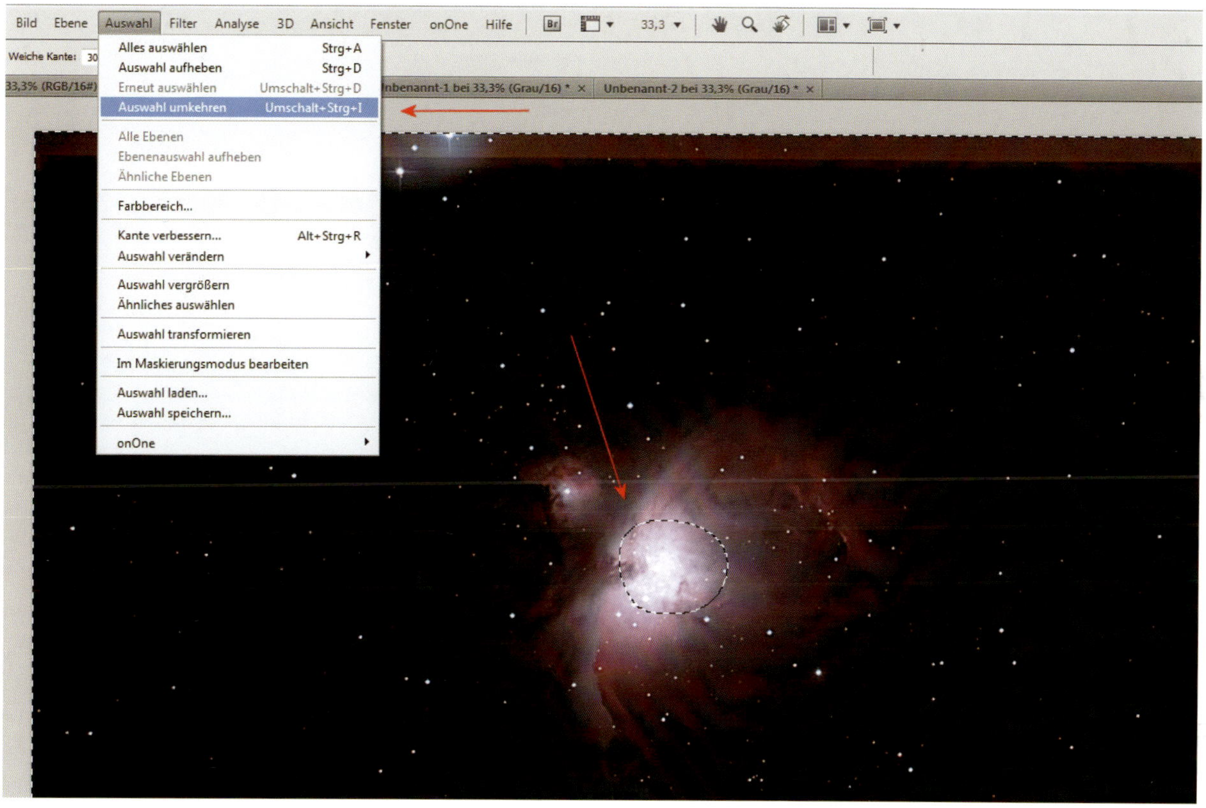

Abbildung 8.34
Auswahl umkehren

Nun wieder mit Strg+C kopieren, mit Strg+D die Auswahl aufheben und mit Strg+V bei einer Deckkraft von ca. 45% mit NEGATIV MULTIPLIZIEREN einfügen (Abbildung 8.35).

Abbildung 8.35
NEGATIV MULTIPLIZIEREN

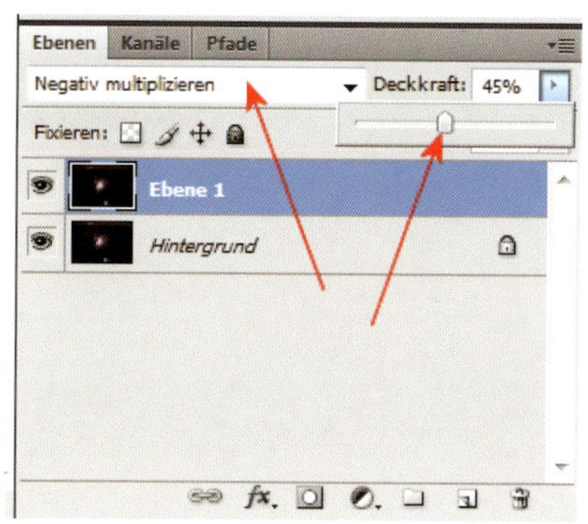

Abbildung 8.36 zeigt das Ergebnis der Bearbeitung. Der Ausschnitt wurde noch passend beschnitten und die Sterne etwas geschärft.

Die Bildbearbeitung mit Gimp ist, wenn Sie möchten, viel schneller erledigt. Natürlich könnten Sie die zuvor beschriebenen Arbeitsschritte auch in Gimp durchführen, ich möchte aber noch eine andere Bearbeitung aufzeigen. Starten Sie Gimp und öffnen Sie das Ausgangsbild. Zunächst folgt ein Hinweis, dass Gimp nur 8-Bit-Bilder verarbeiten kann. Dies können Sie mit OK bestätigen (Abbildung 8.37).

Unter FARBEN|KURVEN können Sie zunächst die Farbwerte etwas anheben (Abbildung 8.38).

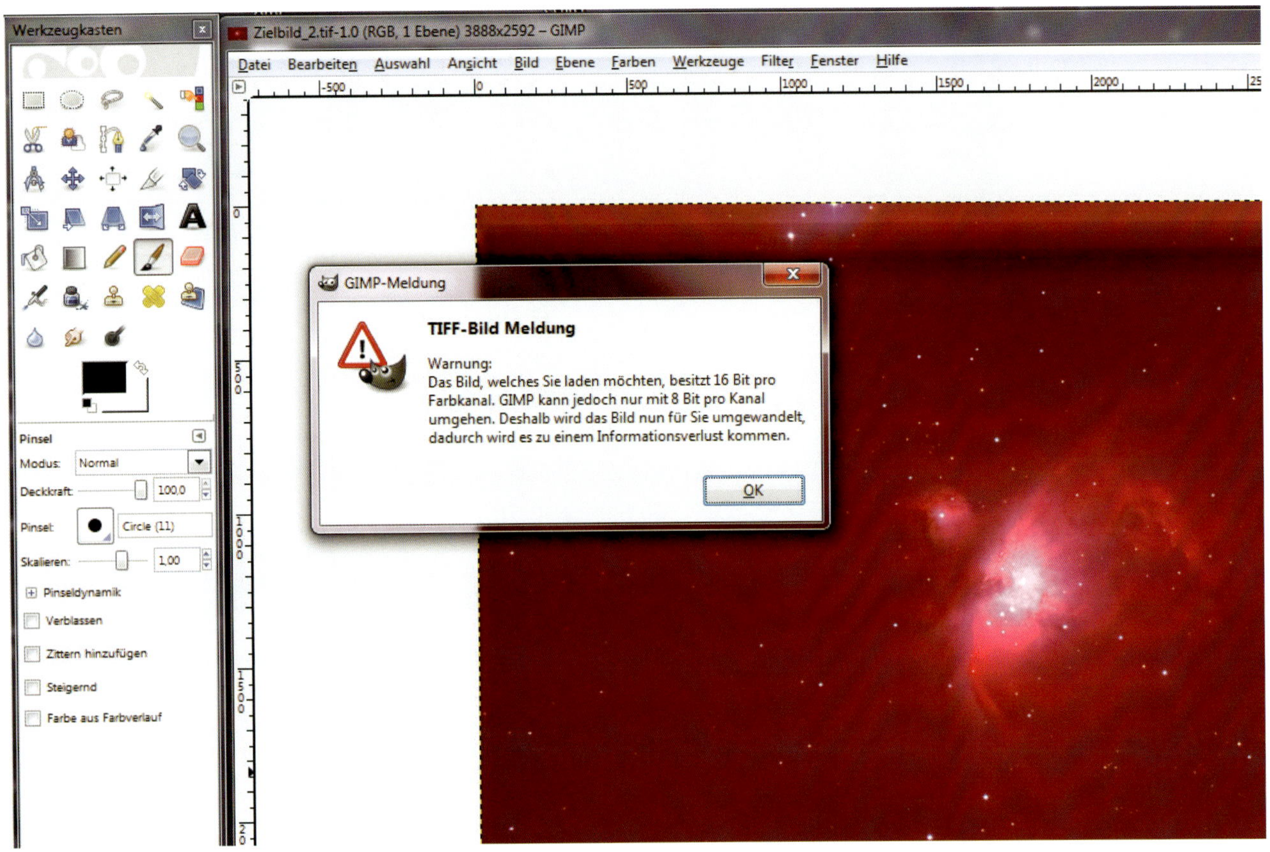

Abbildung 8.36
Der fertige Orionnebel, ausgeschnitten

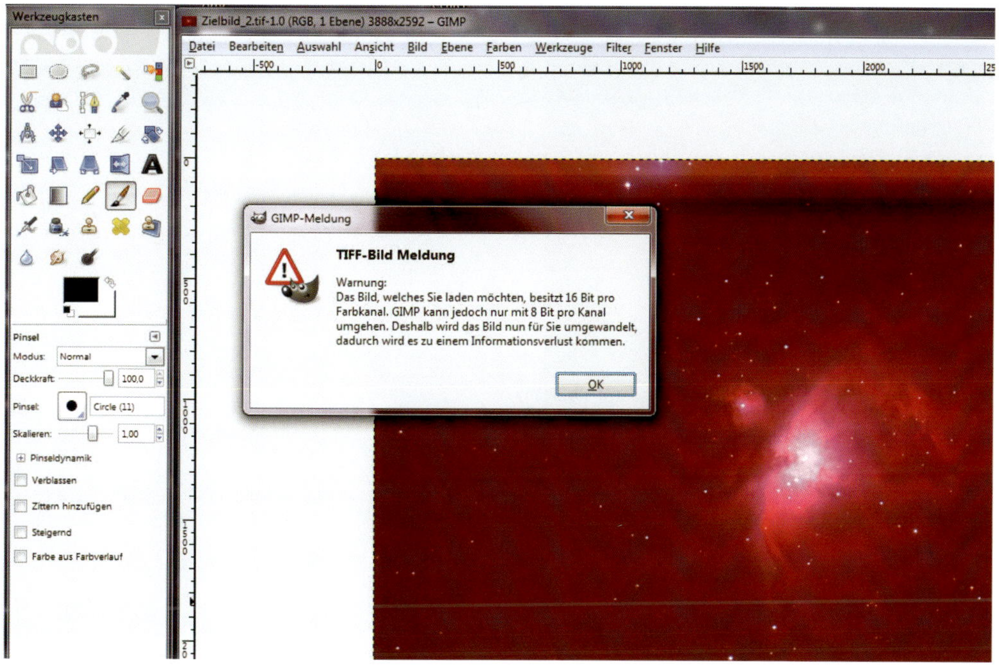

Abbildung 8.37
Bild laden und den Dialog mit OK bestätigen

Abbildung 8.38
Farbwerte anheben

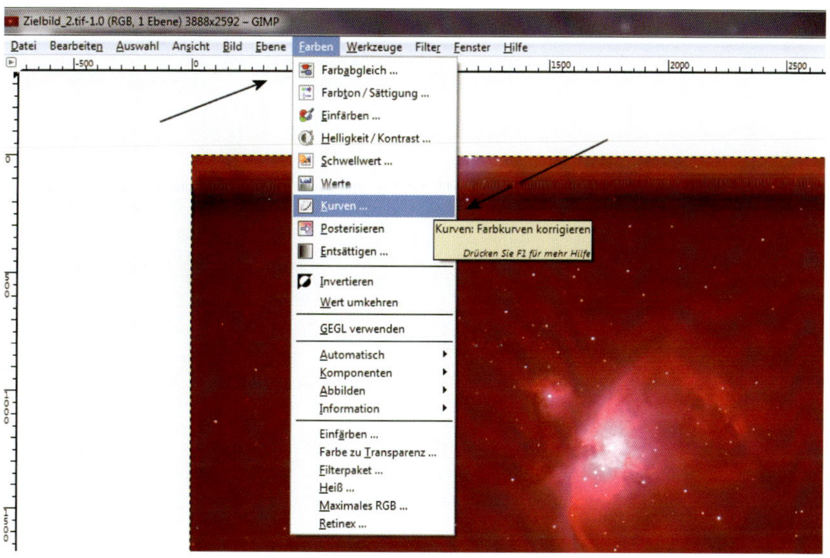

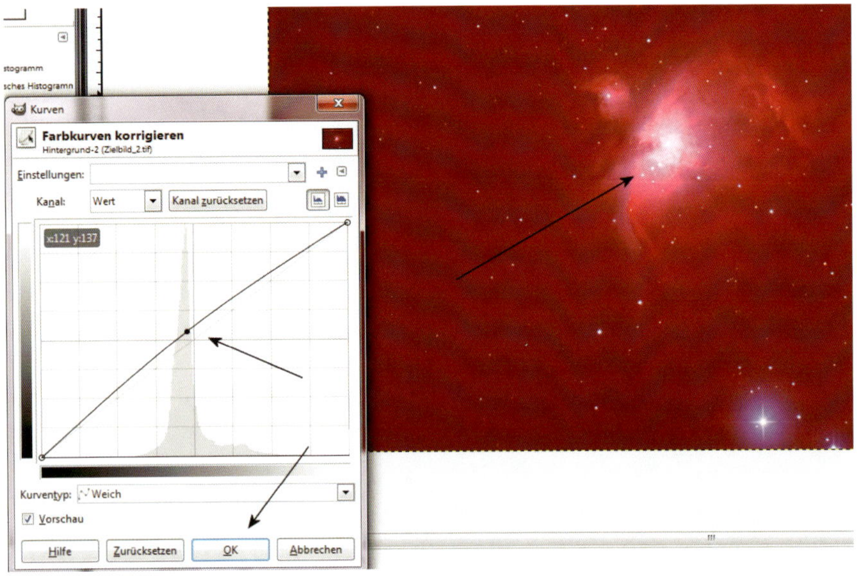

Abbildung 8.39
Kurve verschieben

Dies erscheint auf den ersten Blick falsch, wozu noch mehr Rot? Sie heben im Bild alle Farbinformationen mit Verschieben der Kurve etwas an, nicht nur den Rotkanal. Erfolgt dieser Schritt vor den noch folgenden, ist das Endergebnis oftmals besser. Deshalb führe ich diesen Schritt immer zuerst aus (Abbildung 8.39).

Jetzt geht es ans Bearbeiten der Farbwerte. Klicken Sie dazu auf FARBEN|WERTE und passen Sie die Farbwerte an.

Im sich öffnenden Bearbeitungsfenster wählen Sie mit der Maus die linke Pipette (blauer Pfeil in Abbildung 8.40).

Die linke Pipette steht für die Schwarzwerte, die mittlere für Grautöne und die rechte für Weißwerte. Ist die Pipette aktiviert, klicken Sie in dem Bild auf eine freie Fläche im Hintergrund, die schwarz sein soll. Der Hintergrund wird nun schwarz. Leider etwas zu schwarz, deshalb sollten Sie ihn etwas aufhellen. Dazu schieben Sie den Regler ZIELWERTE etwas nach rechts. In diesem Beispiel auf 23%.

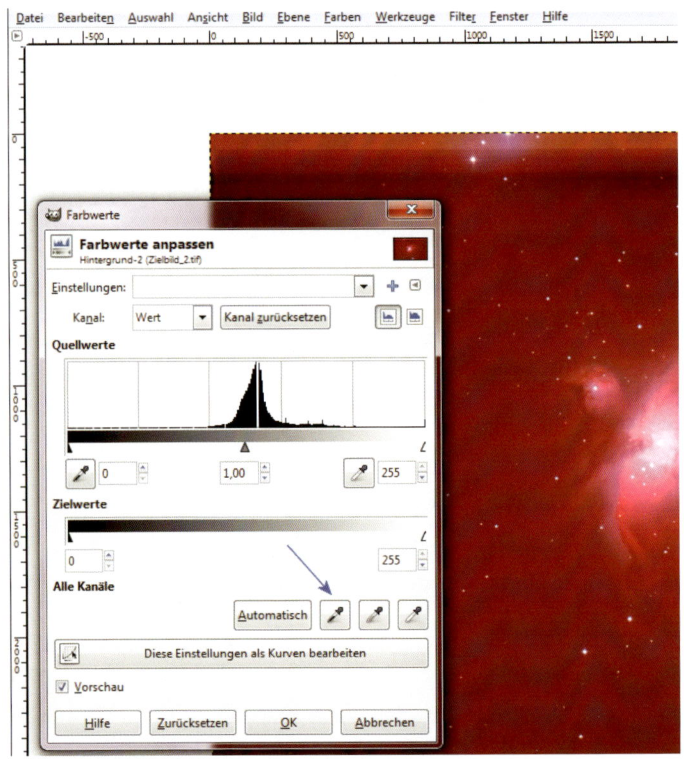

Abbildung 8.40
Farbwerte bearbeiten

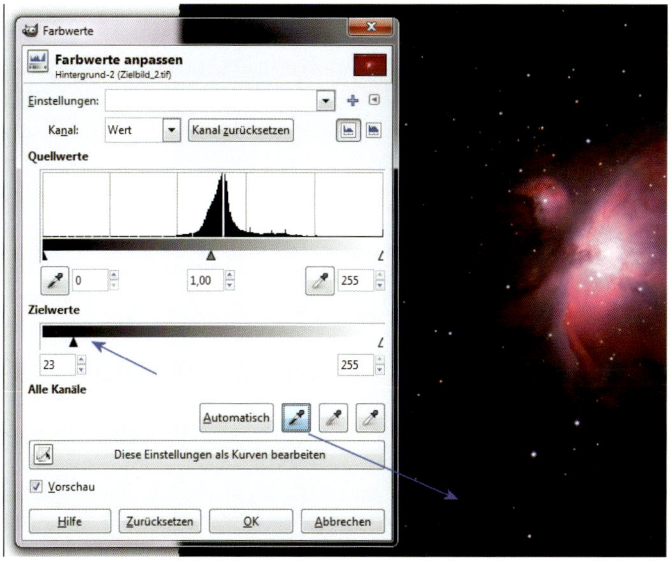

Abbildung 8.41
Schwarzwert auswählen

Die Grundbearbeitung des Bildes ist nun fertig. Jetzt können Sie noch weitere kleine Korrekturen vornehmen, wie Farbbalance, Sättigung, Schärfe usw. Experimentieren Sie ruhig etwas mit den Einstellungen. Sie werden schnell herausfinden, was Ihnen am besten gefällt bzw. was dem tatsächlichen Aussehen des Motivs entspricht.

Ein anderer Weg, die sehr roten Bilder einer umgebauten DSLR in normale Farben zu bringen, ist die Korrektur des Weißabgleichs bei der RAW-Entwicklung. Dies können Sie wunderbar mit dem Programm Lightroom 4 oder dem Adobe-RAW-Konverter erreichen. Korrigieren Sie den Weißabgleich zunächst bei allen RAW-Dateien und speichern Sie die entwickelten Bilder als TIFF-Datei. Die Stabelverarbeitung der Bildüberlagerung (das Stacken der Bilder in Fitswork) führen Sie dann mit den TIFF-Dateien durch.

8.5 DIE BILDBEARBEITUNG – WORKFLOW MIT DSS

DSS steht für DeepSkyStacker. Es ist ein Freeware-Bildbearbeitungsprogramm für Astrofotografen. Damit können Sie eine ganze Bildserie automatisch verarbeiten. Registrierung, Sternerkennung, automatische Bildung und Verarbeitung von Darkframes und Flatframes, subpixelgenaues Ausrichten und Stacken – um nur einige der vielen Möglichkeiten zu nennen, die DSS beherrscht. Das Programm ist so umfangreich, dass hier nur ein kleiner Bereich der Anwendung angeschnitten wird. Sie sollten, wenn Sie das Programm nutzen möchten, unbedingt die umfangreiche Anleitung studieren. Zu Beginn der Bildverarbeitung sollten Sie alle zu stackenden Bilder einer Fotoserie in einen separaten Ordner legen. Auf diesen greifen Sie dann zu und öffnen in DSS alle Bilder. Dies geschieht unter dem Punkt LIGHTFRAMES ÖFFNEN. Haben Sie Darks, Flats oder Offsets, können Sie diese ebenfalls in DSS laden. Danach geht es zur Registrierung der Frames und den dortigen Einstellungen (Abbildung 8.42).

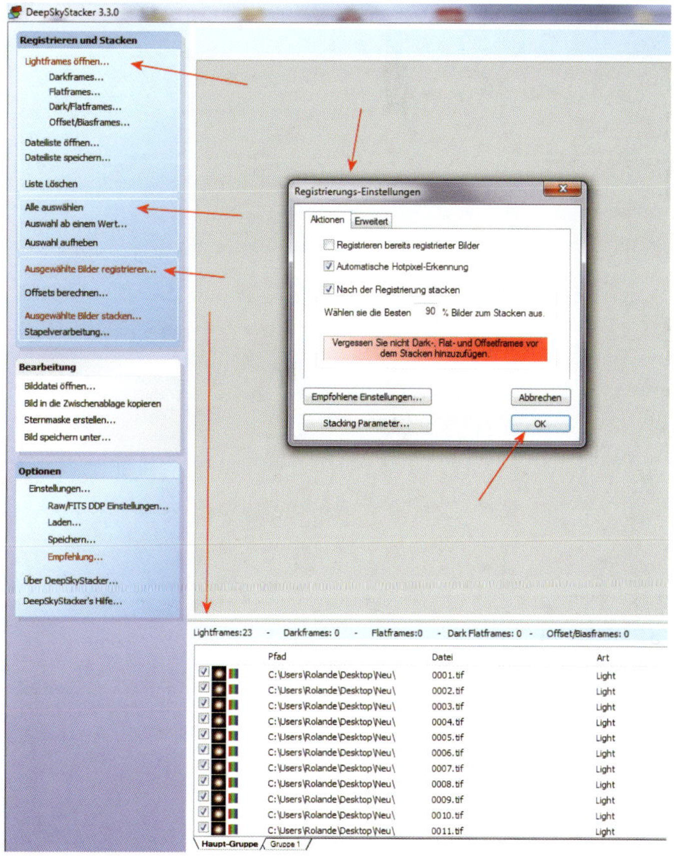

Abbildung 8.42
Frames öffnen und registrieren

Danach sollten Sie die Einstellungen der Stacking-Parameter vornehmen (Abbildung 8.43 bis Abbildung 8.46).

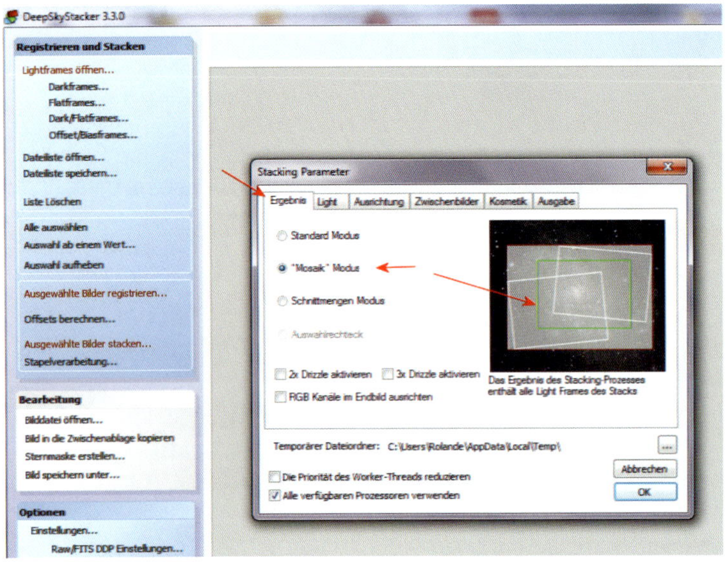

Abbildung 8.43
Im Beispiel: der Mosaikmodus

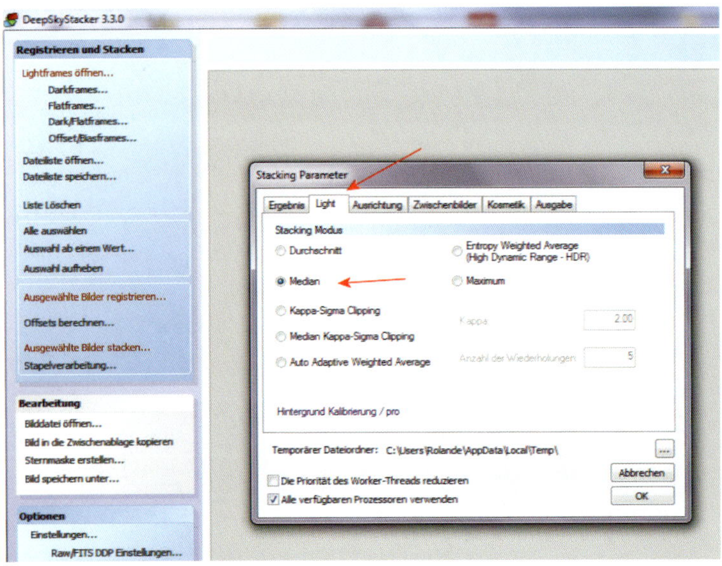

Abbildung 8.44
Einstellung: Median

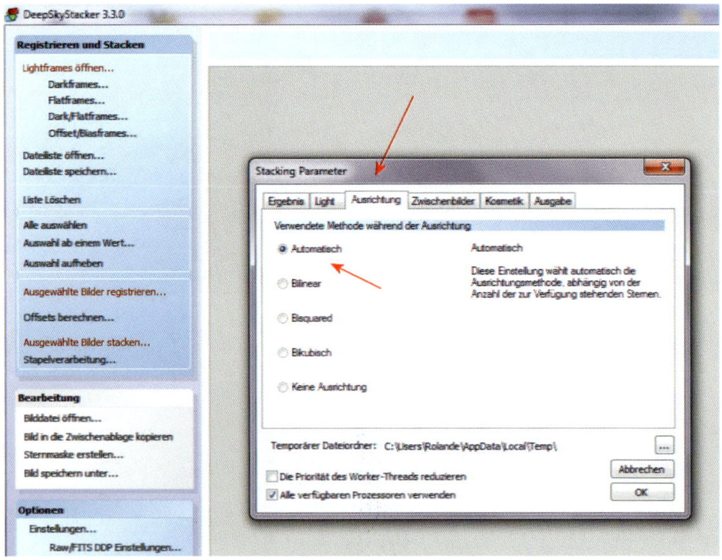

Abbildung 8.45
Ausrichtung: Automatisch

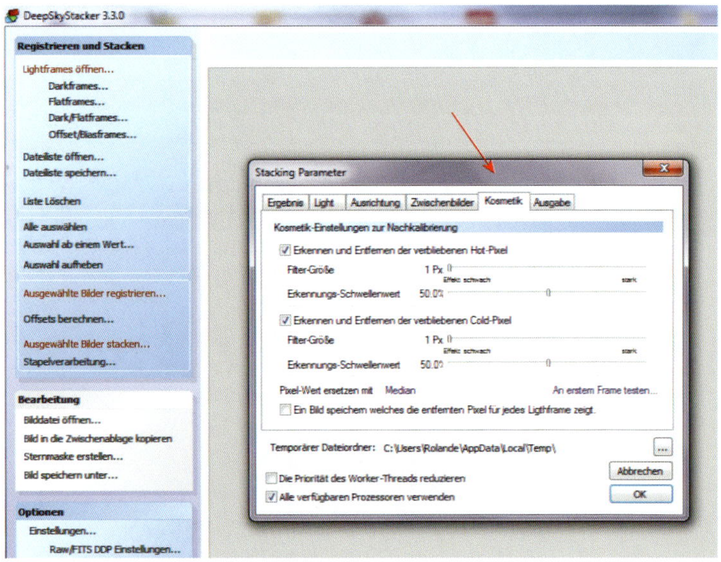

Abbildung 8.46
Bildkosmetik

Anschließend werden Ihnen noch einmal die einzelnen Stacking-Schritte in einer Übersicht gezeigt (Abbildung 8.47).

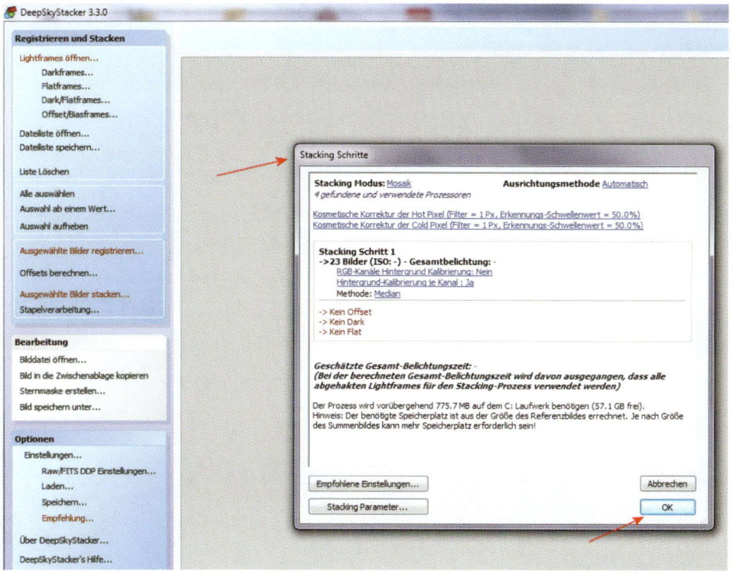

Abbildung 8.47
Die Übersicht vor der Batchverarbeitung

Ist alles zu Ihrer Zufriedenheit eingestellt, starten Sie die Batchverarbeitung. Nach einiger (Rechen-)Zeit erscheint das Ergebnis. Lassen Sie sich von dem oft sehr hellen Bild nicht abschrecken. Speichern Sie dieses als TIFF und laden Sie es in Fitswork. In Fitswork bearbeiten Sie nun das Histogramm. Ziehen Sie dazu das Histogramm etwas nach rechts und Sie erkennen sofort, wie sich der Hintergrund des Bildes abdunkelt und das Motiv hervortritt. Die weitere Bearbeitung des Bildes haben Sie bereits kennengelernt. Es folgt eine Tonwert- und Gradationsanpassung sowie die Schärfung in Photoshop oder Gimp.

8.6 DAS ENTFERNEN VON STERN-HALOS

Je nach verwendeter Aufnahmeoptik können unerwünschte farbige, meist blaue, Farbsäume (sogenannte Halos) um die Sterne entstehen. Diese können Sie leicht mit einem Bildbearbeitungsprogramm entfernen. Im folgenden Beispiel zeige ich eine Möglichkeit auf, diese mit Photoshop verschwinden zu lassen. Öffnen Sie zunächst Photoshop und öffnen Sie das zu bearbeitende Bild (Abbildung 8.48 – Ausgangsbild).

Abbildung 8.48
NGC 7000 – das Ausgangsbild

Klicken Sie auf AUSWAHL|FARBBEREICH WÄHLEN und nehmen Sie die Farben mit der PIPETTE in der Auswahl auf. Die Toleranz des Farbereichs setzen Sie auf 35–40. Nach dem Bestätigen des Dialogs mit OK sollten möglichst viele Halos markiert sein (Abbildung 8.49).

Jetzt sollten Sie die Auswahl noch etwas erweitern. Eine Pixelanzahl von 5 bis 6 reicht meistens aus (Abbildung 8.50).

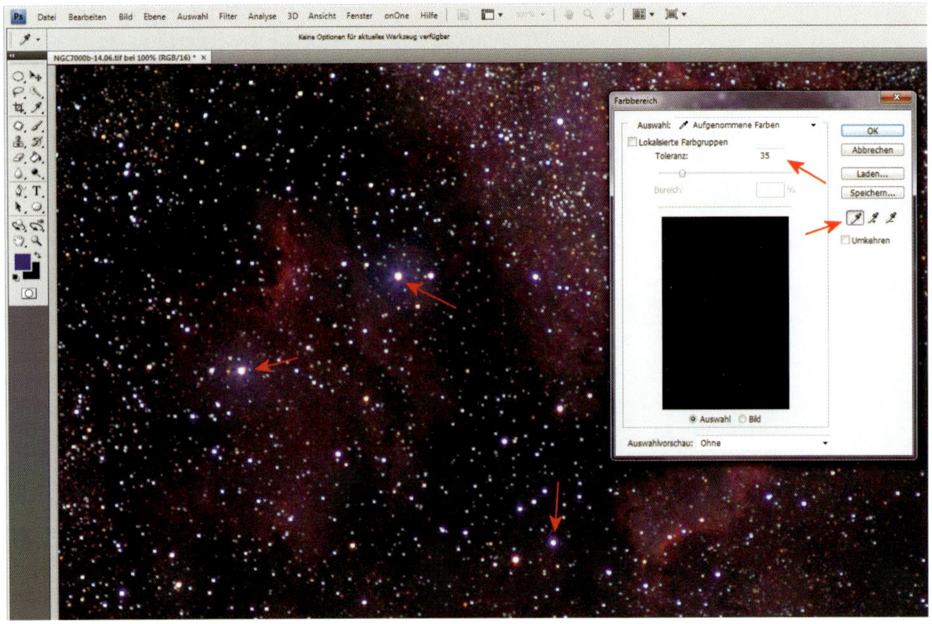

Abbildung 8.49 Halos markieren

Abbildung 8.50 Auswahl erweitern

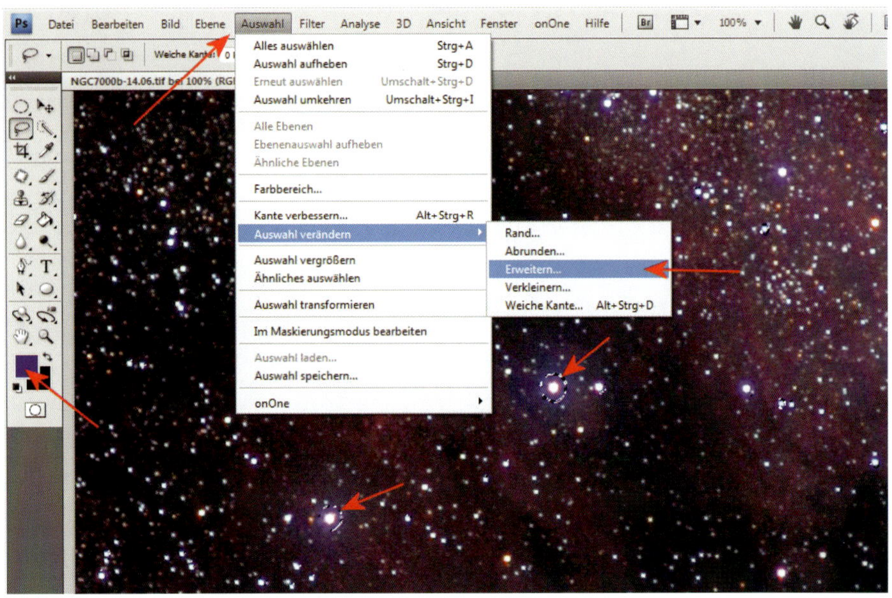

Unter AUSWAHL VERÄNDERN|WEICHE KANTE runden Sie die Auswahl noch etwas ab. Ein Wert von 1 bis 2 Pixel reicht hier aus. Mit Strg+H können Sie, um die weitere Bearbeitung besser beurteilen zu können, die Auswahllinien verbergen. Weiter geht es mit der Anpassung der Farbtonsättigung. Klicken Sie auf BILD|KORREKTUREN|FARBTON/SÄTTIGUNG und wählen Sie wieder mit dem PIPETTENWERKZEUG die Farben einiger Halos. Im Bildbeispiel sind dies überwiegend Blautöne (Abbildung 8.51).

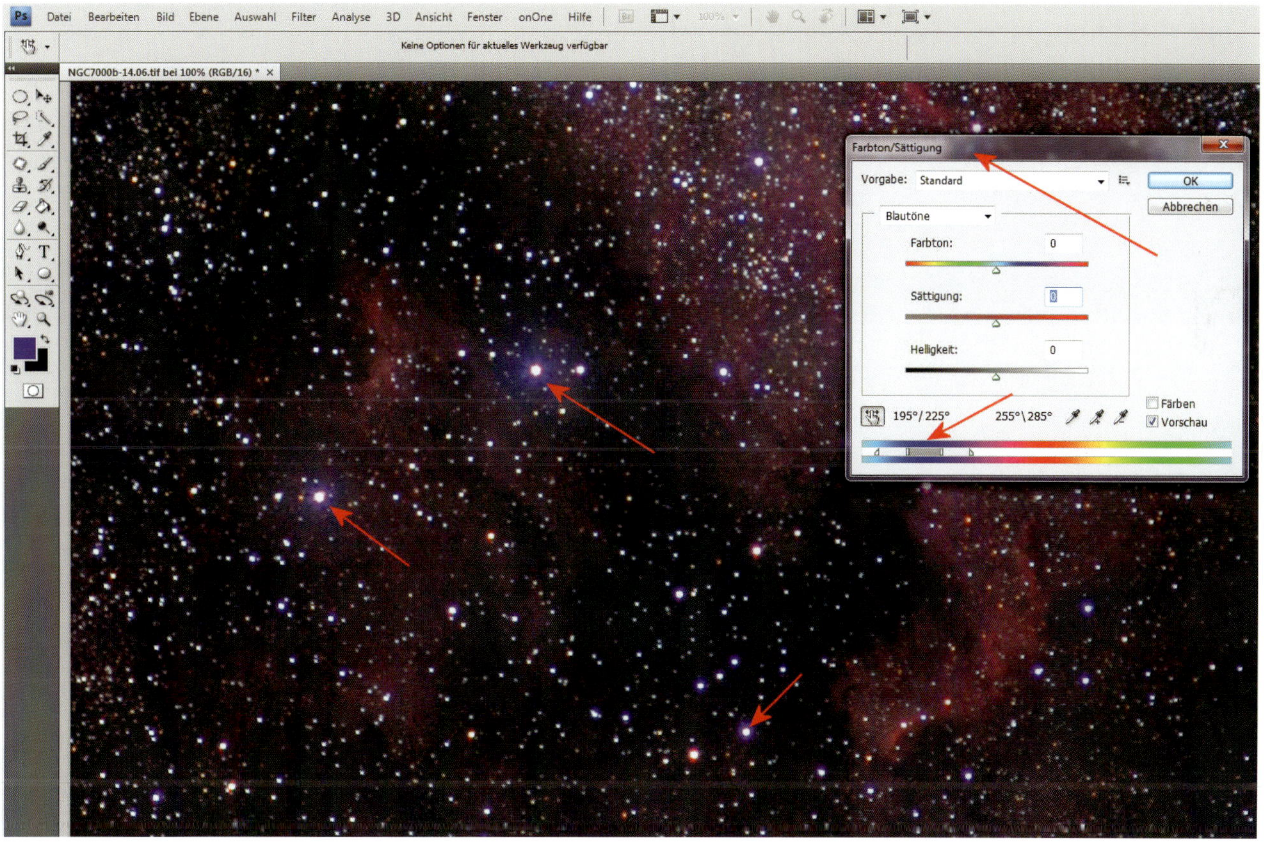

Abbildung 8.51
Die Sättigung reduzieren

Die Sättigung sowie die Helligkeit können Sie nun mit den Schiebereglern im Dialogfenster so weit reduzieren, dass die Halos möglichst verschwinden. Beinhaltet Ihr Bild verschiedenfarbige Halos, so wiederholen Sie die zuvor beschriebenen Arbeitsschritte mit einer anderen Farbe (hier im Bildbeispiel mit den Lilatönen). Abbildung 8.52 zeigt einen vergrößerten Bildausschnitt vor der Bearbeitung.

Nach der Bearbeitung sieht das Bild so aus wie in Abbildung 8.53 bzw. Abbildung 8.54.

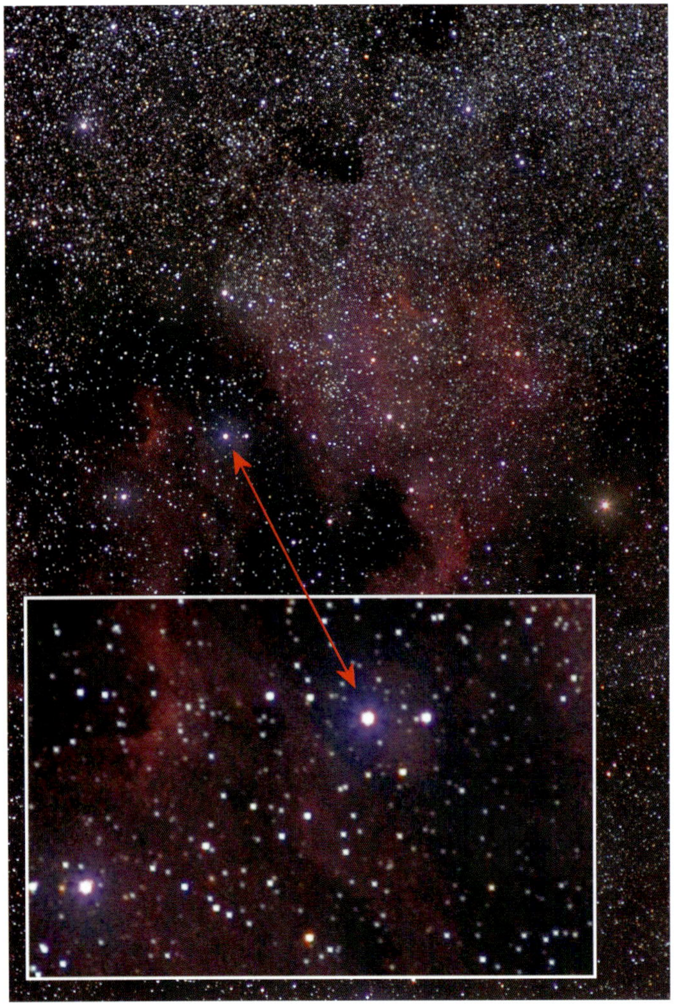

Abbildung 8.52
Halos vor der Bearbeitung

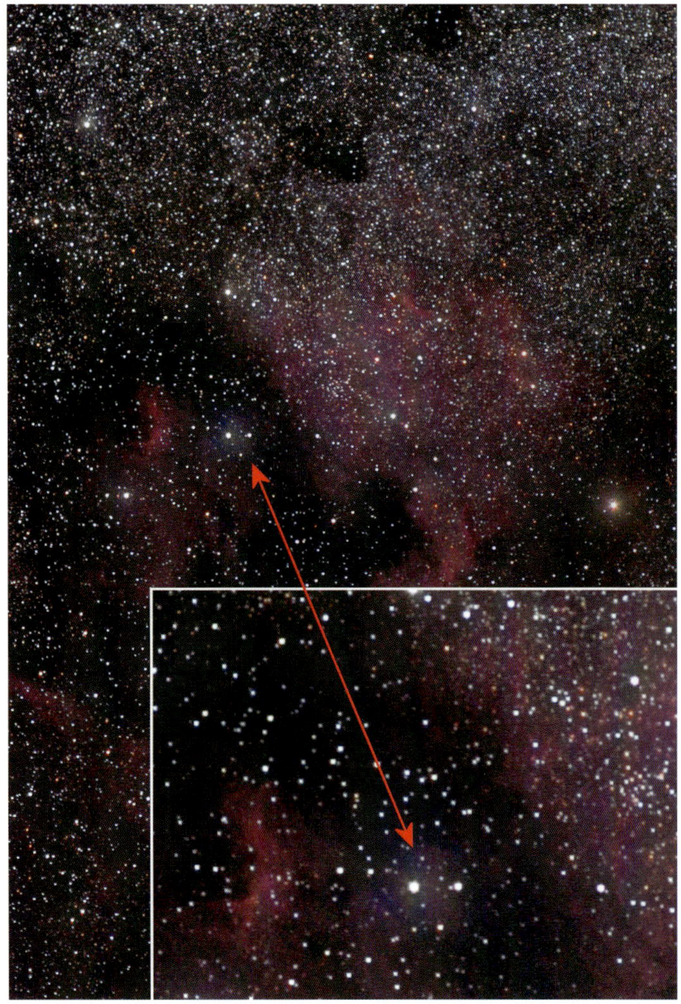

Abbildung 8.53
Die Halos um die Sterne sind verschwunden.

Abbildung 8.54
Das fertig bearbeitete Bild,
ohne Halos.
Foto vom 14.06.2009

Bilder nachträglich schärfen

Die nachträgliche Bildschärfung mit dem Filter UNSCHARF MASKIEREN haben Sie an anderer Stelle schon kennengelernt. Bei einigen Motiven zeigt der Hochpass-Filter allerdings bessere Ergebnisse. Gehen Sie dazu folgendermaßen vor: Duplizieren Sie die Hintergrundebene des in Photoshop geöffneten Bilds (Abbildung 8.55).

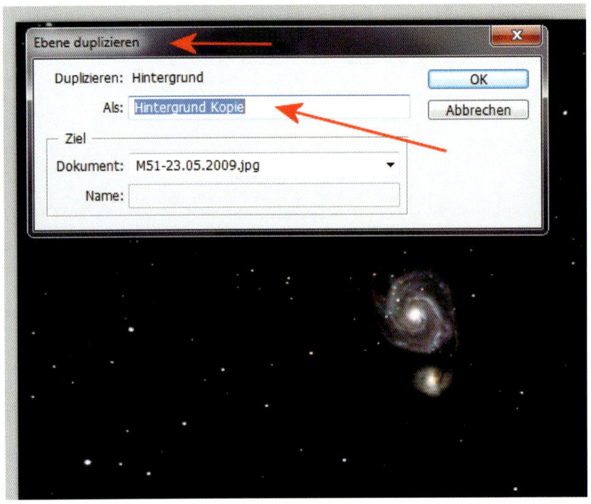

Abbildung 8.55
Hintergrund duplizieren

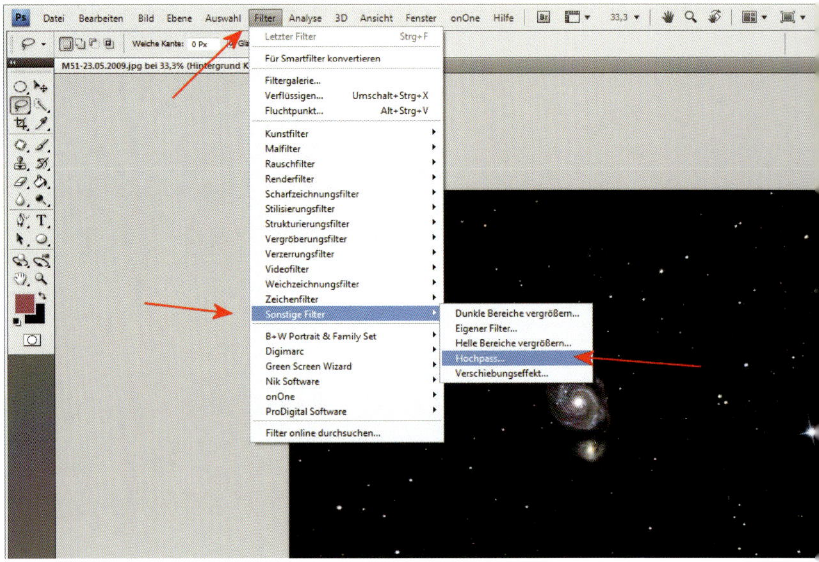

Abbildung 8.56
HOCHPASS-FILTER auswählen

Anschließend wählen Sie den Hochpass-Filter unter FILTER|SONSTIGE FILTER|HOCHPASS-FILTER aus (Abbildung 8.56).

Der Pixelradius sollte so gewählt werden, dass das zu schärfende Objekt gerade sichtbar ist. Im Bildbeispiel sind das 2,2 Pixel (Abbildung 8.57).

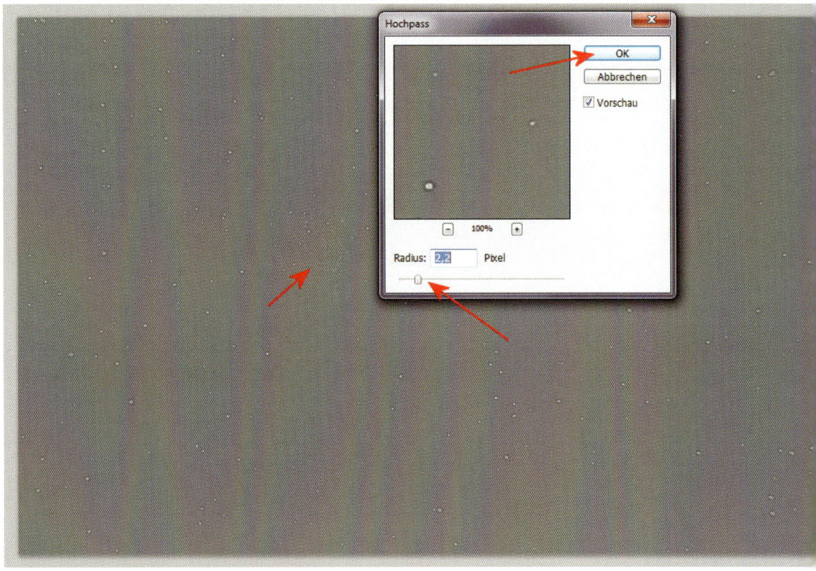

Abbildung 8.57
Pixelradius bestimmen

Als Blendmodus kommt jetzt die Funktion INEINANDERKOPIEREN zum Einsatz (Abbildung 8.58).

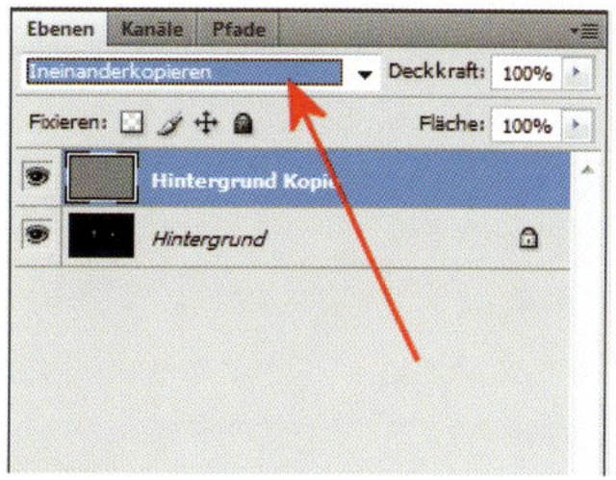

Abbildung 8.58
INEINANDERKOPIEREN

Über die Deckkraft können Sie nachträglich noch die Stärke der Scharfzeichnung anpassen. Mit [Strg]+[Shift]+[E] reduzieren Sie alles auf die Hintergrundebene. Abbildung 8.59 zeigt das fertige Bild.

Abbildung 8.59
M51 aufgenommen am 23.05.2009

8.7 FILTER

Das Angebot an Filtern für die Astrofotografie ist nahezu unerschöpflich. Kurz möchte ich allerdings auf die Nebelfilter eingehen. Nebelfilter, auch Interferenzfilter genannt, dienen der kontraststeigernden Darstellung von Nebeln. Schwache Bereiche von Nebeln werden mit diesen Filtern bei entsprechender Belichtungszeit erst richtig sichtbar. Diese Filter lassen nur einen sehr engen Bereich des Spektrums passieren, die übrigen Wellenlängen werden blockiert. Je enger dieser Bereich ist, umso besser ist der Filter, was sich allerdings auch im Preis niederschlägt. Andere Wellenlängenbereiche schwächt dieser Filter ab oder blockiert sie ganz. Der HII-Filter lässt im Idealfall nur das Licht *des zum Leuchten angeregten Wasserstoffs* passieren. Die Wasserstoffgebiete können so kontrastreicher abgebildet werden. Dieser Filter ist gut geeignet für Emissionsnebel. Ein anderer interessanter Filter ist der OIII-Filter. Dieser Filter lässt nur das Licht *des zum Leuchten angeregten Sauerstoffs* passieren. Er kommt bei planetarischen Nebeln zum Einsatz. Ein weiterer Vorteil bei der Verwendung von Nebelfiltern ist die Tatsache, dass die künstlichen Lichtquellen der Stadt absorbiert werden. Bei entsprechend langer Belichtung sind so Aufnahmen möglich, als würden Sie bei einem dunklen Sternenhimmel ohne Stadtlichtaufhellung fotografieren. Hierzu sind die sogenannten Breitbandfilter geeignet. Diese blockieren gezielt die Wellenlängen der Natrium- und Quecksilberdampflampen, also die Hauptverursacher der künstlichen Himmelsaufhellung. Ein sehr guter Filter zur Kontraststeigerung ist der IDAS LPS P2-Nebelfilter. Mit ihm können Sie nicht nur den Kontrast von Gas- und planetarischen Nebeln, sondern auch den von Sternhaufen und Galaxien steigern. Für Mond und Planeten empfiehlt sich der UCF2-Universal-Kontrastfilter. Die Kontraste werden verstärkt und das Bild gewinnt an Schärfe. Für die Fotografie mit monochromen CCD-Kameras gibt es spezielle Filtersets, die die Filterfarben Rot, Grün und Blau in einem Schuber oder Filterrad zur Verfügung stellen. Diese RGB-Interferenzfilter ermöglichen Farbaufnahmen mit einer S/W-CCD-Kamera. Sie liefern bei entsprechender Bildbearbeitung hervorragende Ergebnisse.

Mit dem Thema Filter könnte man ein ganzes Buch füllen, was jetzt sicherlich zu weit gehen würde. Ich wollte Ihnen nur kurz einige Möglichkeiten aufzeigen. Im Laufe Ihrer astrofotografischen Laufbahn werden Sie sicherlich viele verschiedene Filter kennenlernen und verwenden. Sie werden einige Filter sicherlich nicht mehr missen wollen.

Gegen Ende dieses Kapitels stelle ich Ihnen noch die Arbeitsweise mit Schmalbandfiltern vor, mit denen es Ihnen möglich ist, die Farbpalette des Hubble-Teleskop nachzuempfinden.

8.8 BEISPIELBILDER – TEIL 1

Abbildung 8.60 und Abbildung 8.61 zeigen den *Flammennebel* NGC2024 im Sternbild Orion und daneben den *Pferdekopfnebel* B33. Der Pferdekopfnebel ist ein Dunkelnebel, eine Staubwolke, die vor dem Emissionsnebel IC434 steht und ihn abdunkelt. IC434 leuchtet im roten Licht des einfach ionisierten Wasserstoffs. Der helle Stern rechts neben NGC2024 ist Alnitak. Alnitak ist der linke der drei Sterne im Gürtel des Orion und über 81.000 Lichtjahre von uns entfernt. Die Aufnahmen entstanden mit einer modifizierten Canon EOS 1000D direkt aus einem Stadtgebiet mit lichtverschmutztem Himmel.

Abbildung 8.60
Region um IC434 – Aufnahme vom 06.09.2011

Abbildung 8.61
Region um IC434 – Aufnahme vom 25.01.2012

Die Galaxiengruppe *Leo Triplet* besteht aus drei völlig unterschiedlichen Galaxien. Die Galaxien bilden eine reale Gruppe in einer Entfernung von ca. 35 Millionen Lichtjahren. M65 und M66 sind bereits in kleineren Teleskopen gut sichtbar, NGC3628 (links auf dem Bild) ist bereits ein anspruchsvolles Objekt, das einen dunklen Nachthimmel benötigt. Die Aufnahmen (Abbildung 8.62) entstanden am 18.03.2012.

Abbildung 8.62
Leo Triplet

Abbildung 8.63
Der Rosettennebel – Aufnahme vom 20.11.2012

Der *Rosettennebel* NGC2237 ist ein großer diffuser Emissionsnebel mit dem offenen Sternhaufen NGC2244 im Sternbild Einhorn (Abbildung 8.63 bis Abbildung 8.65).

Abbildung 8.64
Der Rosettennebel – Aufnahme vom 20.11.2012 (ausgeschnitten)

Abbildung 8.65
Der Rosettennebel vom 22.02.2012

Abbildung 8.66
Messier 1

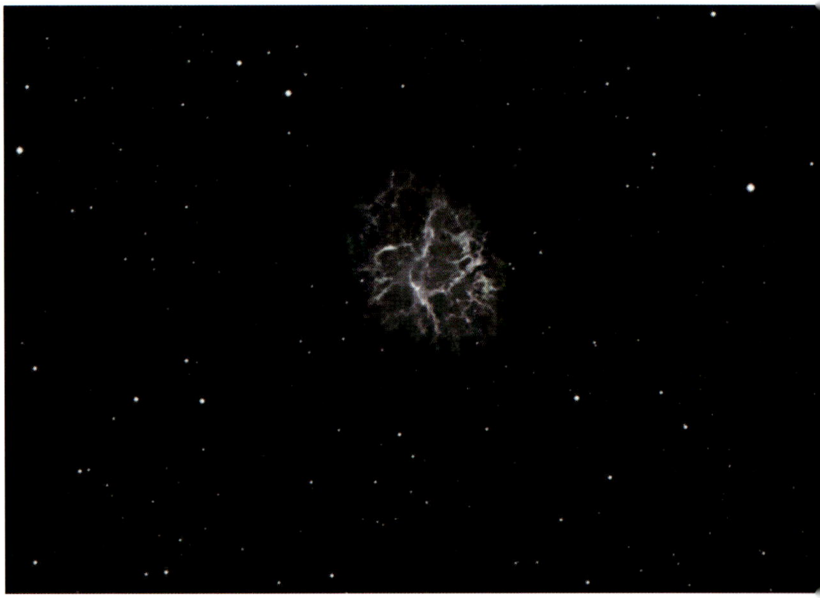

Abbildung 8.65 zeigt die gleiche Region, aufgenommen am 22.02.2012.

Der *Krebsnebel* ist ein Supernova-Überrest im Sternbild Stier, auch bezeichnet als Messier 1. Zu sehen in Abbildung 8.66, entstanden am 19.01.2013 als Luminanz-Aufnahme mit einer CCD-Kamera.

Interessante Fotomotive sind auch die Sternhaufen. Als Foto-Ziel genannt sei an dieser Stelle *Messier 13*.

Abbildung 8.67
Messier 13 vom 22.03.2012 aufgenommen mit einer DSLR

Abbildung 8.68
Messier 13 vom 03.03.2012 aufgenommen mit einer Farb-CCD

8.9 WEITERE BEISPIELBEARBEITUNGEN

Das Bildbearbeitungsprogramm *PixInsight 1.8* ist ein mächtiges Werkzeug für die Bearbeitung astronomischer Aufnahmen. Es ist so komplex und umfangreich, dass ich hier nicht mal einen Bruchteil dessen aufzeigen kann, was es vermag. Ich möchte es aber nicht unerwähnt lassen und es Ihnen an einem kleinen Beispiel vorstellen. Am Anfang des Kapitels habe ich kurz erwähnt, wie wichtig Flatfield-Aufnahmen sind bzw. was sie bewirken – haben Sie allerdings keine Flatfield-Aufnahmen gemacht, kann z.B. PixInsight mit einem künstlichen Flat helfen. Dies möchte ich kurz vorstellen:

Nach dem Programmstart von PixInsight (kurz PI) öffnen Sie Ihr Ausgangsbild. Dies ist meist ein aus vielen Einzelbildern gestacktes (überlagertes) Summenbild. Dieses Überlagern wurde bereits mit den Programmen Fitswork und DSS vorgestellt. Mit PI können Sie dies selbstverständlich auch – aber in dem folgenden Bearbeitungsbeispiel soll es um etwas anderes gehen: den künstlichen Flat. Mit dieser Technik können Sie zwar nicht die Bildstörungen, die vom Staub auf dem Kamerasensor entstanden sind, beseitigen, allerdings die inhomogene Aufhellung des Himmels sowie Vignettierungen der Optik ausgleichen und entfernen. Schauen Sie sich dazu zunächst Abbildung 8.69 an. Sie zeigt die Spiralgalaxie *Messier 33* (M33) auch bekannt als *Dreiecksnebel* bzw. *Triangulumnebel*. Mit einer Helligkeit von 5.7 mag ist sie, nach M31, die zweithellste Spiralgalaxie am Himmel. Aber zurück zur Bildbearbeitung.

Im Bereich der roten Pfeile sehen Sie deutlich eine Bildaufhellung. Diese gilt es nun mit PI zu beseitigen.

Abbildung 8.69
Ausgangsbild mit starken Vignettierungen an den Bildrändern

Nachdem Sie das Ausgangsbild in PI geladen haben, klicken Sie auf PROCESS/BACKGROUNDMODELIZATION/AUTOMATICBACKGROUND-EXTRACTOR (erst auf 1, dann auf 2 bei Abbildung 8.70).

Es öffnet sich nun ein weiteres Fenster: der AUTOMATIC BACKGROUND EXTRACTOR (1 – Abbildung 8.71).

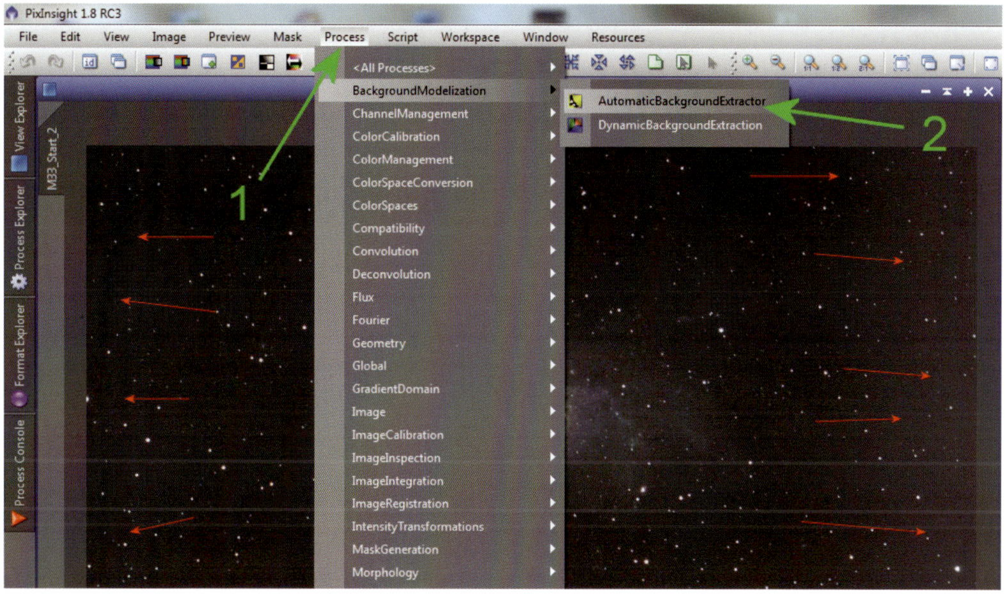

Abbildung 8.70
BACKGROUND MODELIZATION

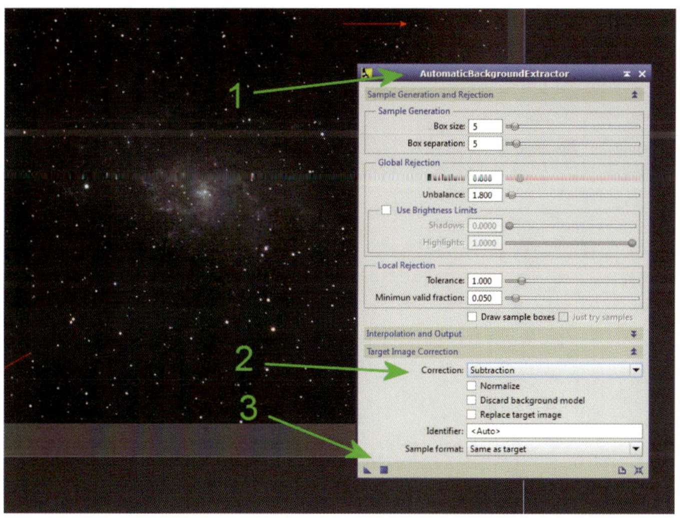

Abbildung 8.71
Der AUTOMATIC BACKGROUND EXTRACTOR

Abbildung 8.72
Messier 33

Klicken Sie hier zunächst auf TARGET IMAGE CORRECTION und wählen Sie dann unter CORRECTION: SUBSTRACTION (2). Starten Sie die Bearbeitung mit einem Klick auf das kleine QUADRAT (3). Abbildung 8.72 zeigt ein mögliches Ergebnis. Deutlich ist der geglättete Hintergrund zu erkennen und verleiht dem Bild die nötige Harmonie. Das Endbild ist mit Photoshop anschließend noch etwas nachbearbeitet, um die Galaxie etwas besser zu erkennen.

8.10 BEISPIELBILDER – TEIL 2

Der *Hantelnebel* (Messier 27 oder NGC6853) ist ein +7,3 mag heller planetarischer Nebel im Sternbild Fuchs. Der Zentralstern ist ein Weißer Zwerg von +14 mag. Dieser hat eine Temperatur von 85.000 Kelvin. Die Entfernung zu uns beträgt ca. 1360 Lichtjahre.

Abbildung 8.73
M27 vom 26.05.2012

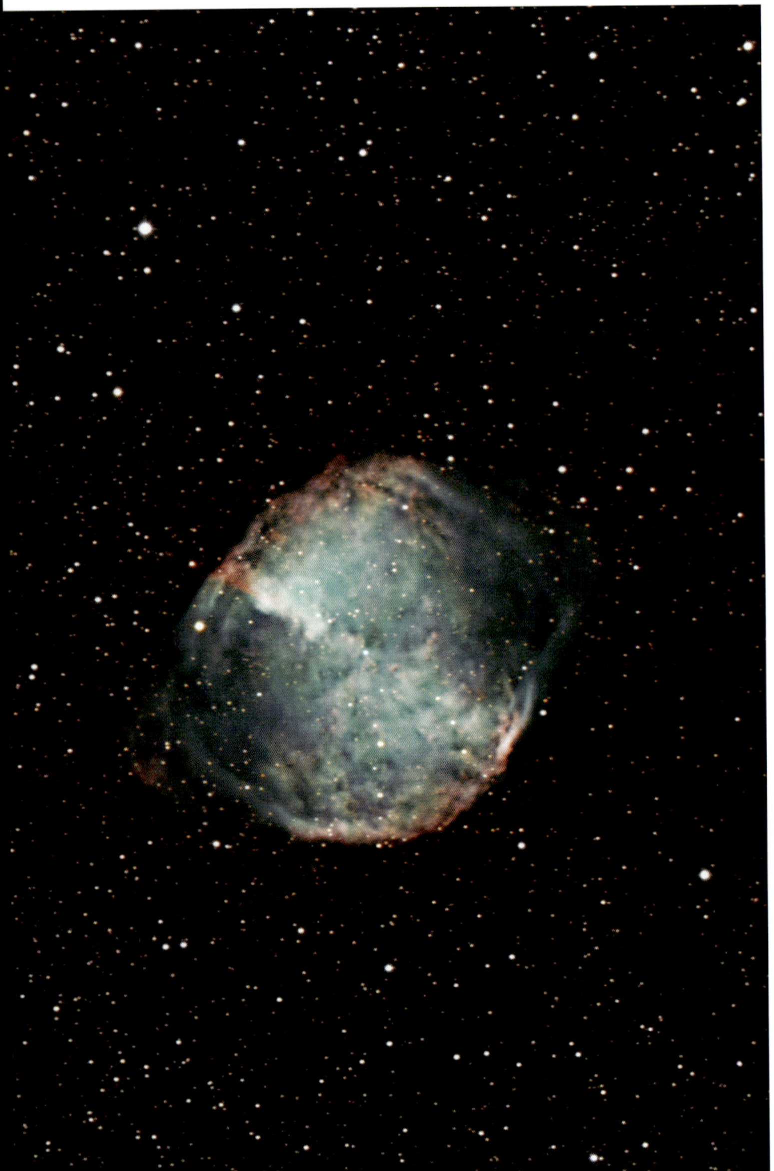

Abbildung 8.74
M27 vom 26.05.2012

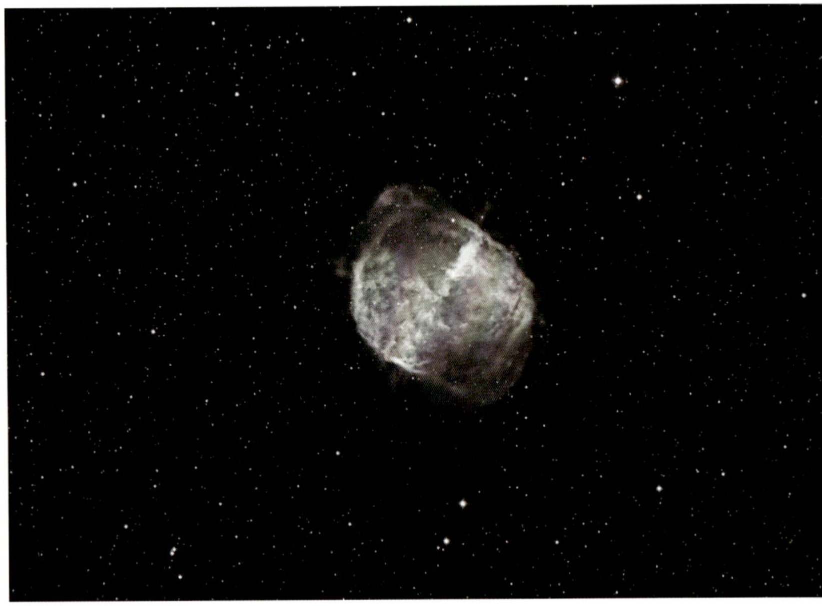

Abbildung 8.75
M27 H-alpha-Aufnahme vom 26.05.2012

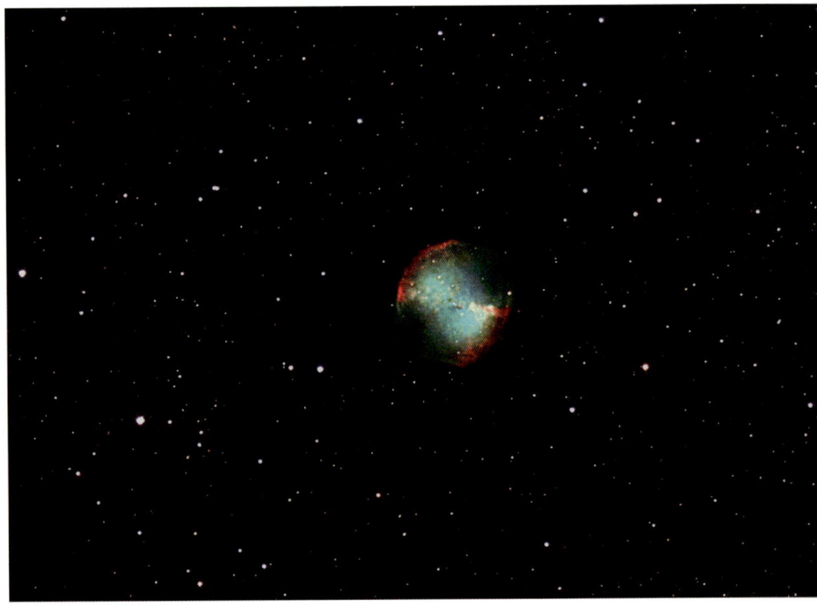

Abbildung 8.76
M27 vom 24.07.2012

Abbildung 8.77
M27 vom 23.07.2012

Abbildung 8.78
Ausschnitt der Abbildung 8.77

Abbildung 8.79
M27 vom 24. + 27.07.2012

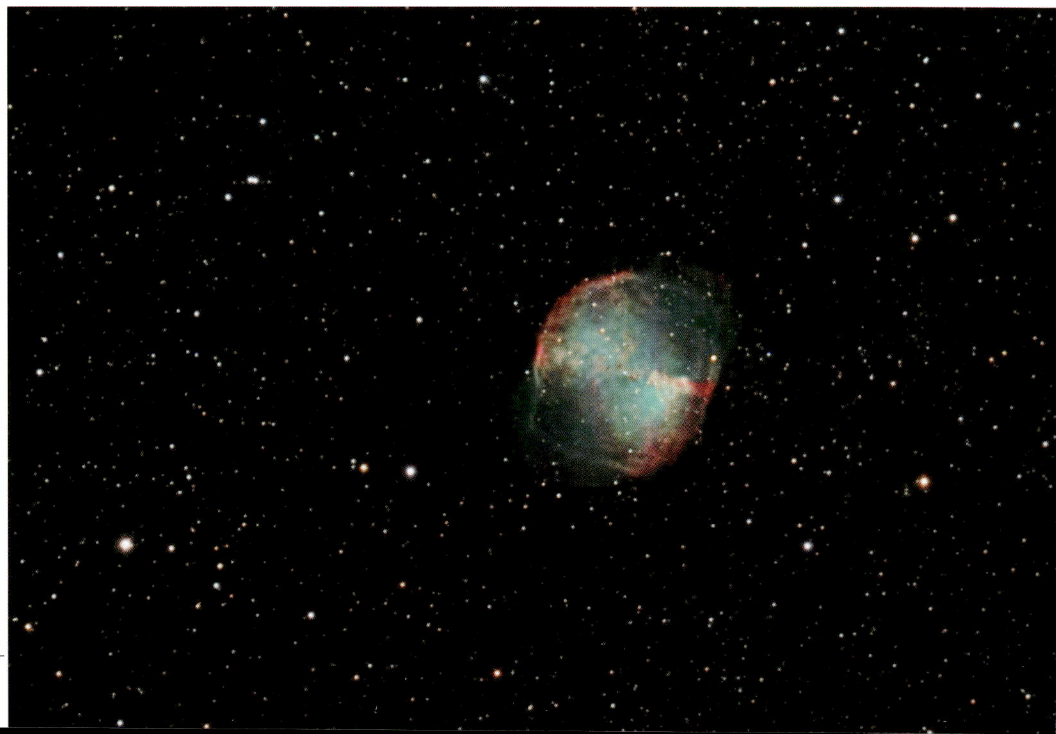

Nordamerikanebel (NGC 7000) ist die Bezeichnung eines diffusen Gasnebels im Sternbild Schwan. Seine Form ähnelt einer Landkarte des nordamerikanischen Kontinents. Der Nebel ist mit 120 mal 100 Bogenminuten sehr weit ausgedehnt. Seine Entfernung wird auf zwischen 2.000 und 3.000 Lichtjahre geschätzt. Der Nebel besteht überwiegend aus ionisiertem Wasserstoff, das in der H-alpha-Aufnahme – Abbildung 8.80 – schön zur Geltung kommt.

Abbildung 8.80
NGC7000 H-alpha- Aufnahme vom 23.04.2012

Abbildung 8.81
NGC 6960 vom 24.06.2012

Abbildung 8.82
NGC 6960 vom 28.05.2011

Der *Cirrusnebel* (engl. Veil nebula) ist eine Ansammlung von Emissions- und Reflexionsnebeln, die sich in einer Entfernung von ca. 1.500 Lichtjahren im Sternbild Schwan befinden. Sie sind zusammen der Überrest einer Supernova, die vor ca. 18.000 Jahren stattfand. Der Nebel setzt sich aus den Teilen NGC 6960, NGC 6974, NGC 6979, NGC 6992, NGC 6995 und IC 1340 zusammen.

Abbildung 8.83
NGC 6960 vom 10.08.2012

Abbildung 8.84
NGC 6992 vom 18.07.2012

Abbildung 8.85
NGC 6992 vom 28.02.2011

Abbildung 8.86
NGC 6992 vom 23.08.2012

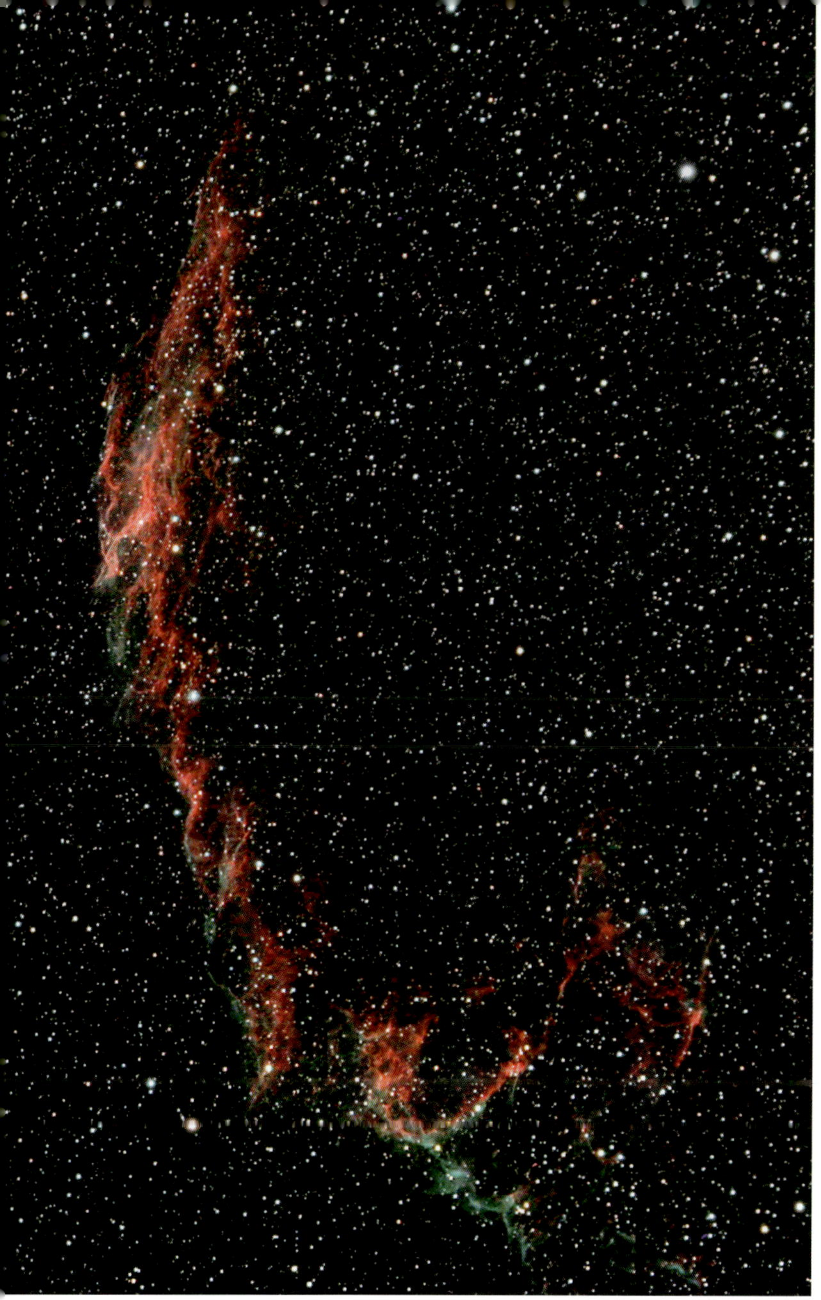

Abbildung 8.87
NGC 6992 vom 25.05.2911

Der *Adlernebel* ist ein Emissionsnebel, aus dem sich ein offener Sternhaufen bildet (M16). Er besteht hauptsächlich aus Wasserstoff. Der ca. 20 Lichtjahre große Nebel enthält Staubsäulen, die bis zu 9,5 Lichtjahre lang sind und an deren Spitze sich neue Sterne befinden, weshalb sie auch *Säulen der Schöpfung* getauft wurden. Das mittlere Alter der Sterne liegt bei etwa 800.000 Jahren. Das Alter der jüngsten Sterne wird auf 50.000 Jahre geschätzt, was bedeutet, dass die Sterne sehr jung sind. Der Adlernebel ist etwa 7.000 Lichtjahre von der Sonne entfernt.

Abbildung 8.88
Die Säulen der Schöpfung im H-alpha-Licht – Aufnahme vom 04.08.2012

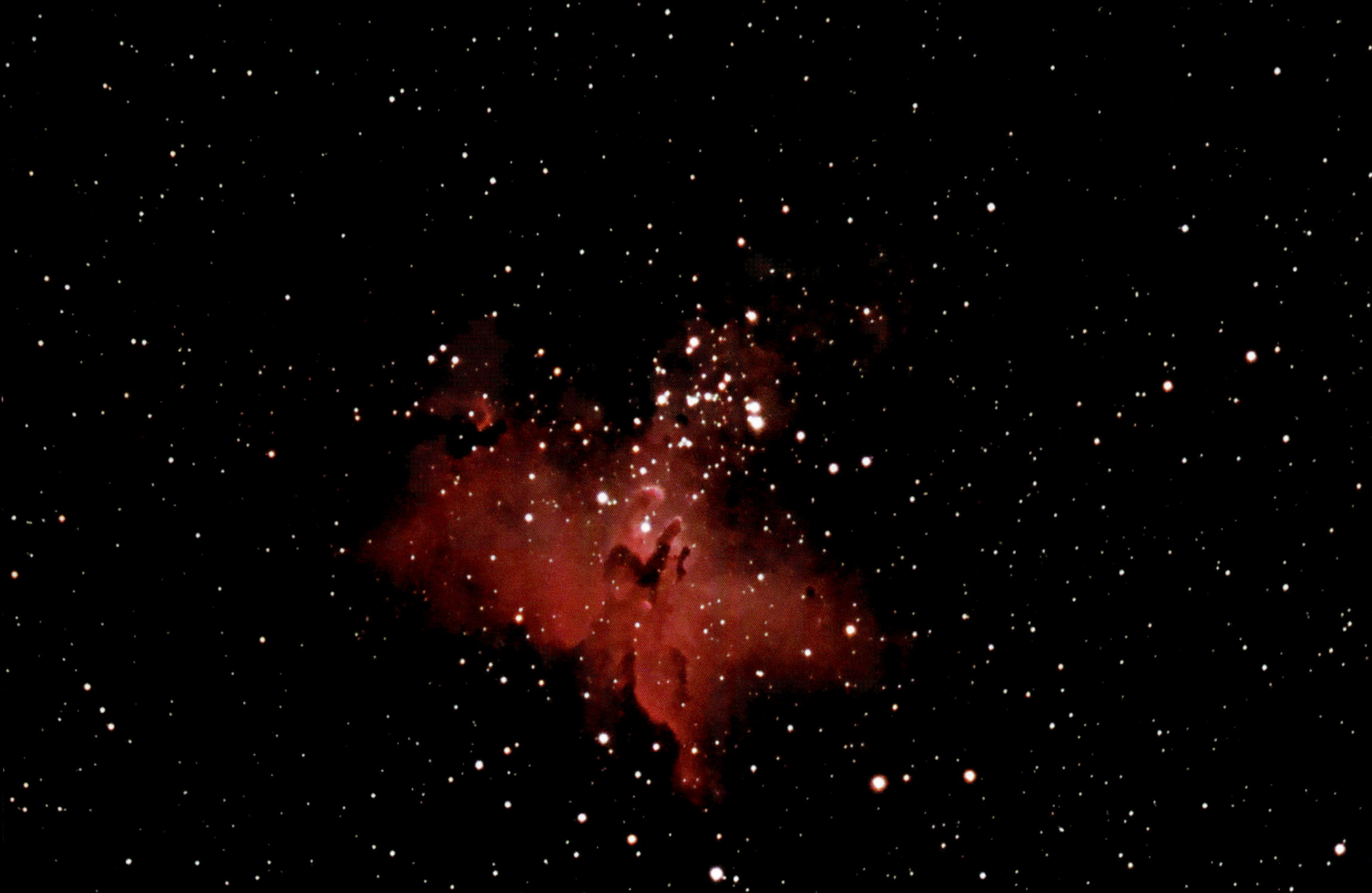

Abbildung 8.89
Adlernebel und die Säulen der Schöpfung vom 28.05.2012

Abbildung 8.90
M57 aufgenommen mit einem Celestron 9,25" am 02.07.2012

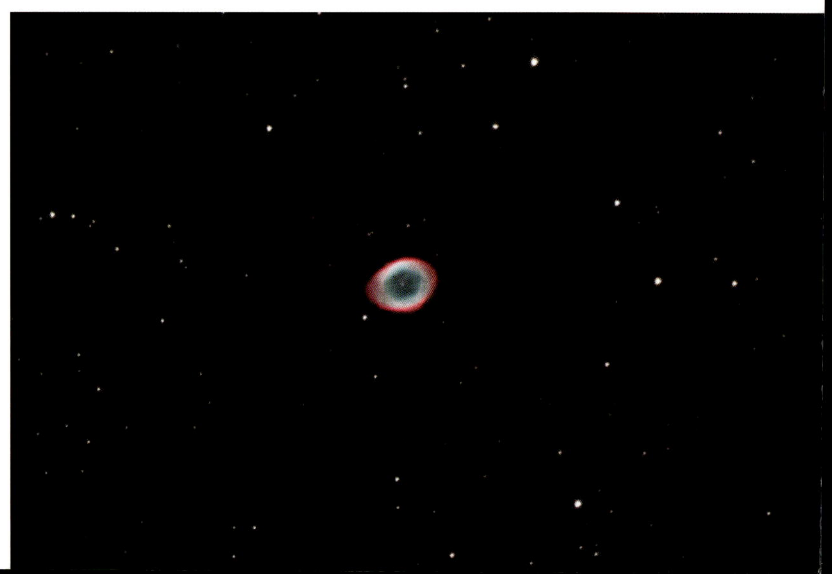

Der *Ringnebel* (auch als Messier 57 oder NGC 6720 bezeichnet) ist ein planetarischer Nebel im Sternbild Leier. Der Nebel ist der Überrest eines Sterns, der vor etwa 20.000 Jahren seine äußere Gashülle abgestoßen hat. Die Gashülle dehnt sich mit einer Geschwindigkeit von 19 km/s aus. Im Zentrum des Nebels befindet sich ein weißer Zwergstern mit einer Temperatur von ca. 70.000 Grad Celsius und einer scheinbaren Helligkeit von 15,8 mag.

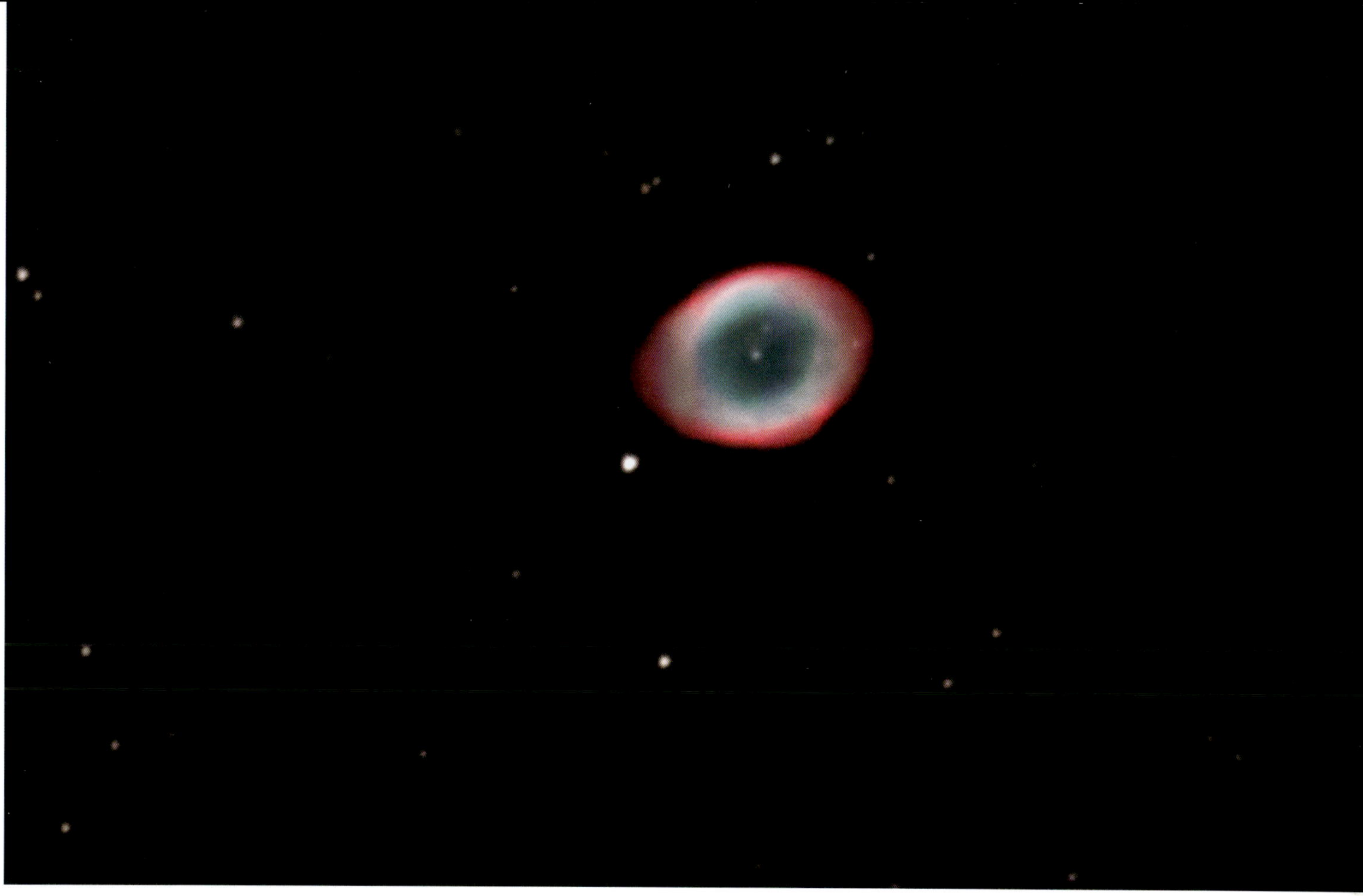

Abbildung 8.91 Ausschnitt der Abbildung 8.90

Abbildung 8.92 Whirlpool-Galaxie vom 04.03.2012

Die *Whirlpool-Galaxie*, auch als *Messier 51* oder *NGC 5194* bezeichnet, ist eine etwa 31 Millionen Lichtjahre entfernte Spiralgalaxie im Sternbild Jagdhunde.

Abbildung 8.93
Whirlpool-Galaxie vom 27.03.2012

Abbildung 8.94
Messier 101 vom 08.04.2012

Messier 101, auch als *NGC 5457*, *Pinwheel-Galaxie* oder *Feuerrad-Galaxie* bezeichnet, ist eine Spiralgalaxie im Sternbild Großer Bär. Ihre Entfernung beträgt 27 Millionen Lichtjahre, ihr Durchmesser 170.000 Lichtjahre.

Erlauben Sie mir an dieser Stelle in Abbildung 8.95 einen kleinen Scherz ...

Abbildung 8.95
Die Hand im Universum

Abbildung 8.96
M42 vom 22.10.2012

Abbildung 8.97
M42 vom 13.11.2012

Der *Orionnebel* M42 ist ein Emissionsnebel im Sternbild Orion. Er besteht aus den Einzelobjekten M42 (im Süden) und M43 (im Norden). Bei dunklem Himmel ist er mit bloßem Auge als Teil des Schwertes des Orion (unter den 3 Sternen des Oriongürtels) sichtbar.

Der *Orionnebel* ist ein Sternentstehungsgebiet in der galaktischen Nachbarschaft der Sonne. Die Entfernung von unserem Sonnensystem beträgt ca. 1.350 Lichtjahre.

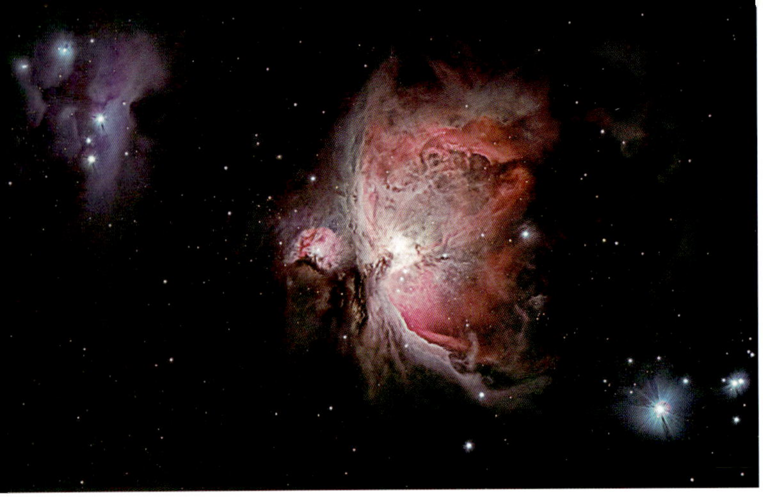

Abbildung 8.98
M42 vom 16.01.2012

Abbildung 8.99
M42 vom 17.09.2012

Abbildung 8.100
M42 vom 21.10.2011

Abbildung 8.101
M42 vom 22.10.2011

Abbildung 8.102
M45 vom 8. + 10.10.2012

Die *Plejaden* M45 (auch *Siebengestirn* genannt) sind ein offener Sternhaufen, der mit bloßem Auge gesehen werden kann. Die Plejaden sind Teil unserer Galaxie, der Milchstraße.

Abbildung 8.103
M45 vom 22. + 23.10.2012

Abbildung 8.104
M45 vom Februar 2012

8.11 DEEP SKY BEI STADT- UND MONDLICHT

Ist so etwas überhaupt möglich? Deep-Sky-Fotografie bei Stadtlicht oder gar Mondlicht? Die Antwort ist: Ja! Was bei der Deep-Sky-Beobachtung fast unmöglich ist, gelingt aber mit der digitalen Fotografie, zumindest bei einigen hellen Objekten. Als Beispiel möchte ich mein Orionnebel-Projekt vorstellen: Es war am 16.01.2011. Der Mond war zu 3/4 gefüllt und stand nur etwa zwei Handbreit oberhalb des Sternbilds Orion. Bei diesen extrem hellen Lichtbedingungen baute ich meine Ausrüstung auf, um M42 – den großen Orionnebel – abzulichten. Da ich direkt aus der Stadt heraus meine Aufnahmen machte, habe ich bewusst ein so helles Objekt wie den Orionnebel gewählt. Was bei Stadtlicht noch möglich ist, gelingt bei so hellem Mondlicht an dunkleren Objekten nur schwer. Zum Einsatz kam eine Celesteron M-GEN-GoTo-Montierung mit einem Skywatcher-ED-80/600-Pro-Refraktor mit Bildfeldebnungslinse und IDAS-LPS-P2-Nebelfilter (Abbildung 8.105).

Abbildung 8.105
IDAS LPS-P2

Als Aufnahmekamera diente eine modifizierte Canon EOS 1000Da. Nachgeführt wurde mit dem Lacerta M-GEN am Skywatcher-100/500-Leitfernrohr. Ich machte vom frühen Abend an verschiedene Aufnahmen im RAW-Format mit Belichtungszeiten von fünf Sekunden bis fünf Minuten bei ISO 800 und ISO 1600. Daraus ergab sich eine Gesamtbelichtungszeit von 2,5 Stunden. Die Aufnahmen habe ich dann, wie schon vorgestellt, in dem Programm Fitswork weiterverarbeitet – gestackt. Es wurden nur die Lights verwendet. Also keine Darks, Flats oder Bias. Die Anzahl der in Fitswork verarbeiteten Bilder betrug 257. Abbildung 8.106 zeigt das erste, etwas ernüchternde Ergebnis.

Abbildung 8.106
Erstes Ergebnis in Fitswork

Der Bildhintergrund zeigte einen starken Gradienten, die Tonwerte passten nicht und das Zentrum war ausgebrannt. Nun galt es, diese Mängel zu beseitigen. Den Gradienten, die Tonwerte und die Schärfe habe ich so, wie zuvor in diesem Kapitel erwähnt, bearbeitet. Das Ergebnis ist in Abbildung 8.107 zu sehen.

Bis zu diesem Ergebnis dürften die Arbeitsschritte klar sein. Jetzt kommt aber etwas völlig Neues: Die Aufnahmen mit den kurzen Belichtungszeiten von fünf Sekunden habe ich noch einmal separat mit Fitswork gestackt. Das Ergebnis ist in Abbildung 8.108 zu sehen.

Wenn Sie nun Abbildung 8.107 und Abbildung 8.108 vergleichen, ahnen Sie sicherlich schon, welches der nächste Arbeitsschritt ist. Genau: Ich habe das Zentrum in Abbildung 8.108 mit Photoshop ausgeschnitten und in Abbildung 8.107 eingefügt. Dabei habe ich die Deckkraft etwas angepasst (Abbildung 8.109).

Abbildung 8.107
Bearbeitet in Fitswork und Photoshop Elements

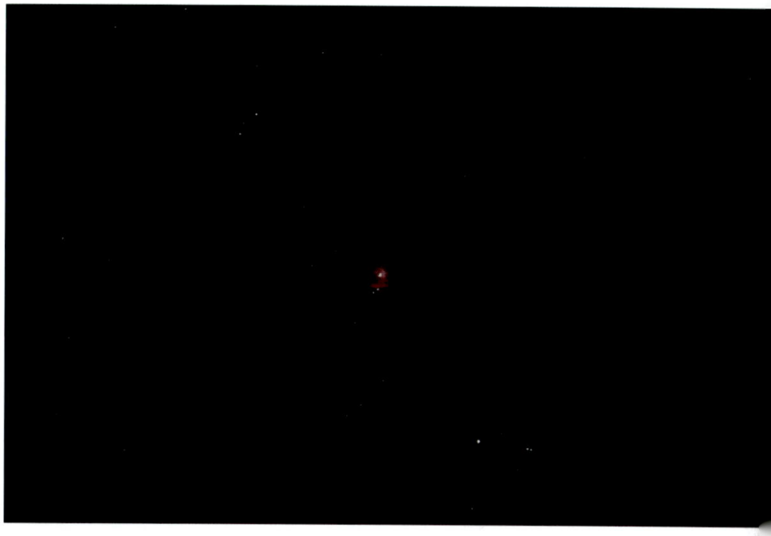

Abbildung 8.108
Nur die Aufnahmen mit den kurzen Belichtungszeiten wurden verarbeitet.

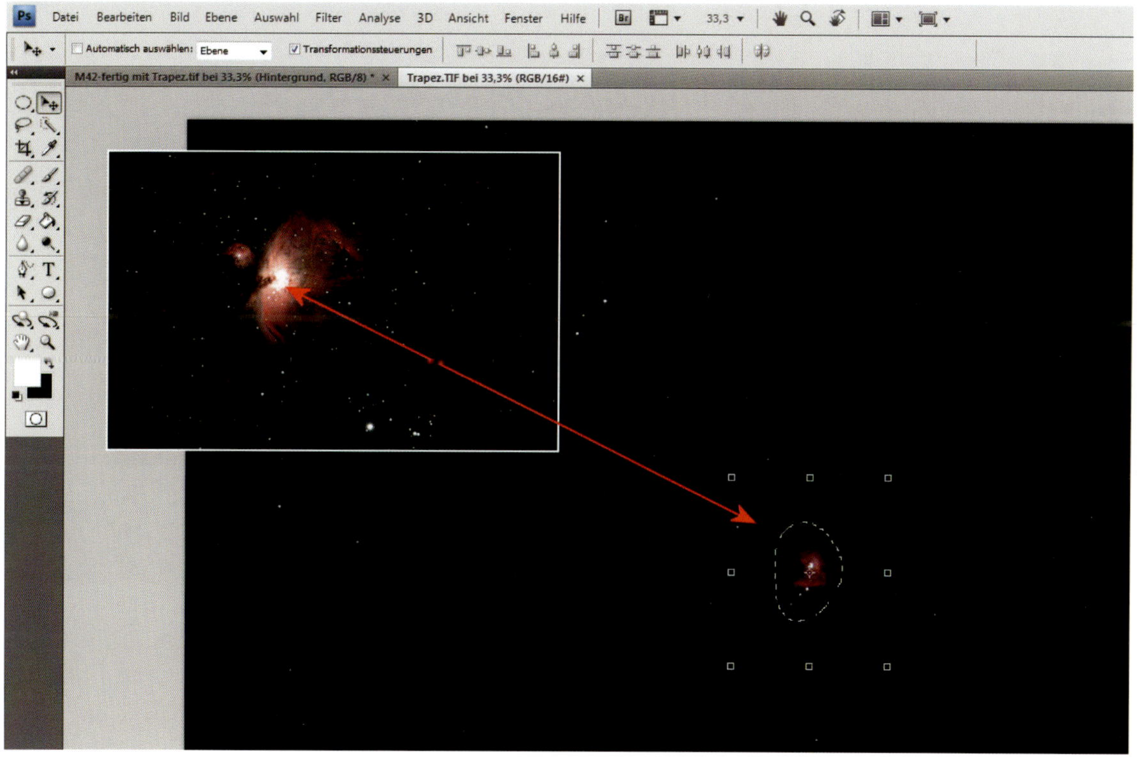

Abbildung 8.109
Zentrum einfügen

8.12 BEISPIELBILDER – TEIL 3

Abbildung 8.110
IC1396 Elefantenrüsselnebel vom 21. + 22.10.2012

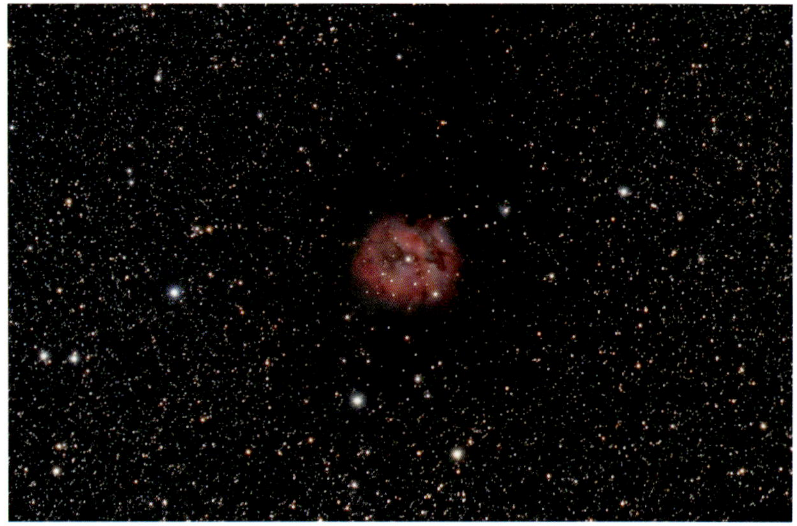

Abbildung 8.112
IC5146 Kokonnebel vom 08. + 09.10.2012

Abbildung 8.111
IC1396 Elefantenrüsselnebel in H-alpha vom 22.09.2012

Abbildung 8.113
Messier 64 vom 20.11.2012

Abbildung 8.114
Messier 82 vom 18.12.2012

Abbildung 8.115
Bodes-Galaxien M81 + M82 vom 27.04.2012

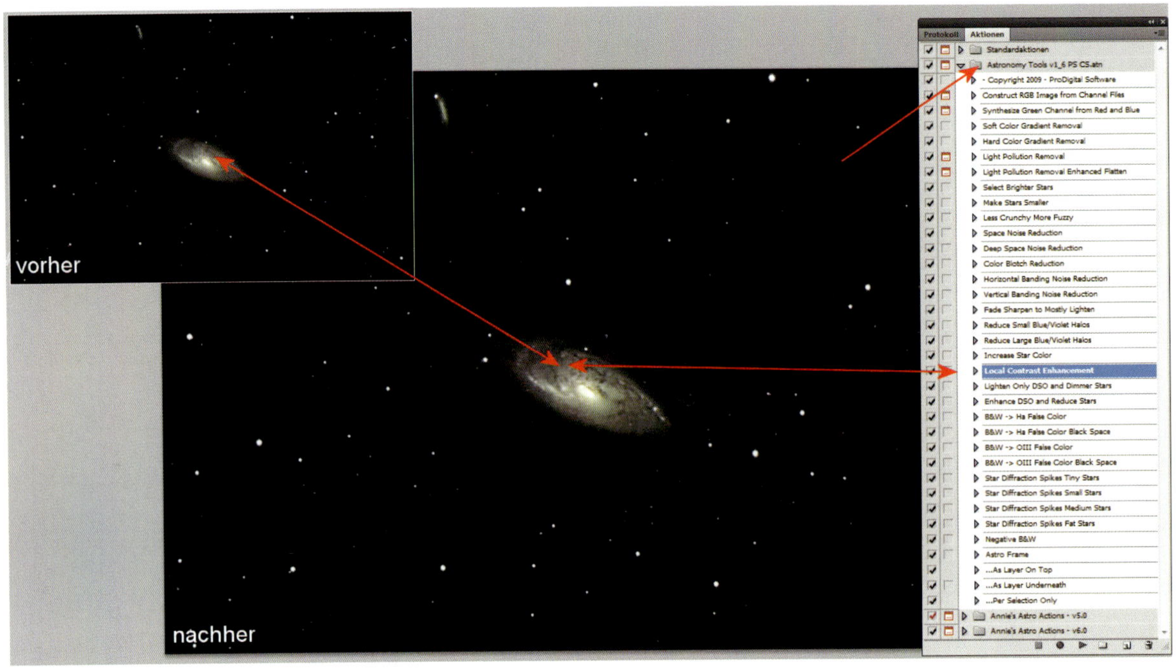

Abbildung 8.116
Messier 106 vom 15.04.2012

Die Photoshop-Plug-ins *Astronomy Tools 1.6* und *Annie's Astro Actions 6.0* sind wie ein Zaubermittel in der elektronischen Bildverarbeitung. In Abbildung 8.116 konnte ich mit der Action LOCAL CONTRAST ENHANCEMENT die Bildaussage noch steigern.

Abbildung 8.117
NGC1499 Californianebel vom 21.11.2012

Abbildung 8.118
NGC4565 vom 24.06.2012

Abbildung 8.119
NGC7023 Irisnebel vom 09.08.2012

8.13 DIE HUBBLE-PALETTE

In diesem Tutorial möchte ich Ihnen zeigen, wie Sie die spektakulären Farben in den Bildern des Hubble-Weltraumteleskops nachmachen können. Als Beispiel dient eine Aufnahme des Adlernebels.

Üblicherweise erzeugen Sie bei einer SW-CCD ein Farbbild mit den Filtern *Rot*, *Grün* und *Blau*. Beim Erzeugen der Hubble-Farbpalette verwenden Sie hingegen schmalbandige Linienfilter (oft mit 6 nm oder 12 nm Durchlassbreite), mit denen die spektralen Emissionen in drei schmalen Wellenlängenbereichen erfasst werden.

Diese Wellenlängenbereiche sind:

- O-III die Spektrallinien des zweifach ionisierten Sauerstoffs,
- Hα (alpha) die Spektrallinie des Wasserstoffs,
- S-II die Spektrallinie des einfach ionisierten Schwefels

Mithilfe dieser Filter starten Sie nacheinander Ihre Langzeitbelichtungen eines geeigneten Deep-Sky-Objekts (z.B. NGC 2237 oder wie hier im Beispiel M16). Sind alle Aufnahmen (vorzugsweise im Fits-Format) gemacht, legen Sie sich für jeden Wellenlängenbereich einen Ordner an und stacken die Bilder eines jeden Ordners z.B. mit Fitswork. Bei Bedarf können noch Korrekturen z.B. HINTERGRUNDEBENE GLÄTTEN oder ein Anpassen des Histogramms vorgenommen werden. Das jeweilige Ergebnisbild speichern Sie nun als TIFF. Diese nun vorliegenden drei Einzelaufnahmen öffnen Sie in einem Bildbearbeitungsprogramm, hier im Beispiel mit Photoshop. Fügen Sie die einzelnen Bilder zu einem Farbbild zusammen, wie in Abbildung 8.120 zu erkennen.

Sie werden von Photoshop nun aufgefordert, dem Programm mitzuteilen, welches Bild dem jeweiligen Farbkanal (Rot, Grün oder Blau) entspricht. Da wir aber die vorliegenden Bilder nicht mit den Filtern RGB, sondern mit den erwähnten Schmalbandfiltern aufgenommen haben, müssen diese nun richtig zugeordnet werden.

- Das SII-Bild wird dem Kanal Rot zugeordnet.
- Das Hα-Bild wird dem Kanal Grün zugeordnet.
- Das OIII-Bild wird dem Kanal Blau zugeordnet (Abbildung 8.121).

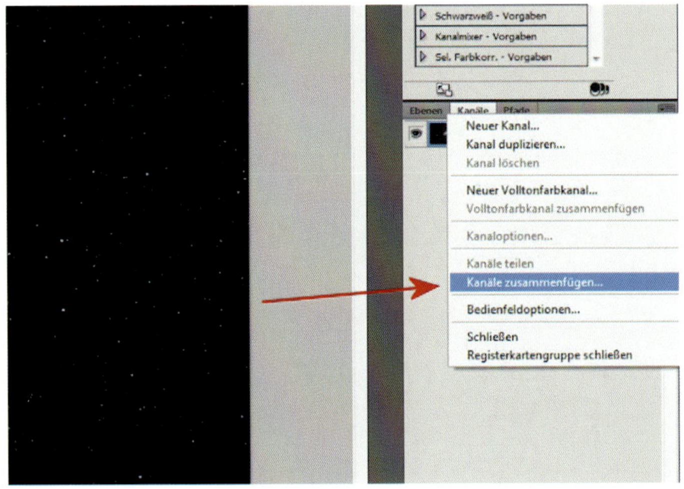

Abbildung 8.120
Nach dem Laden der drei Ausgangsbilder in Photoshop wechseln Sie zu den Kanälen und fügen die einzelnen Kanäle zusammen.

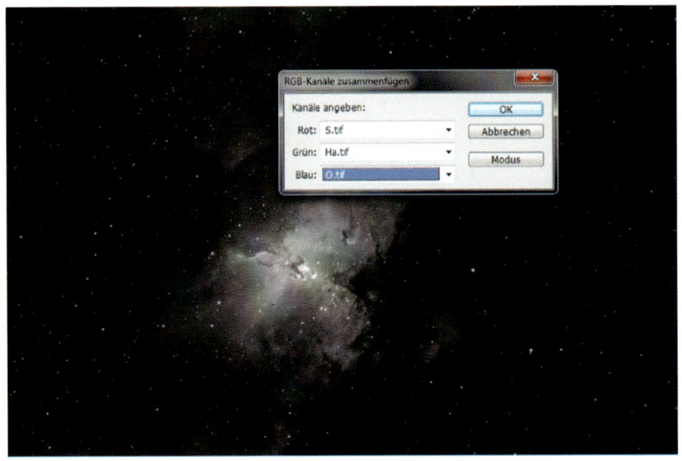

Abbildung 8.121
Ordnen Sie die Schmalbandaufnahmen dem RGB-Muster zu.

Richten Sie nun mit dem AUSRICHTUNGSWERKZEUG die einzelnen Ebenen so übereinander aus, dass alle Sterne deckungsgleich sind und ein homogenes Farbbild entsteht (Abbildung 8.122).

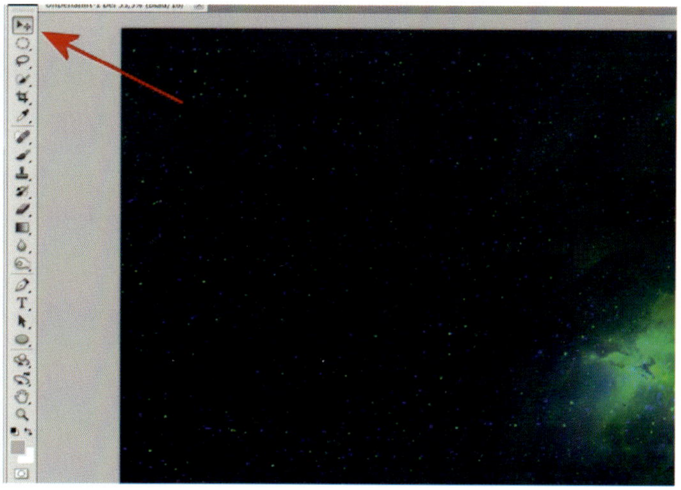

Abbildung 8.122
Mit dem AUSRICHTUNGSWERKZEUG bringen Sie die Kanäle übereinander.

Kopieren Sie die Hintergrundebene mit STRG + J.

Um die beliebten Farben der Hubble-Bilder (Gold und Türkis) zu erhalten, arbeiten Sie ab jetzt mit der SELEKTIVEN FARBKORREKTUR. Wählen Sie hierzu zunächst die Farbe Grün aus (Abbildung 8.123) und verschieben die Regler gemäß Abbildung 8.124.

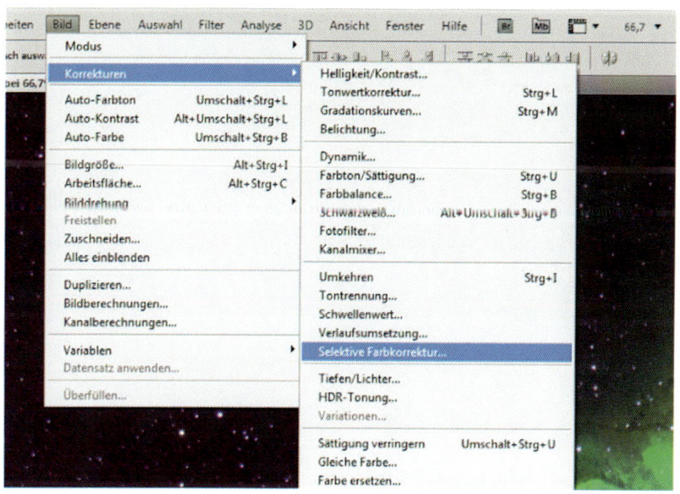

Abbildung 8.123
Weiter geht es mit: BILD/KORREKTUREN/SELEKTIVE FARBKORREKTUR

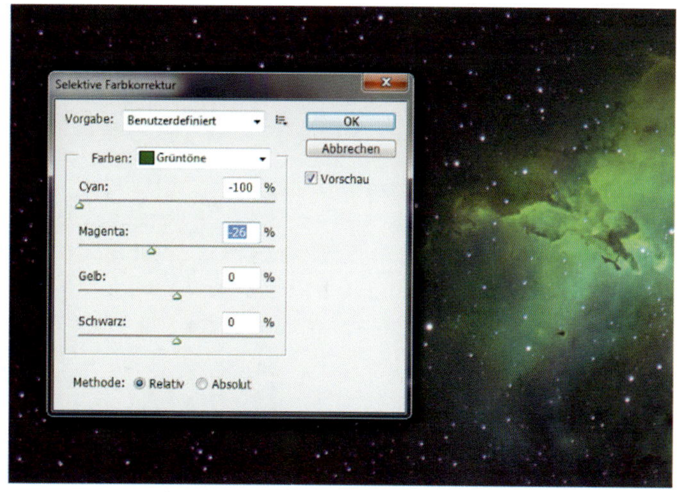

Abbildung 8.124
Reduzieren Sie Cyan auf -100 und Magenta auf -26. Je nach Motiv können diese Werte abweichen.

Weiter geht es nun mit der FARBKORREKTUR der Farbe Gelb (Abbildung 8.125) …

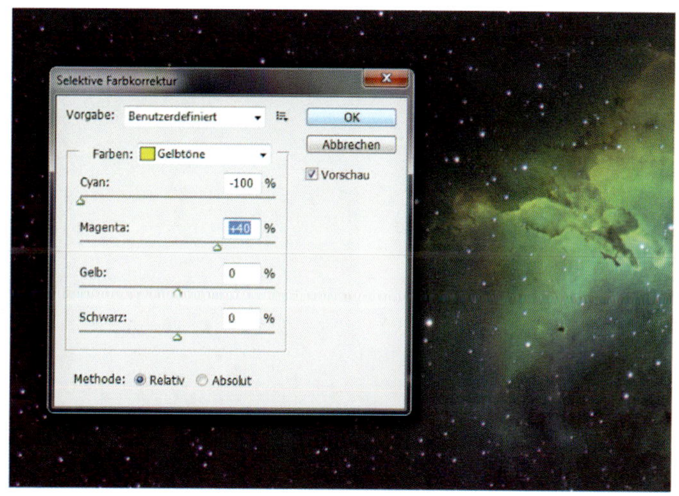

Abbildung 8.125
Auch bei der Farbe Gelb wird der Cyan-Regler auf -100 gestellt, Magenta auf +40.

… und 2x nacheinander der Farbe Cyan (Abbildung 8.126 und Abbildung 8.127).

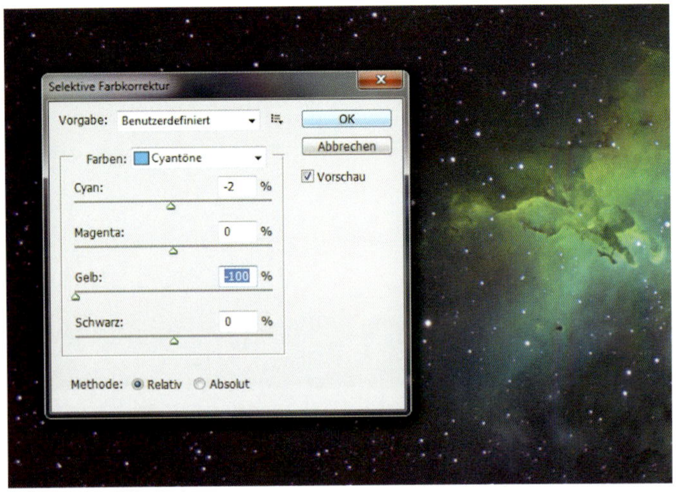

Abbildung 8.126
Bei den Cyantönen wird der Regler für Gelb auf -100 gestellt.

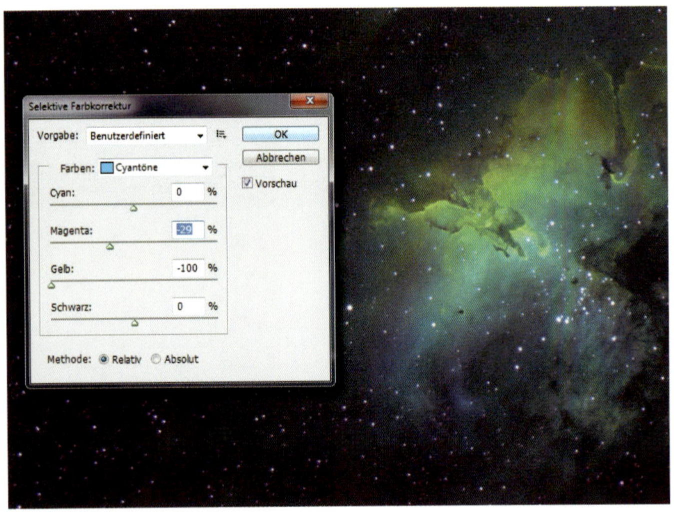

Abbildung 8.127
Eventuell müssen Sie die Cyantöne weiter bearbeiten. Hier mit Magenta -29 und Gelb -100.

Speichern Sie nun Ihr Zwischenergebnis (Abbildung 8.128).

Abbildung 8.128
Zwischenergebnis

Ihr Resultat sollte jetzt in etwa den Farben der Hubble-Bilder entsprechen. Fahren Sie nun mit der weiteren Bildbearbeitung – wie Sie sie von Ihren RGB-Astrobildern her kennen – fort. Dies sind u. a.: Strecken des HISTOGRAMMS, RAUSCHREDUZIERUNG, STERNE VERKLEINERN usw. Abbildung 8.129 zeigt das mögliche Endergebnis.

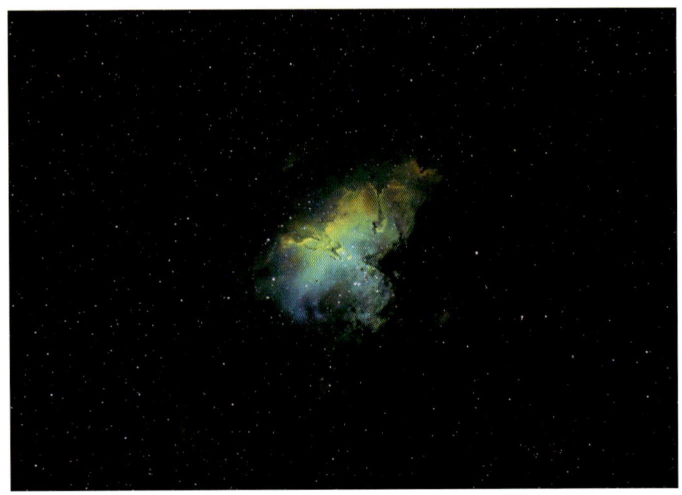

Abbildung 8.129
Endergebnis

Abbildung 8.130
Das Endbild etwas ausgeschnitten

Abbildung 8.131
Messier 1 in der Hubble-Palette vom 19.01.2013

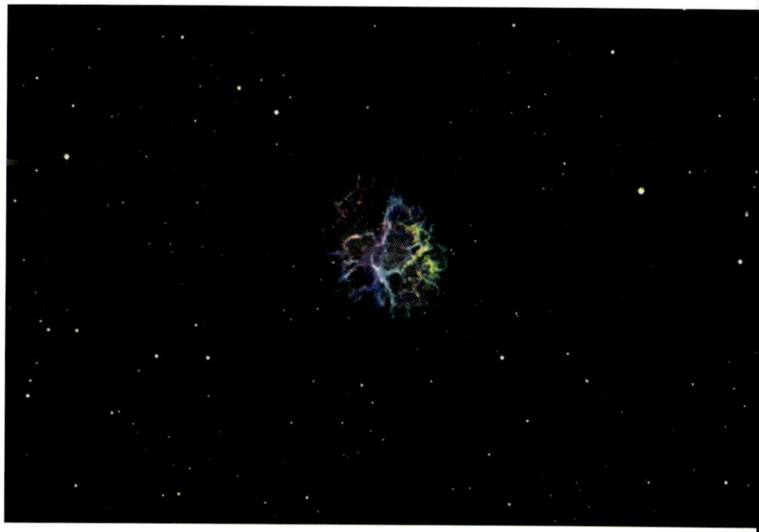

Die Belichtungszeiten bei diesem Beispielbild: 2 x 600 Sek. Ha + 2 x 300 Sek. Ha, 4 x 300 Sek. OIII, 4 x 300 Sek. SII.

Nachfolgend weitere Beispielbilder in der Farbtechnik des Hubble-Teleskops.

Abbildung 8.132
Region IC434 vom Oktober 2012

Abbildung 8.133
Region IC434 vom Oktober 2012

Abbildung 8.134
Das ganze Feld um IC434 mit etwas anderer Farbgebung vom Oktober 2012

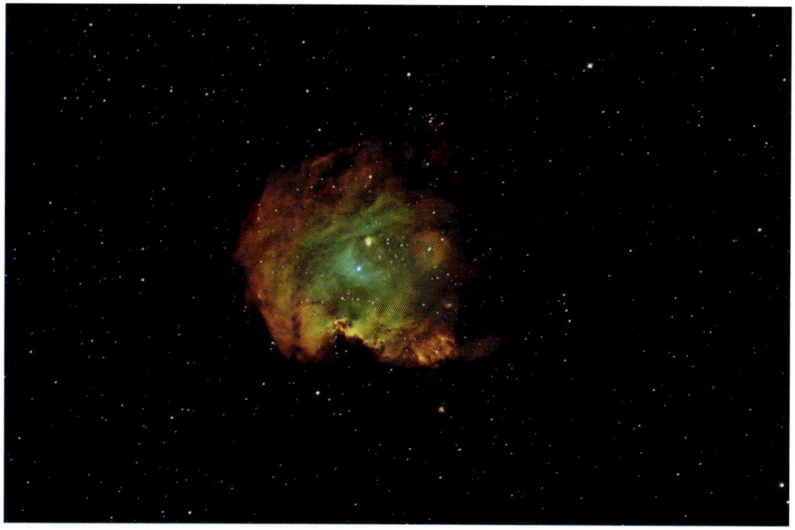

Abbildung 8.135
Monkey Head Nebula vom 22.12.2012

Der *Emissionsnebel NGC2174* (IC2159), der den Sternhaufen NGC2175 umgibt, ist auch bekannt als *Affenkopfnebel* (Monkey Head Nebula). Diese Wolke aus interstellarer Materie befindet sich im nördlichsten Bereich des Sternbildes Orion. Die Aufnahme entstand im Dezember 2012 mit Schmalbandfilter (Ha, OIII, SII). Abbildung 8.136 erklärt, woher der Nebel seinen Namen hat.

Abbildung 8.136
Monkey Head Nebula

Abbildung 8.137
Der Rosettennebel NGC2237 mit dem offenen Sternhaufen (in der Mitte) NGC2244

Wenn sehr wenige Bilddateien für die Hubble-Palette verarbeitet werden sollen, ist das Luminanzrauschen sehr präsent. Mithilfe der Software *NeatImage* können Sie sehr leicht dieses Problem beheben. Abbildung 8.139 zeigt deutlich, wie sehr das Bild in der Luminanz rauscht.

Die Software Neat Image beseitigt Bildrauschen jeglicher Art, so auch das Luminanzrauschen (Helligkeitsrauschen). In Abbildung 8.140 sehen Sie, wie die störenden Farbpunkte der Schmalbandaufnahme mit dem LUMINANCE-REGLER bei 100% beseitigt werden können. Im inneren Rahmen sind die störenden Farbpunkte verschwunden, im äußeren Bereich (wohin der Pfeil zeigt) ist das Rauschen deutlich erkennbar.

Abbildung 8.138
Ausschnitt Abbildung 8.137. Aufnahme vom 14.03.2012

Abbildung 8.139
Luminanzrauschen

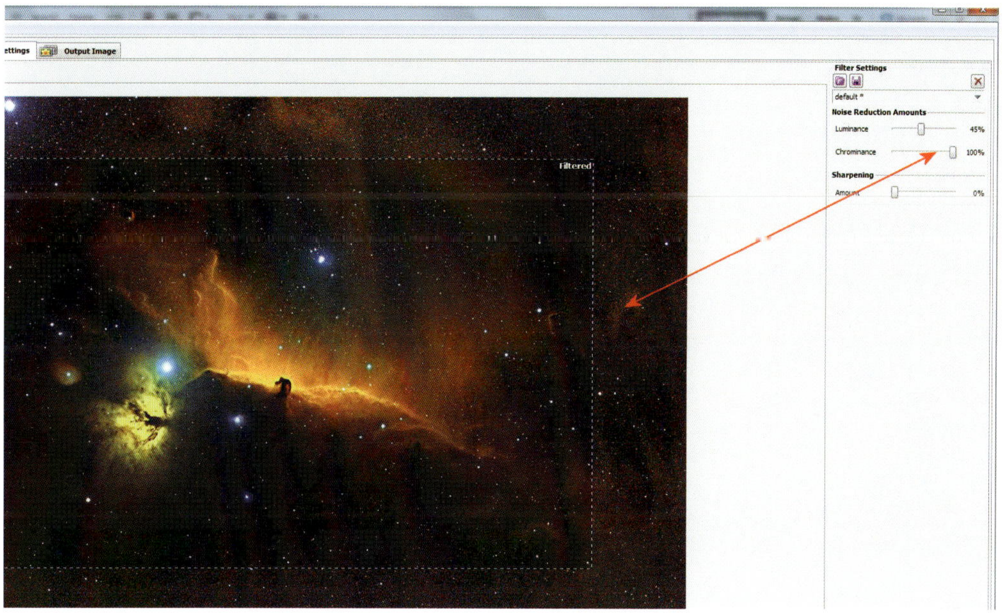

Abbildung 8.140
Entrauschen mit Neat Image

Abbildung 8.141
Die Bodes-Galaxien M81 + M82 bearbeitet mit NeatImage, um das Luminanzrauschen zu reduzieren

8.14 DAS SETUP MIT EINER CCD-ASTROKAMERA*

**Quelle: Buch Himmelsphänomene von Roland Störmer*

Spezielle Astrokameras sind sehr teuer und teilweise schwierig zu bedienen, da sie ganz anders funktionieren, als wir es von herkömmlichen Kameras gewöhnt sind. Ich möchte Ihnen daher die ALccd8L von *Astrolumina* vorstellen. Sie ist eine leicht zu bedienende Astrokamera mit einer geregelten Peletier-Kühlung zu einem hervorragenden Preis-Leistungs-Verhältnis.

Die Kühlung schafft es, den Sony-Super-HADChip-ICX413AQ-Aufnahmesensor auf 35 Grad Celsius unterhalb der Umgebungstemperatur herunterzukühlen. Dies vermeidet das gefürchtete Wärmebildrauschen. Weitere Vorteile gegenüber einer Spiegelreflexkamera:

- Die Ausleseelektronik der Alccd8L arbeitet mit 16 Bit (DSLR meistens nur mit 12 Bit).
- Die Alccd8L besitzt (gegenüber einer DSLR) keinen Infrarot-Filter, somit ist sie über den gesamten Bereich von 350 bis 1.000 nm empfindlich.

Ein Computer/Laptop ist für den Betrieb der Kamera zwingend erforderlich. Abbildung 8.142 zeigt eine solche Kamera, angeschlossen an einem TS-65-mm-f/6,5-Quadruplet-Astrographen (Öffnung 65 mm / Brennweite 420 mm). Dieser ist mit der Kamera direkt auf ein Leitfernrohr (für Autoguiding / automatische Teleskopnachführung) montiert.

Abbildung 8.142
ALccd8L

Die ALccd8L arbeitet optimal mit der Aufnahmesoftware *EZCAP Ver2.41* zusammen (liegt der Kamera bei, ist aber auch im Internet kostenlos auf der Herstellerseite zu bekommen). Schließen Sie Ihre Kamera an das Teleskop sowie den Laptop an und starten Sie die Aufnahmesoftware EZCAP Ver2.41 (Abbildung 8.143).

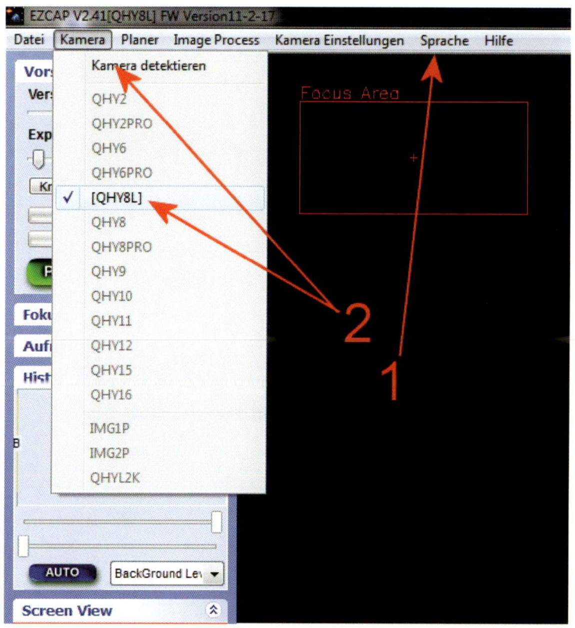

Abbildung 8.143
Grundeinstellungen in EZCAP

Unter 1 stellen Sie Ihre Sprache ein. Unter KAMERA (2) schauen Sie nach, ob Ihre Kamera richtig erkannt ist. Weiter geht es mit Abbildung 8.144.

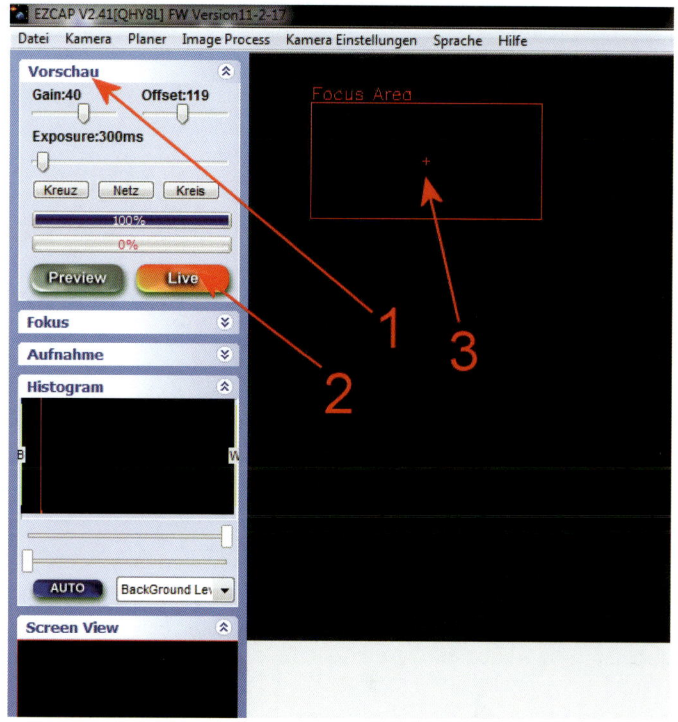

Abbildung 8.144
Das Vorschau-Fenster in EZCAP

An der linken Seite gibt es mehrere aufklappbare Menüs. Beginnen Sie immer mit dem Menüpunkt VORSCHAU (1). Nach einem Klick auf LIVE (2) erscheint die aktuell anvisierte Aufnahmeregion. In der Vorschau kann die Verstärkung GAIN ruhig etwas hochgedreht werden, um die Region besser beurteilen zu können. Später bei der Aufnahme sollte dieser Wert unbedingt wieder heruntergestellt werden.

Die Sterne in der angewählten Region sind in den meisten Fällen noch unscharf, da der Fokuspunkt noch nicht eingestellt wurde. Verschieben Sie mit der Maus den Rahmen FOCUS AREA (3) so, dass mindestens ein Stern darin zu sehen ist. Weiter mit Abbildung 8.145.

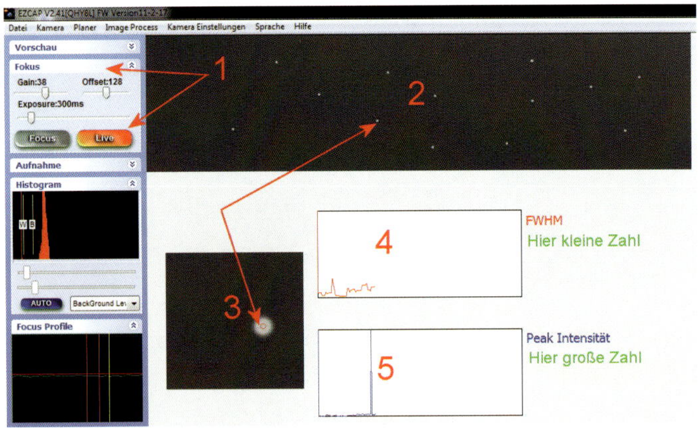

Abbildung 8.145
Das Fokusfenster in EZCAP

Im linken Menü klappen Sie jetzt den Reiter FOKUS (1) auf. Die Live-Ansicht wird wieder mit Klick auf LIVE aktiviert. Im Fokusfenster (2) ist nun die Region zu sehen, die Sie zuvor in der FOCUS AREA ausgewählt haben. Klicken Sie nun mit dem Fadenkreuz der Maus auf einen Stern im Fokusfenster (2). Dieser erscheint dann etwas vergrößert darunter (3). Jetzt ist etwas Fingerspitzengefühl gefragt. Verstellen Sie vorsichtig am Okularauszug die Schärfe, bis dieser ausgewählte Stern die kleinstmögliche Abbildung hat. Unterstützt werden Sie dabei durch die Anzeige FWHM (4) und PEAK INTENSITÄT (5). Den optimalen Fokus haben Sie gefunden, wenn bei FWHM der angezeigte Zahlenwert sehr klein (z.B. 7) und bei PEAK INTENSITÄT der Zahlenwert sehr hoch (z.B. 240) ist. Fixieren Sie den Okularauszug mit der kleinen Feststellschraube unterhalb, sobald der Fokuspunkt genau gefunden ist, und schalten Sie im Menü den LIVE-FOCUS (1) durch Klick wieder aus. Nun zur Bildgewinnung – Abbildung 8.146.

Schließen Sie den Reiter FOKUS und öffnen Sie den Reiter AUFNAHME (1). Hier nehmen Sie zuerst zwei sehr wichtige Einstellungen vor: GAIN auf 1 und OFFSET auf 119. Das sind ermittelte Werte für meine Kamera. Ihrer Kamera liegt eine Anleitung bei, wie Sie den optimalen OFFSET ermitteln können. Die Offset-Werte weichen je nach Modell etwas ab, liegen meistens aber zwischen 117 und 125. GAIN (die Verstärkung) sollte sehr gering eingestellt werden. Ich nehme da 1, habe aber auch schon von jemandem gehört, dass er sogar 0 verwendet. Wenn Sie sich nicht genau sicher sind, starten Sie mit meinen Einstellungen wie in Abbildung 8.146 zu sehen. Bei (2) stellen Sie die Belichtungszeit ein. In meinem Beispiel würde die Kamera 5 Minuten am Stück belichten – also eine Aufnahme in dieser Zeit machen. Da die ALccd8L einen Farb-CCD-Sensor verwendet, stellen Sie das BINNING auf 1x1 (3). Die standardmäßig gesetzte Auswahl bei SCHNELLES AUSLESEN noch entfernen und dann können Sie Ihre Aufnahme mit einem Klick auf CAPTURE (4) starten. Mit dem AUFNAHMEPLANER (5) ist es möglich, ganze Aufnahmeserien zu programmieren. Machen Sie davon ruhig Gebrauch und gehen Sie einen Kaffee trinken, während Ihr Setup draußen in der Kälte arbeitet.

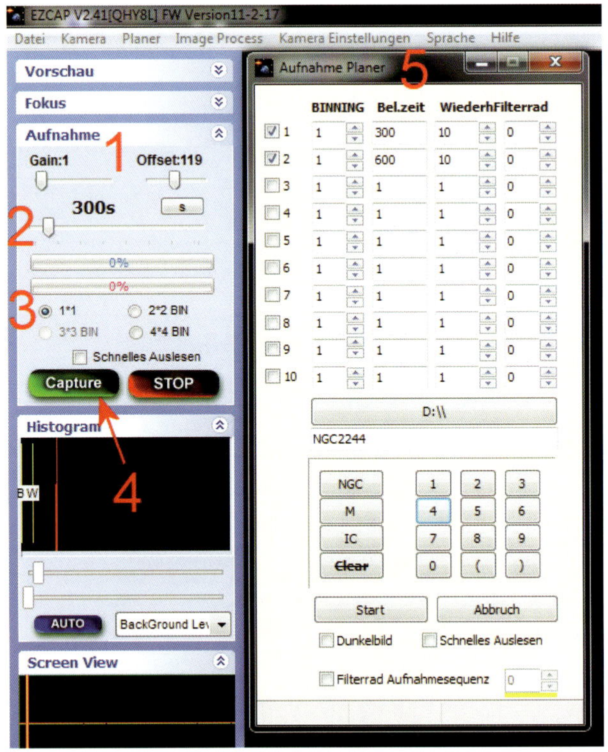

Abbildung 8.146
Das Aufnahmefenster in EZCAP

Die Verarbeitung Ihrer gewonnenen Bilder können Sie so, wie am Anfang beschrieben, vornehmen. Die Fits-Dateien, die ich mit der ALccd8L gewinne, verarbeite ich oft auch mit der Software *AstroArt 5*. Mit dieser Software sowie auch den schon vorgestellten wie Fitswork und PixInsight können Sie sehr leicht die Aufnahmen zueinander ausrichten und stacken (überlagern).

8.15 BEISPIELBILDER – TEIL 4

Abbildung 8.147
Nordamerikanebel NGC7000 in den Farben der Hubble-Palette

Abbildung 8.148
NGC7635 Bubble Nebula vom 19.09.2012

Abbildung 8.149
Pelican Nebula vom 22.09.2012

Abbildung 8.150
NGC891 vom 02.02.2013

Abbildung 8.151
M42 in den Farben der Hubble-Palette vom 24.11.2012

Abbildung 8.152
M42 in Bi-Color vom 03.12.2012

Abbildung 8.153
Irisnebel NGC7032 aus dem Jahr 2012

Der ca. 5.200 Lichtjahre entfernte Lagunennebel ist ein Emissions- und Reflexnebel im Sternbild Schütze. Unten links ist der Kugelsternhaufen NGC6544 zu erkennen.

Abbildung 8.154
Lagunennebel in Bi-Color

8.16 BILDBEARBEITUNG: ALCCD8L UND ASTROART 5

Wie Sie zuvor schon erfahren haben, sollten Sie immer viele Aufnahmen nacheinander vom selben Objekt machen. Ich setze dafür gerne die CCD-Astrokamera ALccd8L ein. Ihre gewonnenen Bilder im 16-Bit-Fits-(Roh-)Format lassen sich sehr leicht in den verschiedensten Astro-Bildbearbeitungsprogrammen weiterverarbeiten. *AstroArt 5* ist hierfür ebenfalls hervorragend geeignet.

In diesem Workflow möchte ich Ihnen verdeutlichen, wie groß der Unterschied sein kann, wenn Sie statt nur einem Bild mehrere Aufnahmen miteinander verarbeiten. Schauen Sie sich zunächst das Startbild (Abbildung 8.155) an, es zeigt eine Einzelaufnahme unbearbeitet. So wird das Bild von der ALccd8L auf der Festplatte gespeichert. Es ist eine Aufnahme vom Stadtrand aus, bei mäßig aufgehelltem Himmel. Aufnahmedauer 420 Sekunden.

Abbildung 8.155
Einzelaufnahme

Ein solches Einzelbild können Sie natürlich auch bearbeiten, um ein besseres Ergebnis zu erhalten.

Starten Sie AstroArt 5 und öffnen Sie den Verarbeitungsprozess Prepozessor unter Werkzeuge/Prepozessor (Abbildung 8.156).

Jetzt öffnet sich ein neues Fenster – das sogenannte Vorbereitungsfenster (Abbildung 8.157).

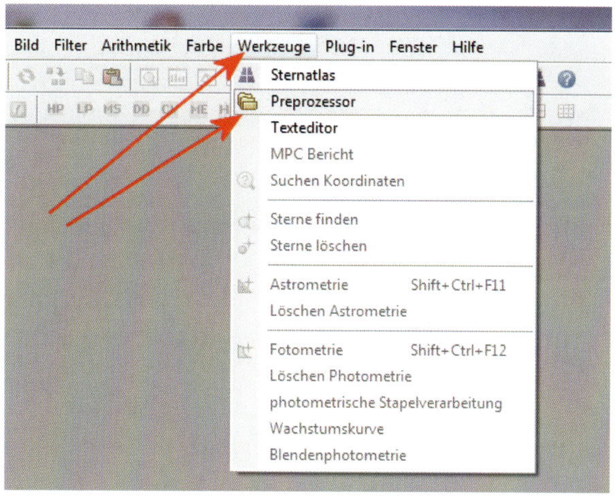

Abbildung 8.156
AstroArt 5

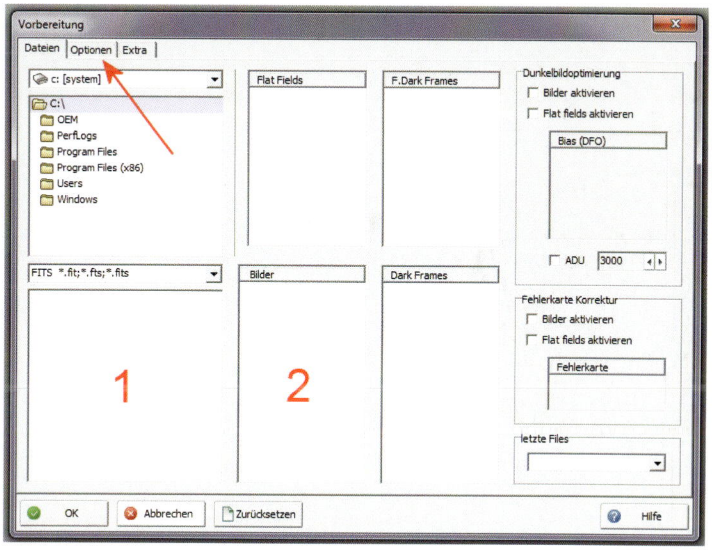

Abbildung 8.157
Das Vorbereitungsfenster in AstroArt 5

Im neuen Vorbereitungsfenster suchen Sie im linken Bereich den Ordner, in dem Sie Ihre Fits-Dateien abgespeichert haben. Die Fits-Dateien, die Sie nun verarbeiten wollen, ziehen Sie vom ersten Feld (1) ins zweite Feld (2).

Haben Sie vorsorglich auch Flats- und Darkdateien erstellt, laden Sie diese ebenfalls in AstroArt 5 (Abbildung 8.158).

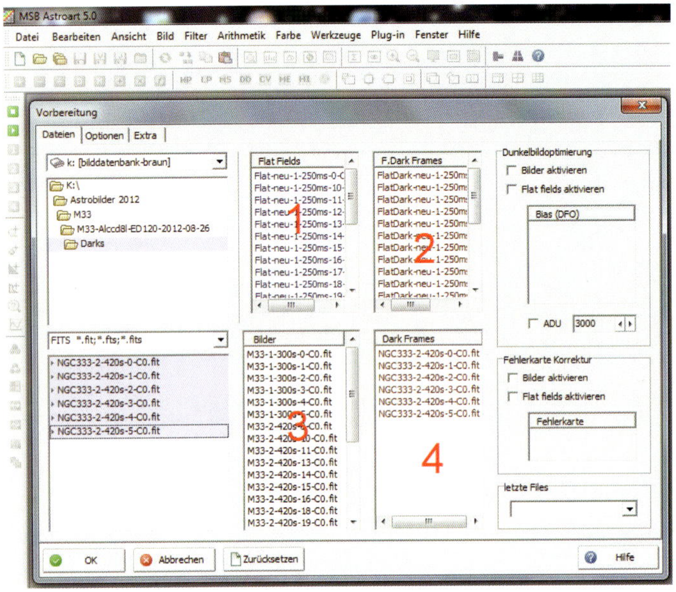

Abbildung 8.158
Laden Sie alle Fits-Einzeldateien in AstroArt 5.

Anschließend geht es weiter mit einem Klick auf dem Reiter OPTIONEN (Abbildung 8.159).

Wählen Sie AUTOMATISCHE AUSRICHTUNG beim Menü AUSRICHTUNG. Im erscheinenden Fenster setzen Sie den Auswahlpunkt auf STAR-MUSTER (ÜBERNEHMEN + ROTATION). In den meisten Fällen funktioniert diese Art der Ausrichtung hervorragend. Sollten Sie mal keinen Erfolg damit haben, ist auch eine manuelle Ausrichtung möglich. Oben links in dem Vorbereitungsfenster wählen Sie, wie Ihre Bilder überlagert (gestackt) werden sollen. Zur Auswahl haben Sie dort: DURCHSCHNITT, ADDIEREN, MEDIAN oder SIGMA. Meistens wähle ich DURCHSCHNITT und bei Bildern mit unerwünschten Satelliten oder Flugzeugspuren: SIGMA. Die Sigma-Funktion kann störende Strichspuren wegrechnen. Wenn Sie mit einer Farbkamera arbeiten (ALccd8L), müssen Sie ein X (in der Abbildung 8.159 rot dargestellt) bei CCD-Farbsynthese setzen. Bei der Farbsynthese stellen Sie die *Bayer-Matrix* ein (Abbildung 8.160). Die angegebenen Grundeinstellungen passen für die ALccd8L. Bei einer anderen Kamera müssen Sie eventuell die *Matrix* anders einstellen (Anleitung der Kamera beachten).

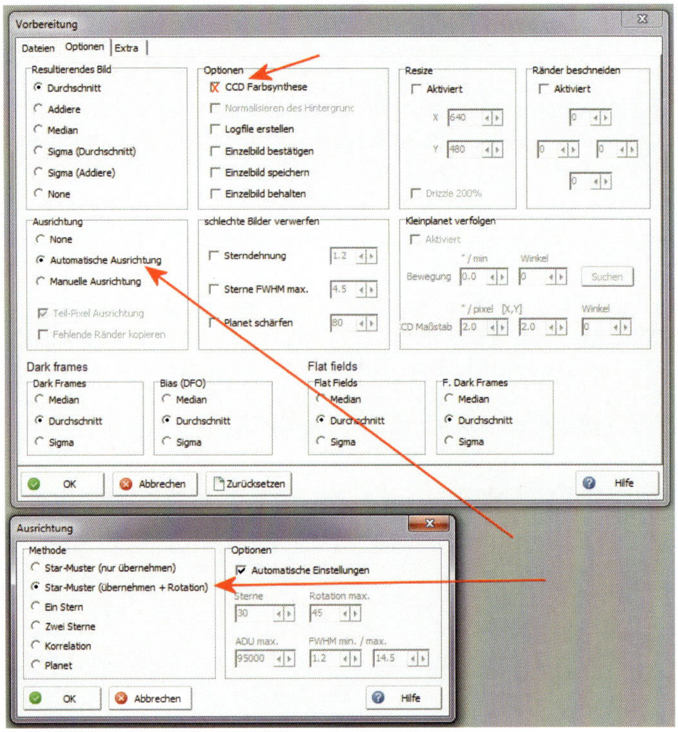

Abbildung 8.159
Einstellen der Optionen

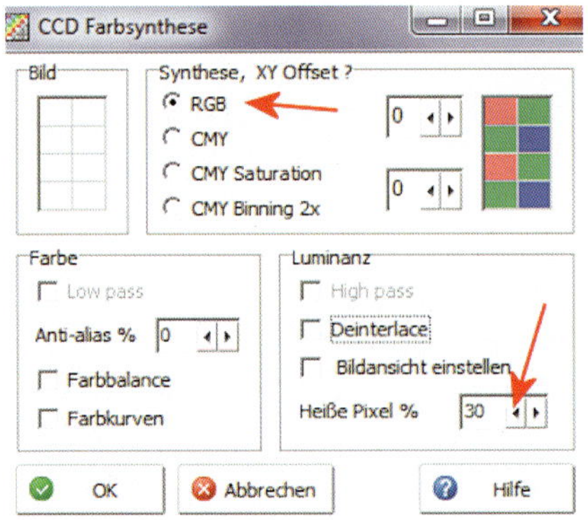

Abbildung 8.160
Die CCD-Farbsynthese in AstroArt 5

Haben Sie alle Einstellungen vorgenommen, starten Sie den Verarbeitungsprozess mit einem Klick auf OK im Hauptfenster. Das Endbild in AstroArt 5 ist gespiegelt dargestellt und meistens zu hell. Mit dem HISTOGRAMMWERKZEUG oder dem MAUSRAD können Sie Helligkeit schnell korrigieren. Spiegeln Sie Ihr Bild und speichern Sie es zur weiteren Verarbeitung in z.B. Photoshop Elements oder PixInsight. Das fertige Bild könnte so wie in Abbildung 8.161 aussehen. Ein deutlicher Unterschied zum Einzelframe.

Abbildung 8.161
Das Endbild: Messier 33

8.17 DER BESONDERE TIPP

Ich wollte unbedingt einen besonderen Tipp mitgeben – doch das ist im Zeitalter der Medien und des Internets nicht so einfach, da viele von Ihnen, liebe Leser, sicherlich schon sehr viele Informationen gesammelt haben, Techniken kennengelernt und vieles selbst erarbeiten konnten. Dennoch möchte ich Sie auf die *Actions* in Photoshop (Elements) aufmerksam machen. Actions sind Aktionen, die automatisiert nacheinander ablaufen und die entsprechenden Bearbeitungsschritte auf das ausgewählte Bild anwenden. Diese Actions erleichtern die elektronische Bildverarbeitung (EBV) enorm und sparen viel Zeit. Sie können diese Actions selber definieren und erarbeiten, leichter geht es aber mit schon fertigen Actions, die Sie erwerben können. Die bekanntesten sind hier: *Astronomy Tools 1.6* und *Annie's Astro Actions 6.0*. Sind diese Plug-ins in Photoshop installiert, öffnen Sie das Auswahlmenü unter FENSTER/AKTIONEN oder mit der Funktionstaste F9.

Mit diesen Actions können Sie z.B. Nebel herausarbeiten, Sterne verkleinern, den Kontrast erhöhen oder sogar den Arbeitsablauf der im Abschnitt 8.12 erklärten Hubble-Palette ausführen. Die Actions sind einfach zu bedienen und selbsterklärend, da der jeweilige Aktions-Schritt neben der Auswahl beschrieben wird. Im Anhang finden Sie Links zur Herstellerseite. Abbildung 8.162 und Abbildung 8.163 zeigen die möglichen Auswahlschritte der Actions.

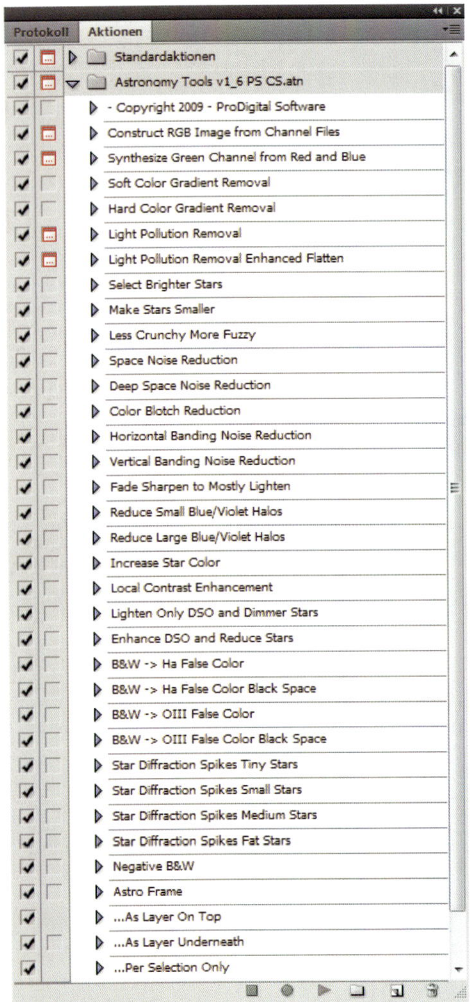

Abbildung 8.162
Astronomy Tools 1.6

Abbildung 8.163
Annie's Astro Action 6.0

8.18 BANDING

Oftmals können bei dem Verarbeiten von Astro-Aufnahmen mit der Stacking-Technik horizontale oder vertikale Streifen entstehen. Dieser nicht gleichmäßige Helligkeitsverlauf – oft als schmale Streifen sichtbar – sind unerwünschte Artefakte und werden als Banding bezeichnet. Während sich bei einer DSLR das Banding meist in horizontalen Streifen zeigt, ist es bei einigen CCD-Kameras häufiger vertikal vertreten. In Abbildung 8.164 ist großflächiges vertikales Banding zu erkennen (Ausschnitt der Abbildung 8.166).

Abbildung 8.164
Ausschnitt von NGC5070 mit vertikalem Banding

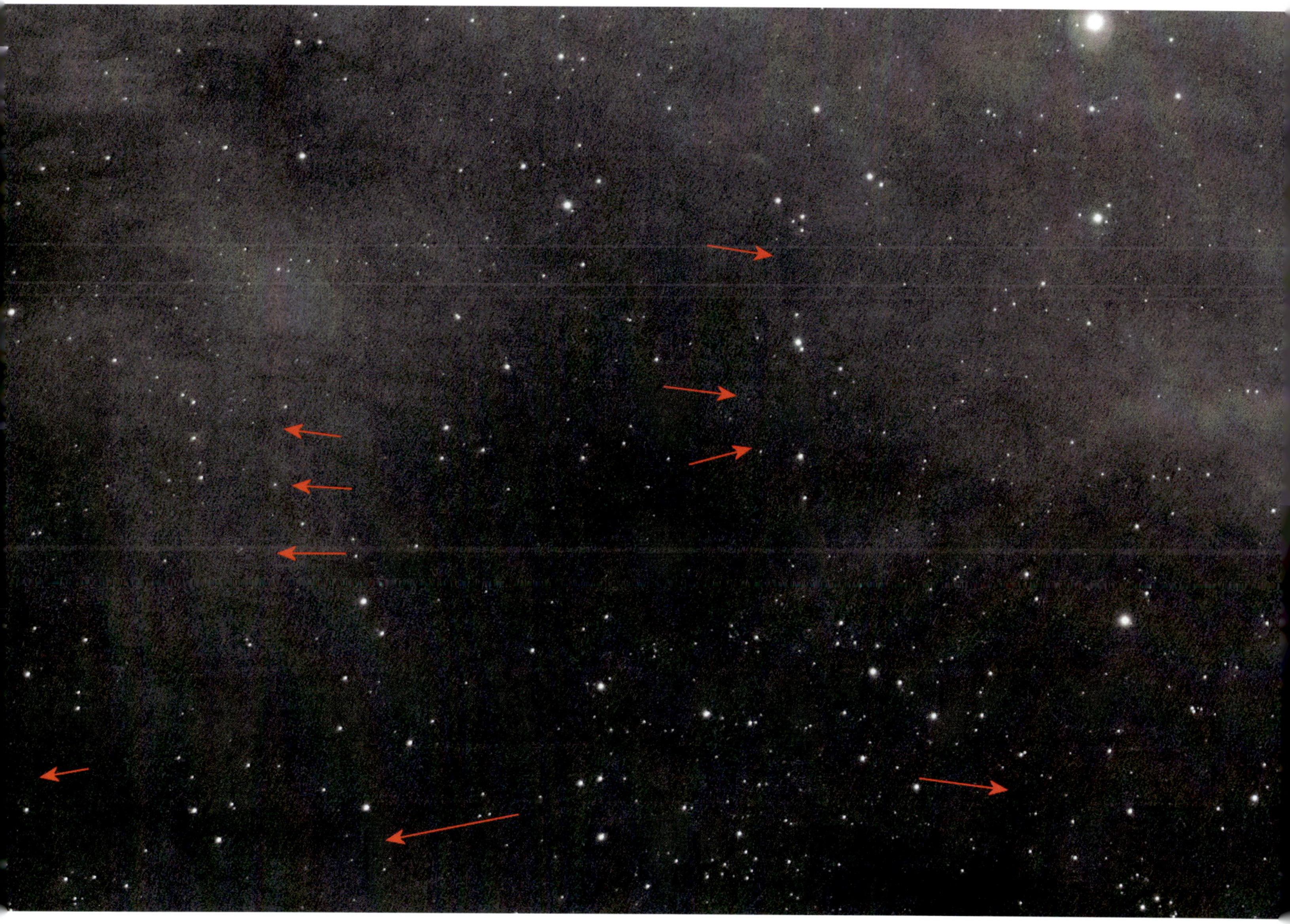

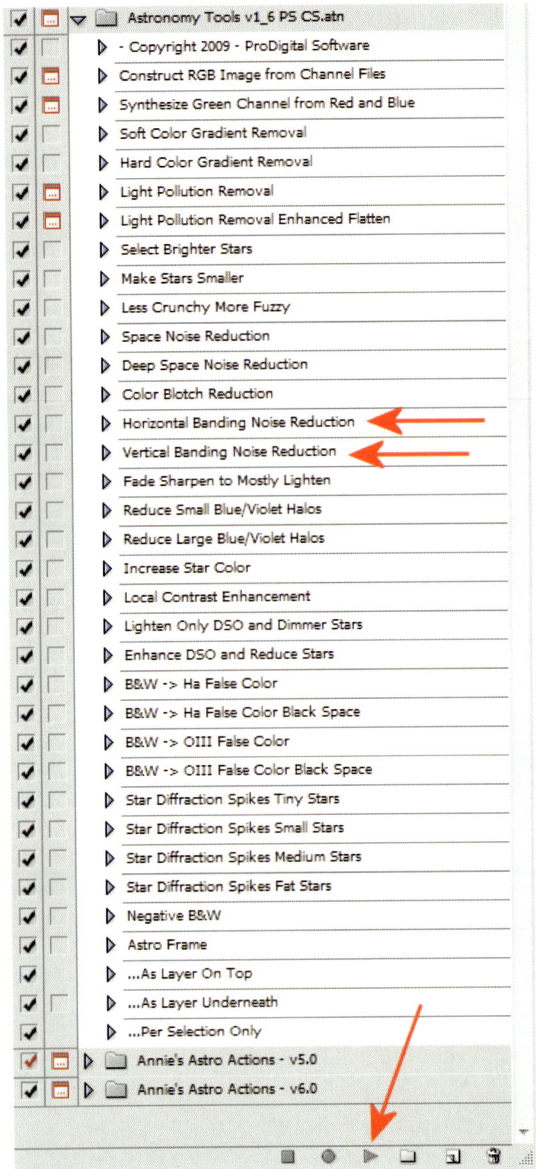

Abbildung 8.165
Photoshop-Plug-in Astronomy Tools 1.6

Es gibt aber auch sehr schmales Banding, das fast schon wie einzelne Striche aussieht. Beide Artefakt-Arten lassen sich sehr leicht mit den Astronomy Tools 1.6 beheben. Starten Sie dazu Photoshop mit dem installierten Plug-in (Actions). Abbildung 8.165 zeigt die Actions für vertikales und horizontales Banding.

Mit einem Klick auf das kleine Dreieck starten Sie die Bildbearbeitung. Diese Actions können Sie je nach Stärke des Bandings mehrmals hintereinander anwenden. Beim Endresultat ist das Banding (Abbildung 8.166) nicht mehr auszumachen.

Arbeiten Sie lieber mit PixInsight, so finden Sie unter SCRIPT/UTILITIES/CANON BANDING REDUCTION eine Möglichkeit, das Banding zu beseitigen.

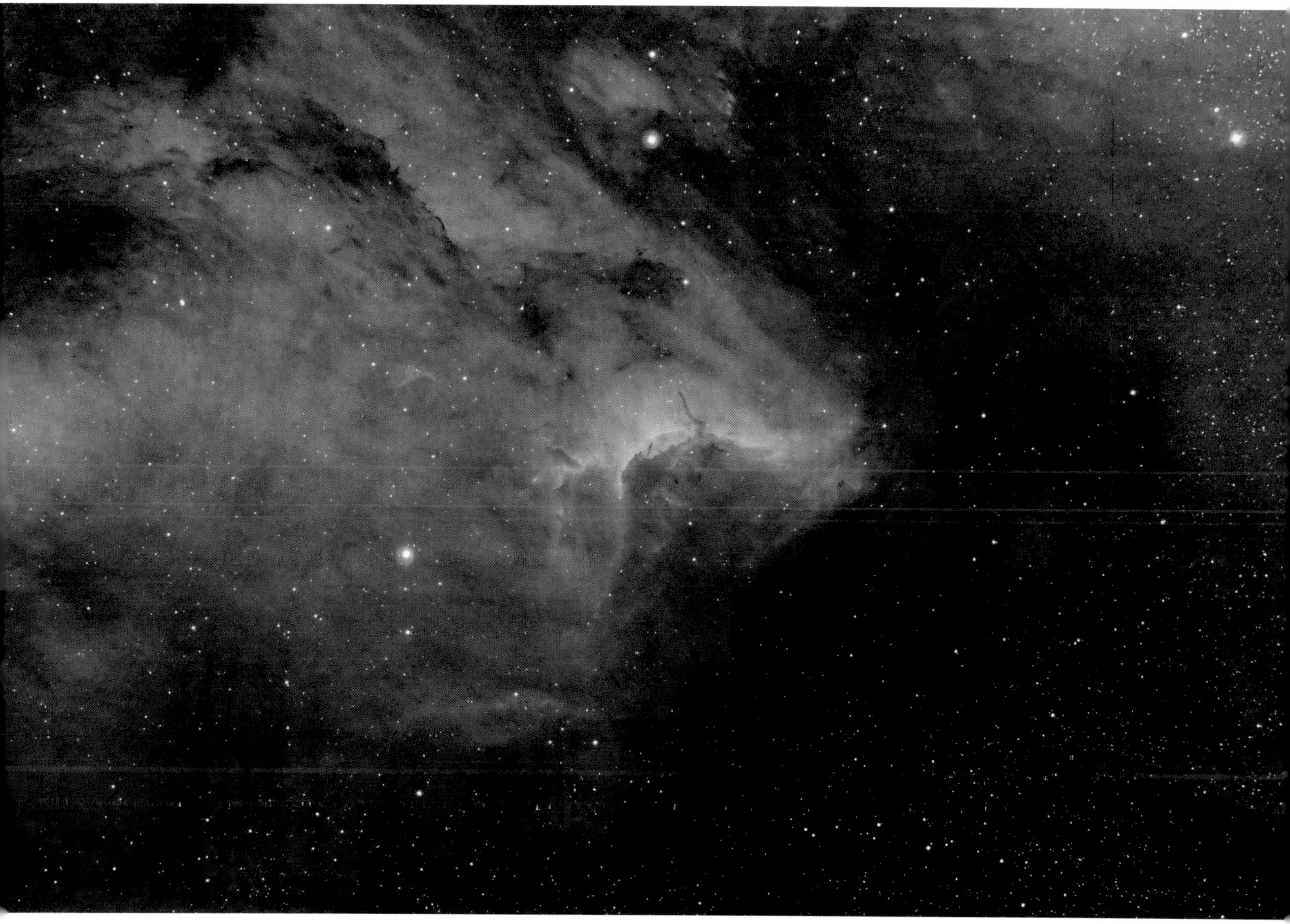

Abbildung 8.166
NGC5070 ohne Banding-Artefakte

8.19 BEISPIELBILDER – TEIL 5

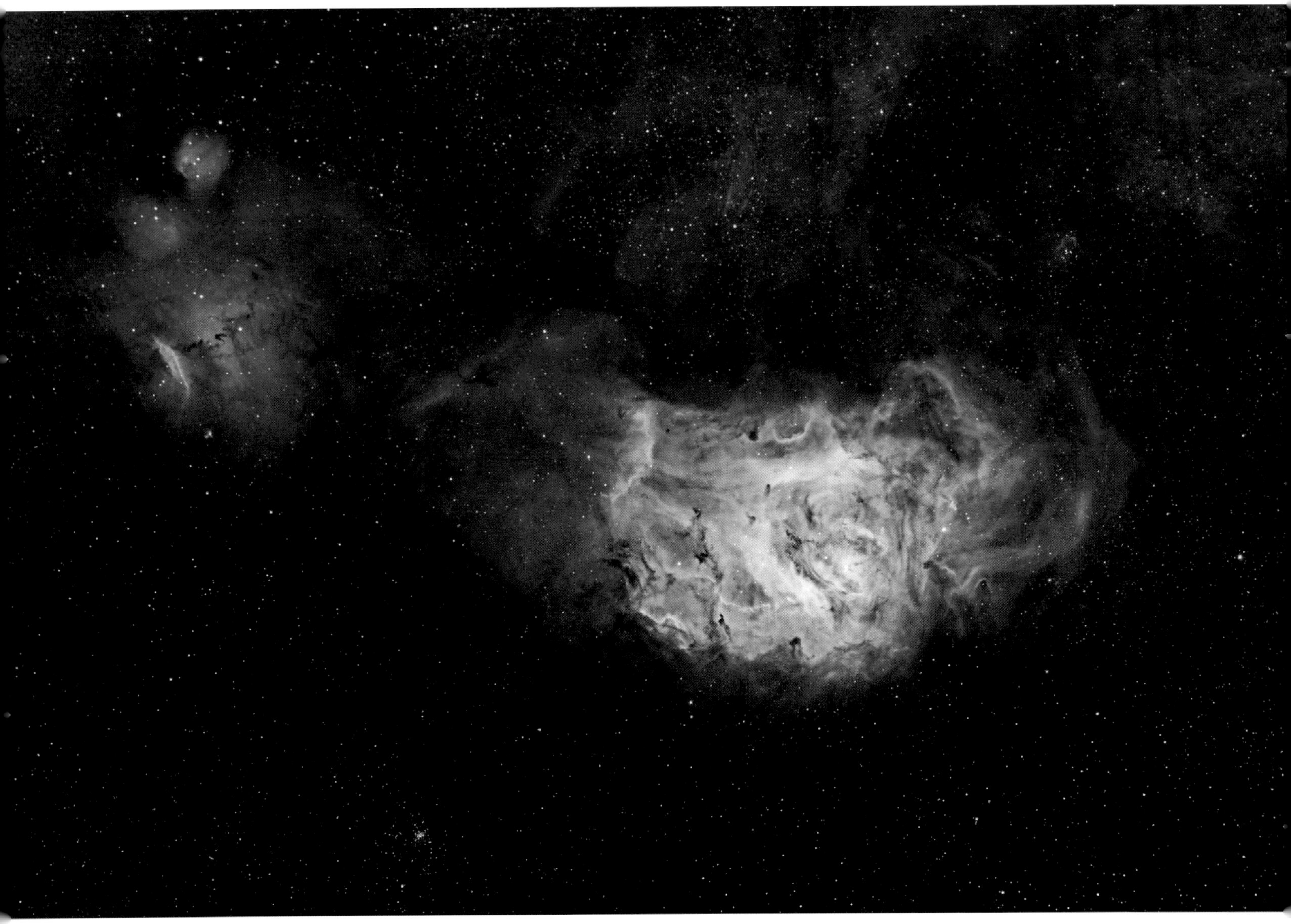

Abbildung 8.167
Legunennebel Messier 8 aufgenommen mit einem Hα-Filter

Abbildung 8.168
Ausschnitt der Abbildung 8.167. Legunennebel Messier 8 aufgenommen mit einem Hα-Filter

Abbildung 8.169
Adlernebel IC 4703 aufgenommen mit einem Hα-Filter. In der Mitte des Bildes: »Die Säulen der Schöpfung«

Abbildung 8.170
Adlernebel IC 4703 etwas kontrastreicher und in Farbe

Abbildung 8.171
Messier 51

Abbildung 8.172
IC1396A – Elefantenrüsselnebel in den Farben der Hubble-Palette

KAPITEL 9
Sonstiges am Himmel

Neben den in diesem Buch schon angeführten Fotomotiven gibt es noch weitere interessante Himmelserscheinungen. Dieses Kapitel beschäftigt sich mit der Fotografie von Gewitterblitzen, Regenbögen und Kometen.

9.1 GEWITTERBLITZ

Der Sinnspruch – Eichen sollst du weichen, Buchen musst du suchen – ist nicht nur ein schlechter Ratgeber, sondern kann bei Gewitter zur tödlichen Gefahr werden. Ein Gewitterblitz sucht sich nicht die Baumart aus, in den er trifft, so viel ist sicher. Auf unserer Erde gibt es etwa 9 Millionen Blitze pro Tag und ca. 2.000 Gewitter. Der Blitz ist das Gefährlichste am Gewitter – aber auch unbestreitbar ein faszinierendes Naturschauspiel. Mit einer Geschwindigkeit von rund 300 Kilometern pro Sekunde sucht sich zunächst ein Leitblitz in der typischen Zickzackform seine Bahn. Diesem Leitblitz kommen vom Boden Fangentladungen entgegen. Sobald eine Verbindung zwischen Wolke und Boden hergestellt ist, jagt der Hauptblitz durch den Kanal und schlägt ein. Dieser Hauptblitz ist 100.000 Kilometer pro Sekunde schnell und bis zu 30.000 Grad Celsius heiß. Eine tödliche Gefahr für Beobachter und Fotografen. Man sollte also, bevor man sich einem Gewitter für fotografische Zwecke nähert, ermitteln, wie weit es vom Betrachter entfernt ist. Dazu zählt man die Sekunden zwischen Blitz und Donner. Ein Gewitter ist sehr nahe, wenn zwischen Blitz und Donner weniger als zehn Sekunden vergehen.

Um sich selber und auch die Fotoausrüstung zu schützen, ist es ratsam, Blitze nur von einem sicheren Unterstand oder vom offenen Fenster aus zu fotografieren.

Abbildung 9.1
Foto vom 21.07.2009

Abbildung 9.2
Foto vom
21.07.2009

Wie fotografiert man nun diese sich sehr schnell bewegenden Blitze?

Die Antwort darauf ist ganz einfach: Sie belichten möglichst den gesamten Zeitraum für die Dauer des Gewitters. Dies geht am besten mit zwei Kameras. Idealerweise zwei digitale Spiegelreflexkameras. Alternativ, wenn keine DSLR zur Verfügung steht, können Sie Blitze auch mit einer Kompaktkamera ablichten. Dies ist allerdings bei einem Gewitter, das am Tage stattfindet, selten erfolgreich. Um in einem möglichst großen Zeitfenster die Blitze auf den Chip zu bannen, ist es erforderlich, mit langen Belichtungen zu arbeiten, was bei Kompaktkameras am Tage durch die fehlende Möglichkeit, Graufilter anzubringen, zur gnadenlosen Überbelichtung führen würde. Bei der Fotografie von Blitzen sollten Sie mit Verschlusszeiten von 20 bis 30 Sekunden sowie kleiner Blende arbeiten. Diese Einstellungen nehmen Sie im manuellen Modus (M) vor. Die Auslöseart wird auf Serienbild gestellt (so ist sichergestellt, dass die Kamera fortlaufend Aufnahmen macht). Der ISO-Wert sollte zwischen 100 und maximal 400 liegen. Optimal ist die Verwendung eines Weitwinkelobjektivs. Die Schärfe wird manuell eingestellt. Ein stabiles Stativ sowie die Verwendung eines Kabel- oder Funkfernauslösers ist unerlässlich.

Der lange offene Verschluss der Kamera erlaubt nun das Aufnehmen der kurzen, schnellen Blitze. Längere Belichtungszeiten von mehr als 30 Sekunden führen oft schon zu starkem Wärmerauschen auf dem Bild, was nicht erwünscht ist.

Die interne Rauschunterdrückung der Kamera sollte ausgeschaltet werden; sie kostet nur wertvolle Aufnahmezeit. Wäre sie eingeschaltet, würde die Kamera nach der eigentlichen Belichtung noch ein zusätzliches Dunkelbild machen und dieses vom ersten Bild abziehen, um das Bildrauschen zu reduzieren. In dieser Zeit kann die Kamera nicht erneut ausgelöst werden. Sie würden mit Sicherheit einige Blitze verpassen. Stehen zwei Kameras zur Verfügung, löst man die zur Gewitterregion ausgerichteten Kameras zeitversetzt aus. Somit steigt die Wahrscheinlichkeit, einen Blitz aufzunehmen. Das zuvor beschriebene Vorgehen ist allerdings nur möglich, wenn es für die langen Belichtungszeiten schon dunkel genug ist. Gewitterblitze bei Tageslicht werden vom Prinzip her genauso fotografiert, allerdings benötigen Sie vor dem Objektiv noch ein bis zwei Graufilter (je nach gewünschter Abdunkelung). Ein Graufilter ist ein Neutraldichte-Filter, der die durchs Objektiv tretenden Lichtmengen verringert. Graufilter gibt es in verschiedenen Stärken.

An dieser Stelle möchte ich nicht versäumen, auf sogenannte *Lightning Trigger* hinzuweisen. Diese kleinen elektronischen Geräte, die seit Kurzem im Handel erhältlich sind, gibt es in Preisklassen von 100 bis 400 Euro. Sie regieren auf das Licht oder die Bewegung des Blitzes und lösen so die Kamera aus. Da ich allerdings damit nicht arbeite, kann ich Ihnen in Bedienung und Funktion keine weiteren Erklärungen geben. Erwähnen wollte ich diese Art der Blitzfotografie allerdings, vielleicht möchten Sie diese Methode ja mal testen.

Abbildung 9.3
Foto vom 20.08.2009

Abbildung 9.4
Foto vom 20.08.2009

Abbildung 9.6
Foto vom 17.07.2010

Abbildung 9.5
Foto vom 17.07.2010

Abbildung 9.7
Foto vom 26.07.2008

Abbildung 9.8 zeigt einen Blitzeinschlag weit hinter dem abgebildeten Haus. Der Donner folgte unmittelbar nach dem Blitz. Der Blitz war so grell, dass die Kamera (es war eine kompakte Kleinbildkamera) die hellen Bereiche des Blitzlichts ausblendete. Der Sensor der Kamera war damit hoffnungslos überfordert. Kurze Zeit darauf waren die Sirenen und die Folgetonhörner der Feuerwehr zu vernehmen. Ich war von dem Ereignis wieder auf den Boden der Tatsachen zurückgekehrt und suchte Schutz im Haus.

Abbildung 9.8
Blitzeinschlag am 30.05.2008

Abbildung 9.9
Foto vom 26.07.2008

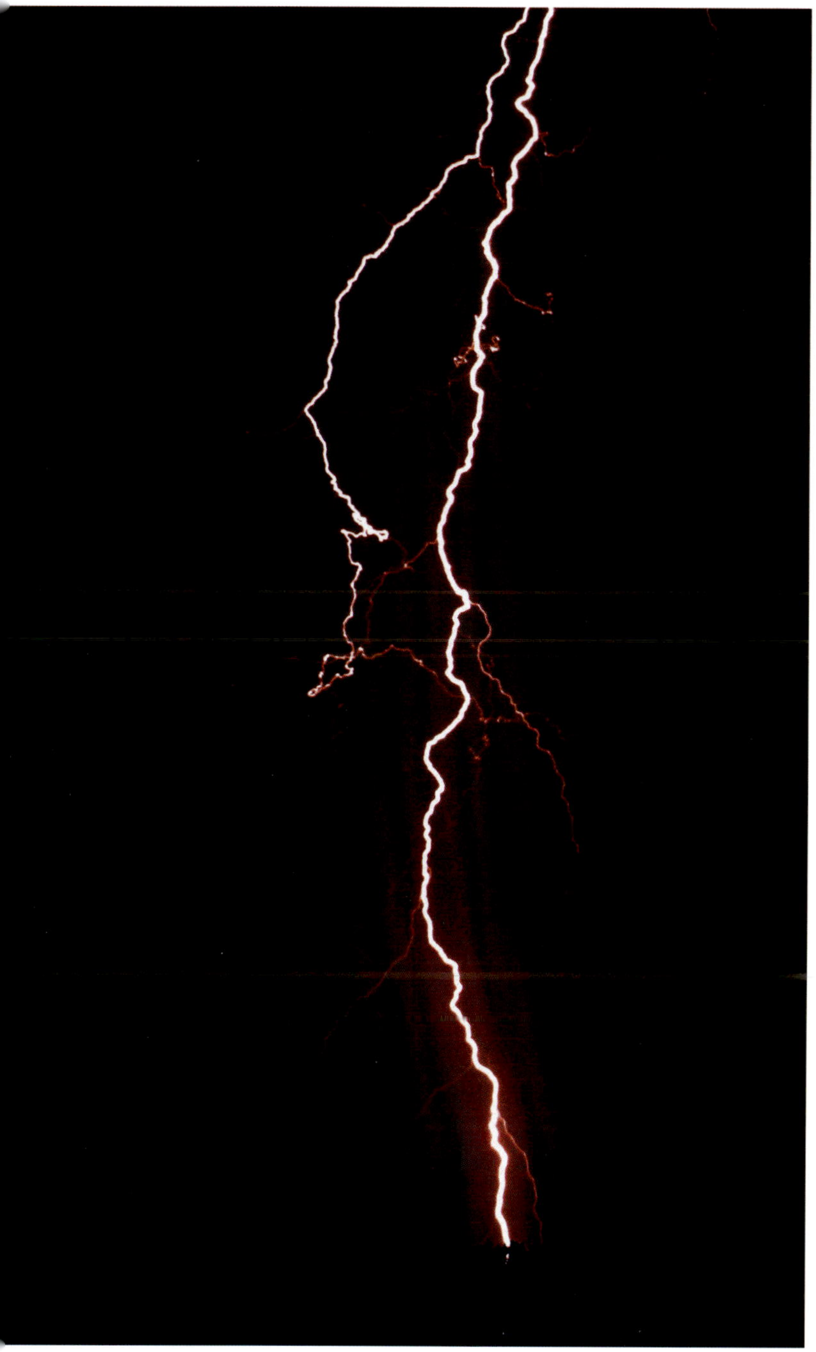

Abbildung 9.10
Foto vom 30.05.2008

Abbildung 9.11
Foto vom 23.08.2011

Abbildung 9.12
Foto vom 23.08.2011

Abbildung 9.13
Foto vom 23.08.2011

Abbildung 9.14
Foto vom 23.08.2011

Abbildung 9.15
Foto vom 23.08.2011

Abbildung 9.16
Foto vom 23.08.2011

9.2 REGENBOGEN

Ein Regenbogen ist ein atmosphärisch-optisches Phänomen, das als kreisbogenförmiges Lichtband wahrgenommen wird. Er entsteht durch die Brechung und die Spiegelung des Sonnenlichts in den Wassertropfen einer Regenwand oder Regenwolke, wenn diese von der hinter dem Beobachter stehenden Sonne beschienen wird. Einen Regenbogen kann man oft nach einem Gewitter beobachten, wenn durch die Sonneneinstrahlung das Gebiet schnell wieder aufklart. Er erscheint immer in der Richtung, wohin der Schatten des Beobachters zeigt. Ein Regenbogen ist also für den geübten Beobachter sehr schnell zu finden. Gelegentlich ist über dem kräftigen Hauptregenbogen ein schwacher Neben-Regenbogen mit umgekehrter Farbfolge zu sehen.

Das Fotografieren eines Regenbogens ist, wenn Sie vorbereitet sind, eine einfache Angelegenheit. Optimal ist eine Kamera mit vorgeschraubtem Polfilter, um die Farben des Regenbogens zu verstärken. Belichten können Sie meist per Automatik und ohne Stativ. Muss es aber schnell gehen, da die Erscheinung oft nicht lange anhält, empfehle ich, eine Belichtungsreihe von mindestens drei Bildern zu machen. Eines per Belichtungsautomatik der Kamera und jeweils eines um je eine Blende unter- bzw. überbelichtet. Am PC haben Sie somit nicht nur die Möglichkeit, das beste Bild auszuwählen, Sie können auch daraus ein HDRI-Bild (siehe

Kapitel 1) erzeugen, um so den Kontrast und die Farbe des Regenbogens zu verstärken.

Nachfolgend einige Bildbeispiele.

Abbildung 9.17
Insel Fehmarn, Sommer 2007

Abbildung 9.18
07.09.2008

Abbildung 9.19
02.05.2003

Abbildung 9.20
07.10.2010

Abbildung 9.21
Geteilter Regenbogen, Borkum Sommer 2010

Abbildung 9.22
HDR-Foto vom 19.10.2010

Abbildung 9.23
Foto vom 20.03.2010

9.3 POLARLICHTER

In meinem Buch *Himmelsphänomene*, das 2013 im mitp-Verlag erschienen ist, war es mir erstmals möglich, auch von Polarlichtern im mitteldeutschen Raum zu berichten. Dies lag daran, dass, wenn auch sehr selten, 2011 und 2012 Polarlichter in Deutschland vorkamen. Erlauben Sie mir, hiervon zu berichten:

Eines der spektakulärsten Himmelsphänomene sind wohl Polarlichter. Sind diese in unseren mitteleuropäischen Breiten eher selten bis gar nicht zu sehen, treten sie in der Nord- bzw. Südpolregion sehr häufig auf. Polarlichter entstehen, wenn elektrisch geladene Teilchen (Plasma) der Sonne, sogenannte Sonnenwinde, auf die oberen Atmosphärenschichten der Erde treffen. Dort werden Luftmoleküle in energetische Schwingungen versetzt, was sie zum Leuchten anregt. Unser Erdmagnetfeld leitet diese Sonnenwinde entlang der Pole. Es entsteht das Polarlicht, am Nordpol Aurora Borealis und am Südpol Aurora Australis genannt. Ab dem 60. Breitengrad ist regelmäßig mit Polarlicht zu rechnen. Ideale Beobachtungsgebiete sind daher Alaska, Finnland, Schweden und Norwegen oder am Südpol in der Antarktis. Kommt es auf unserer Sonne zu einem starken koronalen Massenauswurf (englisch: Coronal Mass Ejection / CME) und ist dieser erdgerichtet, sind Polarlichter zu erwarten. Oft treten diese CME aus den Sonnenflecken hervor.

Die Stärke der Polarlichtaktivität wird in einer erdmagnetischen Kennziffer, dem KP-Index festgehalten. Diese Skala reicht von KP = 1 bis KP = 10. Den aktuellen KP-Wert können Sie im Internet (`http://www.meteoros.de/polar/polwarn.htm`) oder mit dem Smartphone (App: Solaris) abrufen und sich so auf eine Sichtung oder Fotografie von Polarlichtern vorbereiten.

In langen klaren Nächten, von September bis März, ist die Wahrscheinlichkeit, bei entsprechend hohem KP-Wert in den erwähnten Regionen ein Polarlicht auszumachen, größer als im Sommer. Etwa 15 bis 20 Mal im Jahr kommt es auch im Norden von Deutschland zum Auftreten von Polarlichtern. Sehr selten sind Polarlichter, wie in den Jahren 2011/2012, auch von Mitteldeutschland aus zu sehen oder zumindest fotografisch nachweisbar.

Ab einem KP-Wert von 5 (in der Nacht) sollten Sie Ihre Kamera (vorzugsweise eine DSLR) bereithalten und immer wieder Richtung Norden zum Horizont blicken. Ab einem KP von 8 ist fast immer mit Polarlichtern in Mitteleuropa zu rechnen. Während in den Polregionen das Polarlicht grün leuchtet, erscheint es in Mitteleuropa fast ausschließlich in Rot. In den Polregionen kommt es sehr schlierenhaft oval vor, während das weiter südliche rote Polarlicht fast immer strahlenförmig nach oben gerichtet ist.

Die Farbe ist auch in den Höhen unterschiedlich. So sind in einer Höhe von etwa 80 Kilometern die Lichter rötlich und wechseln dann bis ca. 200 Kilometer Höhe in Grün. Oberhalb von 200 Kilometern sind sie dann dunkelrot. Sehr selten sind auch violette und blaue Farben auszumachen.

Achten Sie auf Meldungen in den Medien von großen Sonnenaktivitäten. Nach einem CME dauert es ca. zwei bis drei Tage, bis dieser auf das Magnetfeld der Erde trifft. So können Sie Ihre Fotosession planen.

Eike Runschke gelangen im Oktober 2011 wunderbare Aufnahmen von Mitteldeutschland aus (Abbildung 9.24 und Abbildung 9.25).

Abbildung 9.24
Foto von Eike Runschke im Oktober 2011

Abbildung 9.25
Foto von Eike Runschke im Oktober 2011

Was benötigen Sie für eine erfolgreiche Polarlichtaufnahme? Neben dem Glück, ein Polarlicht in Ihrer Region zu sehen: natürlich eine Kamera. Für Polarlichtaufnahmen eignet sich am besten eine DSLR mit Stativ und Fernauslöser/Timer. Hierbei haben Sie die völlige Freiheit des manuellen Bedienens – das wie so oft in der Himmelsfotografie notwendig ist. Je nach Himmelshelligkeit sollten Sie mit der Belichtungszeit etwas experimentieren. Dies natürlich wieder im MANUELLEN MODUS M. Die Kamera, mit einem Weitwinkelobjektiv bestückt, befindet sich dabei auf einem stabilen Stativ. Der STEADYSHOT und der AUTOFOKUS der Kamera sind ausgeschaltet. Als Bildformat sollte RAW eingestellt sein. Gerade bei Polarlichtaufnahmen ist das RAW-Format wichtig; so können Sie später noch etwas mehr Klarheit und Sättigung aus dem Bild herausholen. Eine nachträgliche Korrektur des Weißabgleichs ist dann auch noch gut möglich. Kontrollieren Sie anhand des Histogramms, am Display Ihrer Kamera, die ersten Testaufnahmen und entscheiden Sie sich dann für eine optimale Belichtung. Als Ausgangswert empfehle ich bei sehr starkem Polarlicht Aufnahmezeiten von 5 bis 30 Sekunden bei offener Blende und ISO-Einstellungen zwischen 100 bis 400.

Bei sehr schwachem Polarlicht (von Nord- oder Mitteldeutschland aus) können Sie über die 30 Sekunden Belichtung hinausgehen und den ISO-Wert bei 800 bzw. 1600 einstellen. Lohnenswert ist auch eine Belichtungsreihe für eine HDR-Aufnahme, wenn z.B. eine beleuchtete Ortschaft im Bildvordergrund ist. Denken Sie auch an die Möglichkeit, später einen Zeitrafferfilm zu erstellen – also machen Sie viele Bilder in Folge. Verarbeiten Sie diese Bildfolge dann.

Polarlichter sind in unseren Breiten sehr selten und Sie sollten daher, wenn Sie das Glück haben, welche zu sehen oder auch nur fotografisch nachzuweisen, immer für einen längeren Zeitraum hintereinander viele Fotos machen.

Die folgenden Aufnahmen entstanden am Morgen des 01.10.2012 vom 51. Breitengrad aus. Es herrschte zu diesem Zeitpunkt ein KP von 6. Die Polarlichter waren die Folge eines großen koronalen Massenauswurfs vom 27.09.2012. Die Richtung des Plasmaausstoßes lag fast genau Richtung Erde. Aufgenommen habe ich mehrere Fotos mit einer DSLR bei einer Belichtungszeit von 30 Sekunden, bei Blende 7.1 und ISO 1600. Damit das sehr schwache Polarlicht besser zu sehen ist, habe ich anschließend jeweils sechs Aufnahmen mit dem Programm Startrails zu einem Bild addiert (Abbildung 9.26 und Abbildung 9.27).

Abbildung 9.26
Aufnahme vom 01.10.2012 gegen 3.17 Uhr MESZ

Abbildung 9.27
01.10.2012 gegen 3.10 Uhr MESZ

Quelle: Himmelsphänomene fotografieren – mitp-Verlag

Zwei besonders schöne Aufnahmen (siehe Abbildung 9.28 und Abbildung 9.29) eines grünen Polarlichts gelangen Rainer Eisenhuth in Norwegen am 22.01.2012. Er schreibt dazu: *Diese zwei Bilder entstanden in Norwegen auf dem Hurtigruten-Schiff MS Polarlys im Hafen von Rørvik auf 64,51° Nord und 11,14° Ost auf dem Rückweg von Kirkenes nach Bergen, kurz nach 21.00 Uhr.*

Blickrichtung Ost. Die Lichter im Hintergrund stammen vom Ort Ottersøya.

Wer träumt nicht schon einmal von einem Urlaub in Skandinavien? Carsten Frenzl hat sich diesen Traum erfüllt. 2013 bereiste er diese Region und machte atemberaubende Fotos. Bei dieser Reise handelte es sich um einen 11-tägigen Polarlichtworkshop, angeboten von einem bekannten Reiseunternehmen. Es war eine kleine Gruppe von 7 Personen. Ideale Gruppengröße – nicht zu groß. Frenzl berichtet: *Ankunft war am 06. März in Tromsö. Nach einer Übernachtung ging es weiter nach den Kilpisjärvi-See. Nach einem Aufenthalt von 5 Tagen ging die Reise weiter nach den Lyngenfjord. Aufenthalt dort: 4 Tage. Abschließend wieder zurück nach Tromsö und von dort Rückflug nach Frankfurt. Der Veranstalter legte Ort und Aufenthaltsdauer so geschickt, dass eine höchstmögliche Chance auf Polarlicht bestand. Die Foto-Ausbeute war überwältigend. Bis auf den letzten Tag unserer Reise hatten wir jede Nacht Polarlichter.*

Abbildung 9.28
Foto: Rainer Eisenhuth

Tagsüber machten wir Ausflüge in die Umgebung, nachts warteten wir gespannt auf das Polarlicht. Dieses zeigte sich meist in der Zeit von 21.00 bis 22.00 Uhr sowie morgens zwischen 3.00 und 4.00 Uhr. Allerdings gab es auch kleine Nachteile: Es war die unglaubliche Kälte. Am Lyngenfjord hatten wir unsere tiefsten Temperaturen von -30,5°C.

Die Aufnahmen wurden mit einer handelsüblichen DSLR, in diesem Fall mit einer Canon EOS 650D gemacht. Bei der Abbildung 9.30 handelt es sich um eine Kombination von zwei Aufnahmen. Die Landschaft im Vordergrund wurde mit einer Brennweite von 10 mm bei Blende 3.5 und einer Belichtungszeit von 80 Sekunden bei ISO 800 aufgenommen. Die Aurora mit gleicher Blende und Brennweite mit 20 Sekunden und ISO 1600. Aufnahmeort: Lyngenfjord in Dyupvik, Troms Fylke, Norwegen.

Abbildung 9.29
Foto: Rainer Eisenhuth

Abbildung 9.30
Foto: Carsten Frenzl

Abbildung 9.31
Foto: Carsten Frenzl

Abbildung 9.31 wurde in Kilpisjärvi Finnland aufgenommen. Aufnahmedaten: 20 mm bei Blende 2.8. Belichtungszeit 10 Sekunden bei ISO 1600.

9.4 KOMETEN

Der Komet Hale-Bopp (C/1995 O1) wurde am 23. Juli 1995 unabhängig voneinander durch Alan Hale in New Mexico und Thomas Bopp in Arizona entdeckt.

Abbildung 9.32 zeigt den Kometen Hale-Bopp. Die Aufnahme entstand im Herbst 1997 auf der Emberger Alm in 1800 m Höhe mit einer analogen DSLR. Verwendet wurde ein Teleobjektiv mit 135 mm. Die Kamera wurde nachgeführt und die Belichtungszeit betrug 8 Minuten (Ektachrome 400).

Abbildung 9.32
Hale-Bopp. Aufnahme von Thorsten Schutzeichel

Im März 2012 gelangen mir einige Aufnahmen vom Kometen C/2009 P1 Garradd (Abbildung 9.33 bis Abbildung 9.35).

Abbildung 9.33
Komet C/2009 P1 Garradd

Abbildung 9.34
Komet C/2009 P1 Garradd

Abbildung 9.35
Komet C/2009 P1 Garradd

Abbildung 9.36
Komet C/2009 P1 Garradd

Für die Fotografie von relativ hellen Kometen (5–6 mag oder heller) können Sie eine handelsübliche digitale Spiegelreflexkamera einsetzen. Es ist nicht nötig, diese Kamera speziell für die Astrofotografie umzubauen, da Kometen hauptsächlich im blau/grünen oder weißen Licht leuchten. Nehmen Sie, auch bei Kometenaufnahmen, im bevorzugten RAW-(Roh-)Format auf. Bei einem hellen Kometen mit einem großen langen Schweif sind Weitwinkelobjektive oder ein leichtes Teleobjektiv bis 85 mm die erste Wahl. Die Belichtung wird manuell eingestellt. Tasten Sie sich vorsichtig je nach Brennweite an die maximale Belichtungszeit heran, wo die Sterne noch gut punktförmig sind. Die ISO-Empfindlichkeit können Sie bei einer modernen DSLR neueren Baudatums ruhig bis auf ISO 1600 stellen, ohne zu starkes Bildrauschen zu erhalten. Die Kamera befindet sich auf einem Stativ. Lösen Sie mit einem Fernauslöser oder per Laptopsteuerung Ihre Kamera aus, um Erschütterungen zu vermeiden. Dunklere Kometen, die längere Belichtungszeiten und/oder auch längere Brennweiten erfordern, sollten Sie mit einer teleskopischen Montierung aufnehmen. Die Kamera kann sozusagen huckepack auf einem parallaktischen Teleskop oder auch direkt ans Teleskop (ohne Kameraobjektiv) angeschlossen und motorisch nachgeführt werden. Diese Technik ist fast so, wie Sie sie schon in Kapitel 8 (Deep Sky) kennengelernt haben. Der einzige Unterschied ist, dass Sie die Belichtungszeiten aufgrund der (meist) hohen Geschwindigkeit eines Kometen oftmals nicht oberhalb von 60 Sekunden ansiedeln können. Machen Sie viele Aufnahmen nacheinander und stacken Sie diese z.B. mit dem DeepSkyStacker. Mit diesem Programm haben Sie die Möglichkeit, auszuwählen, ob Sie die Ausrichtung auf den Kometen, den Sternen oder beides wünschen.

Im Winter 2007/2008 war der Komet 17P/Holmes eine kleine Sensation. Seine Helligkeit stieg damals innerhalb nur weniger Tage auf das 500.000-Fache an und zeigte uns einen Kometen, mit dem wir in dieser Form sicher nicht gerechnet hätten. Die Zunahme seiner scheinbaren Größe am Nachthimmel in den folgenden Monaten war ebenso spektakulär. Andreas Hattinger mailte mir die Beschreibung eines wahrlich außergewöhnlichen Kometen. Da ich selber erst im Jahr 2008 mit der Astrofotografie angefangen habe, entging mir dieser sensationelle Komet. Umso mehr freue ich mich jetzt, Ihnen die Aufnahmen des Kometen Holmes zeigen zu können, die mir A. Hattinger zur Verfügung gestellt hat.

Abbildung 9.37 entstand am 31.10.2007 durch einen 178-mm-Starfire-Refraktor (F/9) der Sternwarte Passau. Belichtungszeit 3x30 Sekunden bei ISO 800 und 3x30 Sekunden bei ISO 1600.

Abbildung 9.37
Holmes vom 31.10.2007. Foto: Andreas Hattinger

Abbildung 9.38 entstand am 05.11.2007 durch einen Fotonewton 8" (F/4,5) mit Koma-Korrektor im Bayerischen Wald. Aufgrund der besseren Sichtbarkeit reichten auch hier 4x30 Sekunden bei 800 ISO für den Kern sowie 5x120 Sekunden bei 1600 ISO für den Schweif.

Abbildung 9.38
Holmes vom 05.11.2007. Foto: Andreas Hattinger

Abbildung 9.39
Holmes vom 02.01.2008. Foto: Andreas Hattinger. Belichtungszeit 4x180 Sekunden bei ISO 800 und Blende 4

Abbildung 9.39 zeigt den Kometen Holmes, aufgenommen mit einem 100-mm/2,8-Makroobjektiv.

Nachdem den meisten Beobachtern wegen des schlechten Wetters in Mittel-Europa ein Blick (oder ein Foto) auf den Kometen panStarrs verwehrt blieb, hatte Michael Natschke besonderes Glück. Abbildung 9.40 und Abbildung 9.41 entstanden am 15.03.2013 in Gernsbach im Südschwarzwald. Verwendung fand eine Canon EOS 600D mit einem Canon-Objektiv 70-200 F/2.8.

Abbildung 9.40
C/2011 L4 (panStarrs)
Foto: Michael Natschke
Aufnahmedaten:
Blende: F/5,7
Belichtungszeit: 8 Sekunden
Brennweite: 70 mm
ISO 800

Abbildung 9.41
C/2011 L4 (panStarrs)
Foto: Michael Natschke
Aufnahmedaten:
Blende: F/5,7
Belichtungszeit: 2 Sekunden
Brennweite: 200 mm
ISO 800

Abbildung 9.42 zeigt das verwendete Setup bei den panStarrs-Aufnahmen.

C/2011 L4 (panStarrs) erreichte nur für kurze Zeit eine große Helligkeit. Das Wetter behinderte enorm die freie Sicht auf den Kometen. Hoffen wir, dass es mit dem Kometen C/2012 S1 (ISON) etwas bessere Bedingungen geben wird. Im Teleskop ist er bereits jetzt schon zu sehen. Einige Experten behaupten, dass ab Mitte November 2013 der Komet ISON mit bloßem Auge zu bewundern ist. Warten wir es ab …und halten die Kamera bereit.

2013 sollte das Jahr der Kometen werden … doch ist es das?

Abbildung 9.42
Das Setup:
EOS 600D mit einem Canon-Objektiv 70–200 F/2,8 L IS Serie II auf einem Triton-Stativ

9.5 DIE MILCHSTRASSE

In klaren dunklen Nächten können Sie die Milchstraße schon mit dem bloßen Auge erkennen. Es gibt zwei Möglichkeiten, die Milchstraße abzulichten. Die eine ist, Sie verwenden eine nachgeführte Kamera (siehe Abschnitt 3.32 und Abschnitt 3.5), die andere: Sie nehmen die Milchstraße ohne Nachführung auf. Den zweiten Weg möchte ich kurz erläutern. Um möglichst viel von der Milchstraße zu erfassen, eignet sich eine Kamera mit einem Weitwinkelobjektiv am besten. Gestützt auf einem stabilen Stativ und ausgelöst mit einem Fernauslöser, belichten Sie, so es das Rauschverhalten der Kamera zulässt, bei ISO 1600 mehrere Aufnahmen mit 15 Sekunden Belichtungszeit. In meinem folgenden Beispiel habe ich zwölf solcher Aufnahmen im RAW-Format gemacht und diese dann vor der Weiterbearbeitung in das TIF-Format, ohne Komprimierung, konvertiert.

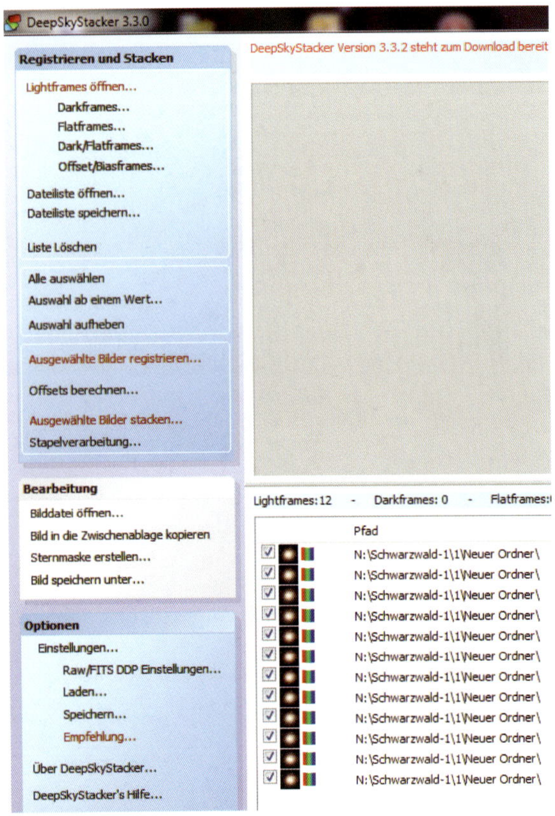

Abbildung 9.43
Bilder laden und auswählen

Die Bilder wurden, wie auch schon in Kapitel 8 (Deep Sky) geschildert, übereinandergelegt (gestackt).

Zuerst öffnen Sie dazu die Bilder im DeepSkyStacker (DSS) unter Lightframe Öffnen. Anschließend wählen Sie alle Bilder zur Weiterverarbeitung aus (Abbildung 9.43).

Vor dem Stacken müssen die Bilder in DSS registriert werden. Dort können Sie diverse Einstellungen vornehmen, etwa wie viele Bilder (nur die besten) zum Stacken verarbeitet werden sollen. In Abbildung 9.44 steht diese Einstellung auf 90%.

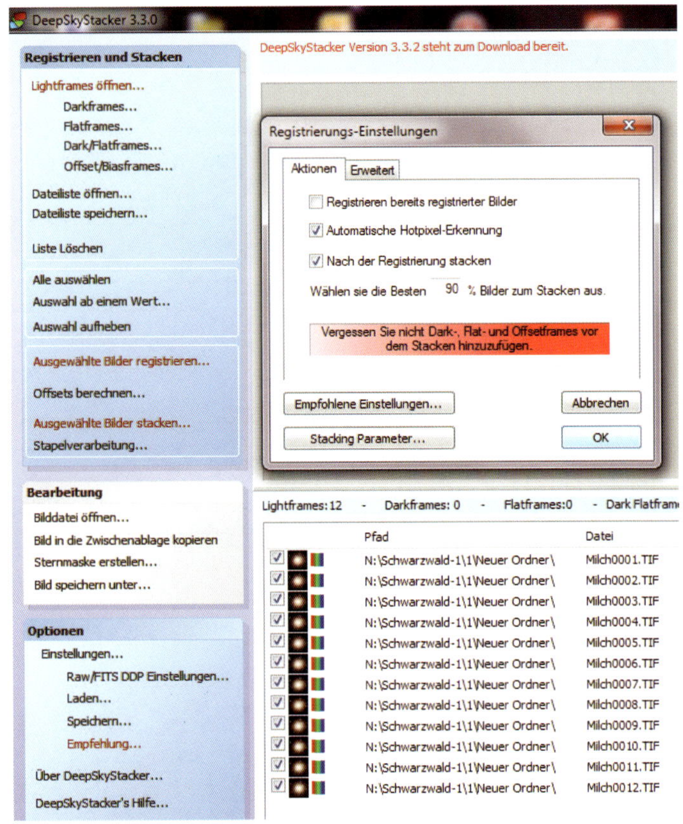

Abbildung 9.44
Bilder registrieren

Nach dem Bestätigen des folgenden Dialogs öffnet sich ein weiteres Fenster, wo Sie weitere Einstellungen vornehmen können. Der Modus Mosaik und der Parameter Median unter Light bringen gute Ergebnisse (Abbildung 9.45 und Abbildung 9.46).

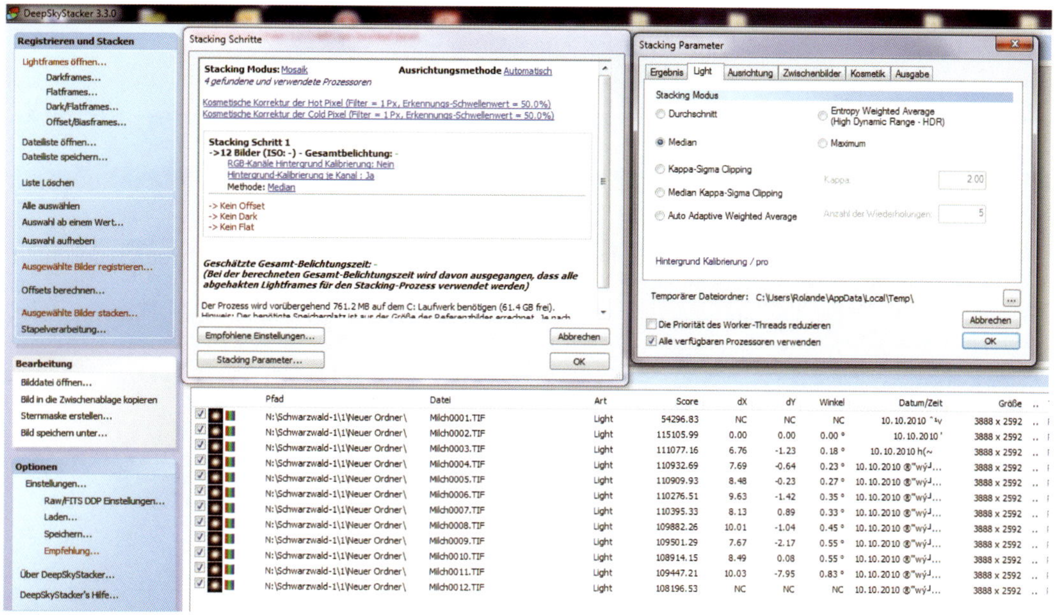

Abbildung 9.45
Stacking-Parameter

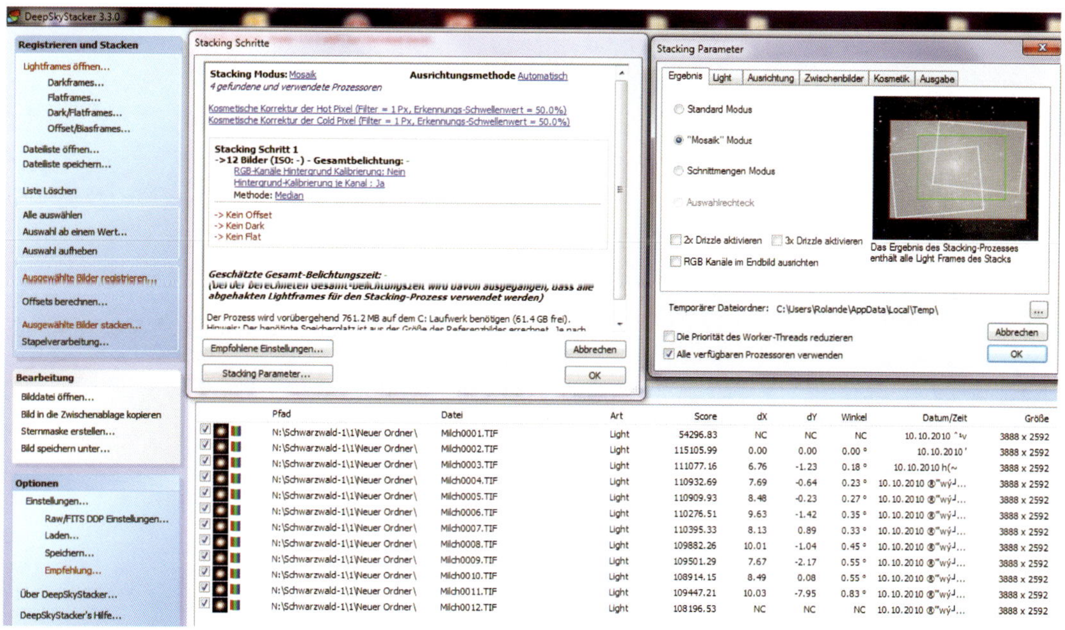

Abbildung 9.46
Stacking-Parameter

Mit Bestätigen auf OK starten Sie den Stacking-Vorgang. DSS benötigt nun je nach Rechenleistung Ihres PC einige Zeit, um die Bilder auszurichten und zu mitteln. Am Ende der Berechnung wird das Ergebnis angezeigt (Abbildung 9.47). Wie Sie erkennen können, ist das Bild sehr hell und farbstichig. Dies wird nun in der weiteren Bearbeitung behoben. Speichern Sie dazu das Bild im TIF-Format ab und schließen Sie DSS.

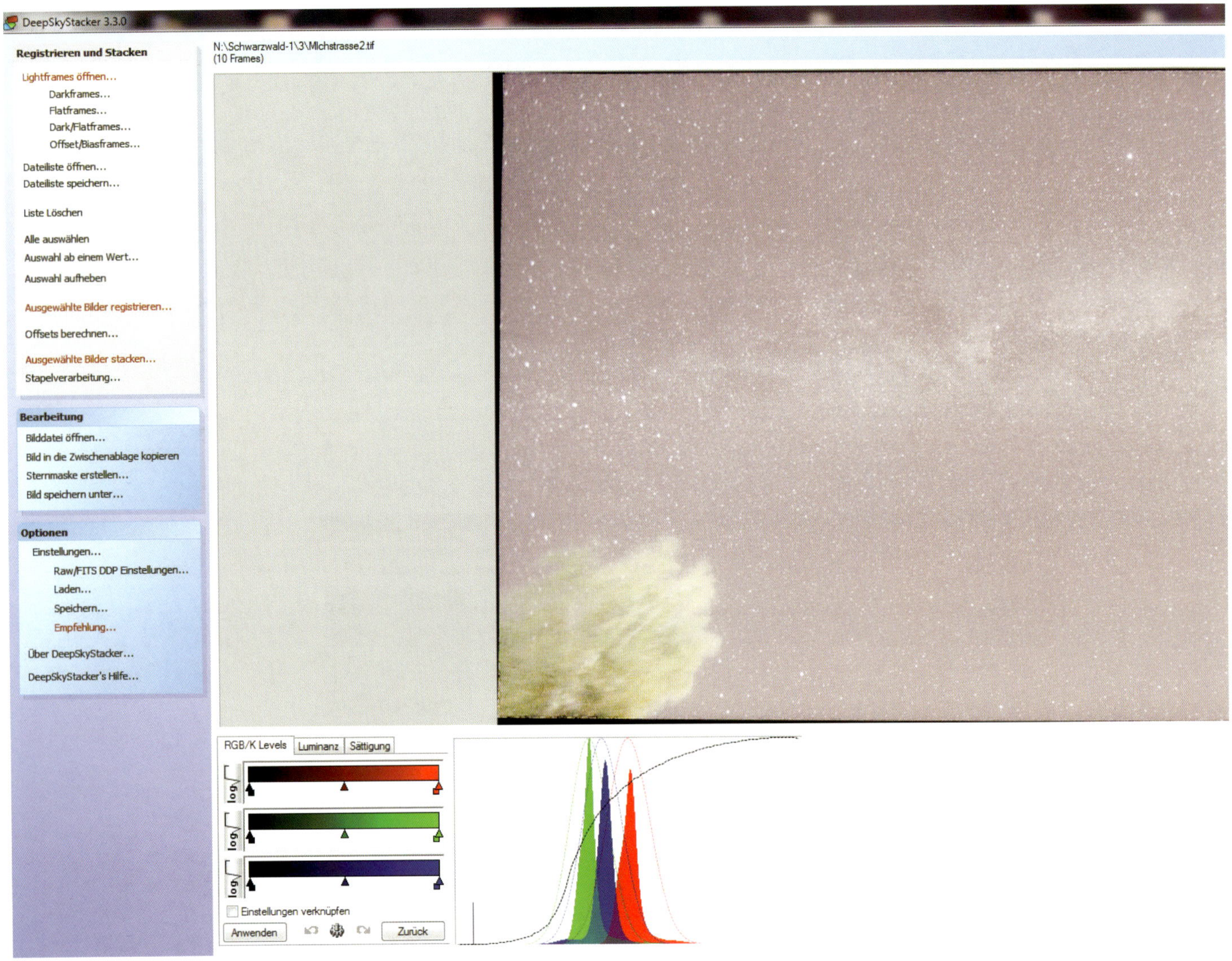

Abbildung 9.47
Ergebnis in DSS

Öffnen Sie das Bild nun in Fitswork. Dort können Sie seine Helligkeit mit dem SCHIEBEREGLER am Histogramm anpassen (Abbildung 9.48).

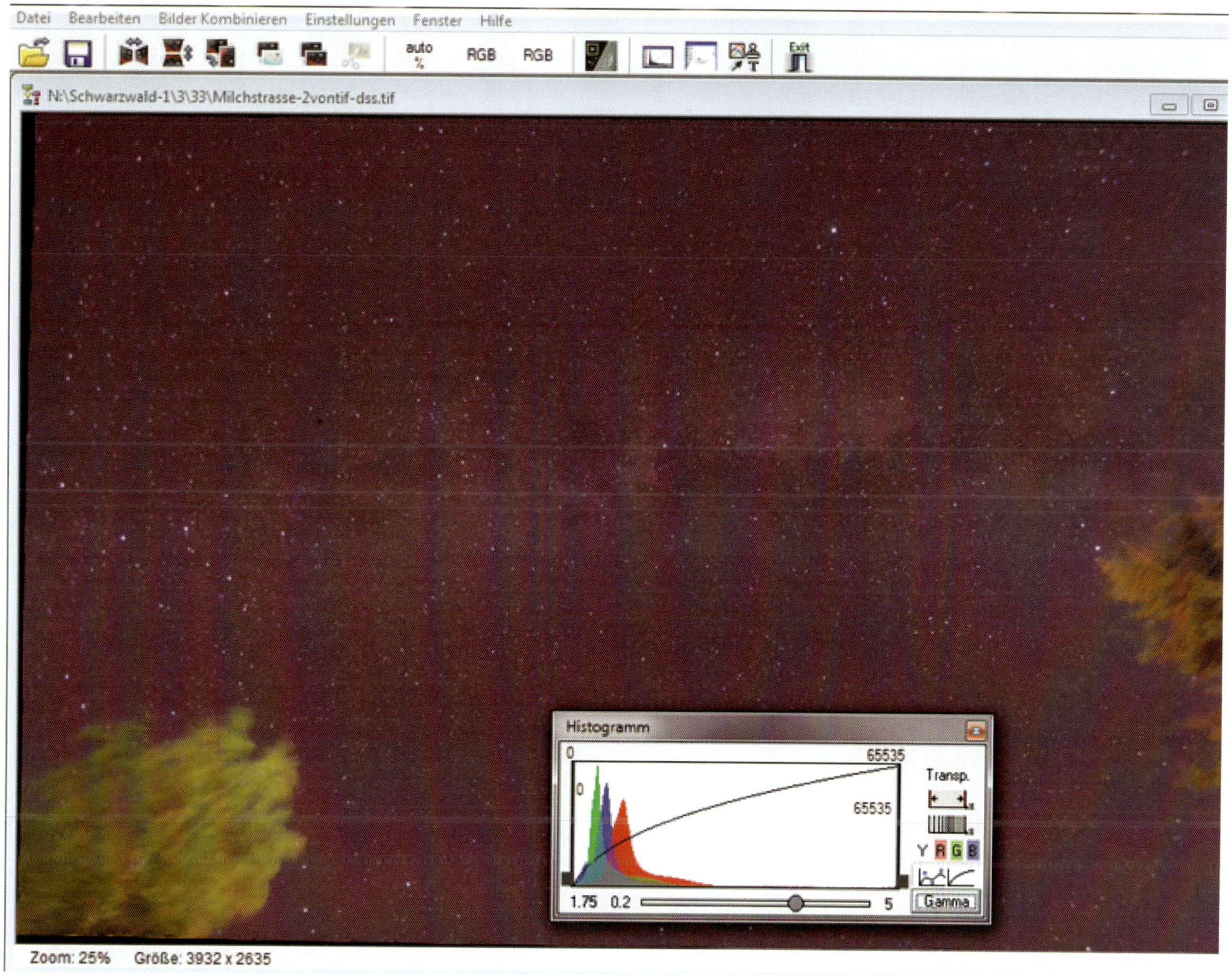

Abbildung 9.48
Bearbeitung in Fitswork

Eine gute Anpassung ist auch mit dem Programm Gimp möglich. Dazu wird zuerst die Farbkurve leicht erhöht und anschließend der Schwarzwert unter FARBEN/WERTE angepasst, indem Sie mit der ersten Pipette (die erste ist für Schwarz, dann folgt Grau und Weiß) in einen Bereich des Bildes klicken, der schwarz sein soll. Der Schwarzwert ist nun gesetzt. Durch Verschieben des Reglers ZIELWERTE nach rechts können Sie die schwarzen Bereiche wieder etwas aufhellen (Abbildung 9.49 und Abbildung 9.50).

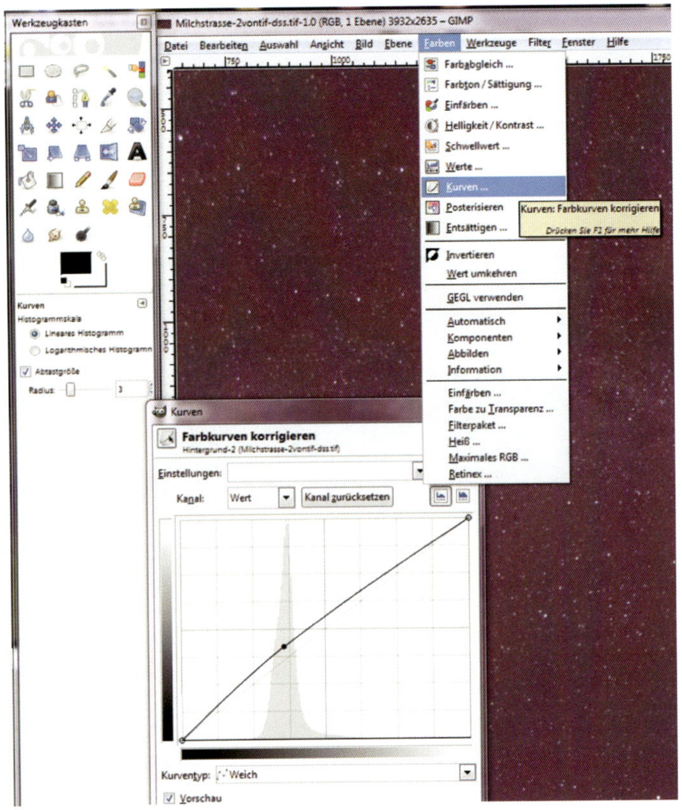

Abbildung 9.49
Bearbeitung in Gimp

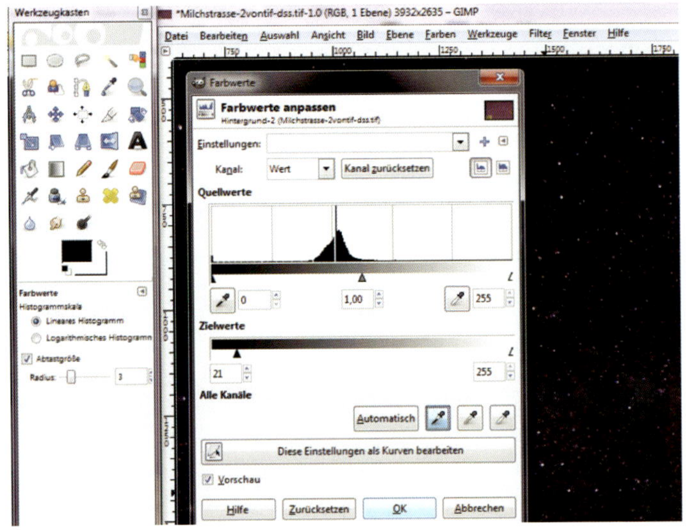

Abbildung 9.50
Bearbeitung in Gimp

Das Bild ist jetzt fast fertig. Es wird noch ausgeschnitten und die rote Farbe etwas reduziert. Sollten Sie eine umgebaute DSLR verwenden, so wie ich hier in diesem Beispiel, könnte das Bild zu rotstichig sein. Dies können Sie aber leicht in Gimp, Photoshop oder einem Programm Ihrer Wahl korrigieren. Ich habe Corel Paint verwendet (Abbildung 9.51). Alternativ können Sie natürlich beim Entwickeln der RAW-Dateien (z.B. in Lightroom 4) den Weißabgleich vornehmen und so den Rotstich schon vor der Weiterverarbeitung entfernen.

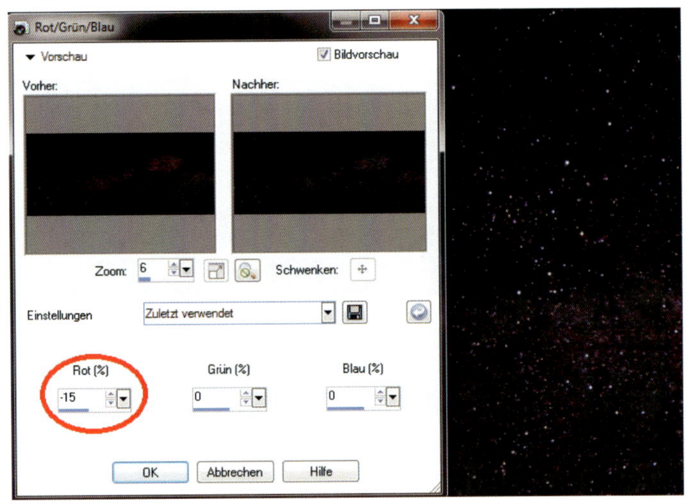

Abbildung 9.51
Farbe korrigieren

Eine weitere interessante Bearbeitungsmöglichkeit ist das Reduzieren der Sternengröße. Somit wirkt das Bild wesentlich schärfer. Sollten Sie im Besitz von Photoshop oder Photoshop Elements sein, gibt es für diesen Zweck ein interessantes Plug-in. Es heißt *Astronomy Tools 1.6*. Wählen Sie dort die Funktion MAKE STARS SMALLER (Abbildung 9.52).

Sollten Sie nicht im Besitz der Astronomy Tools 1.6 sein, können Sie den gleichen Effekt auch nur mit Photoshop erzeugen, allerdings sind hierzu einige Arbeitsschritte nötig. Öffnen Sie zunächst das zu bearbeitende Bild in Photoshop und duplizieren Sie die Hintergrundebene (Abbildung 9.54).

Abbildung 9.52
Astronomy-Tools-Plug-in

Sind Sie mit dem Ergebnis zufrieden, speichern Sie das Bild ab.

Abbildung 9.53
Die Milchstraße

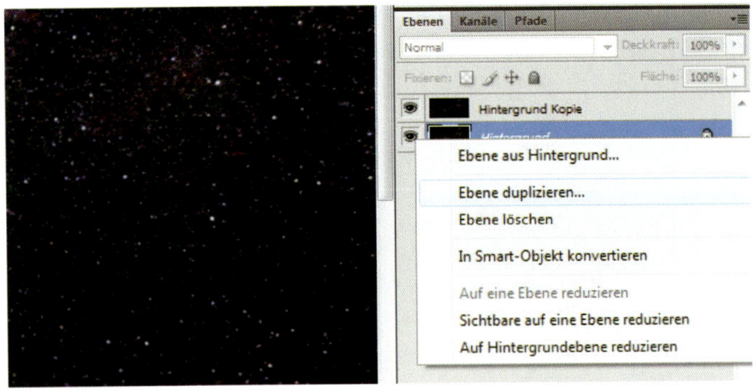

Abbildung 9.54
Ebene in Photoshop duplizieren

Diese Kopie wird mit der Maus aktiviert. Mit der Auswahl FARBBEREICH klicken Sie nun einige Sterne an. Die Toleranz sollte dabei auf 40 Stellen stehen. Unter AUSWAHL und dann AUSWAHL VERÄNDERN erweitern Sie den Bereich um circa drei bis sechs Pixel. Ich habe hier im Beispiel 4 gewählt (Abbildung 9.55 und Abbildung 9.56).

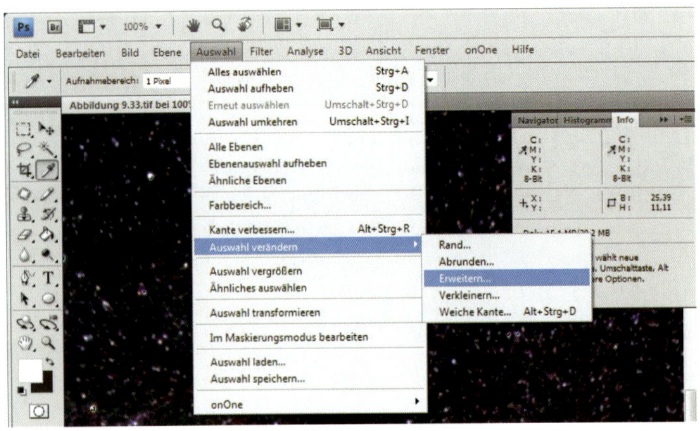

Abbildung 9.55
Auswahl erweitern

Anschließend fügen Sie eine Ebenenmaske hinzu. Die Ebenenmaske wird nun mit (Alt)+Mausklick selektiert. Wählen Sie jetzt den Menüpunkt FILTER|WEICHZEICHNUNGSFILTER|GAUSSSCHER WEICHZEICHNER (Abbildung 9.57) und wenden Sie den Filter mit einem Pixelradius von circa zwei bis sechs Pixel (ich habe 3 Pixel verwendet) auf die Ebenenmaske an (Abbildung 9.58).

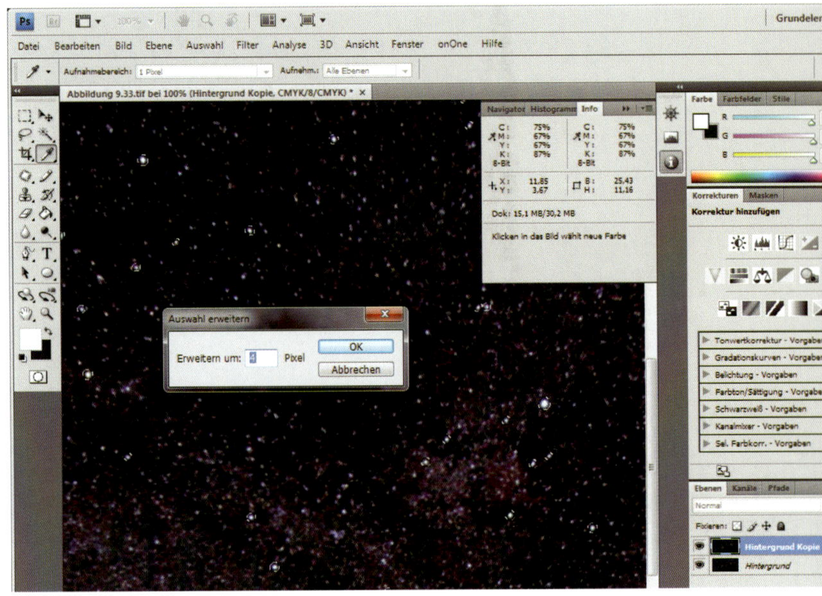

Abbildung 9.56
Auswahl erweitern

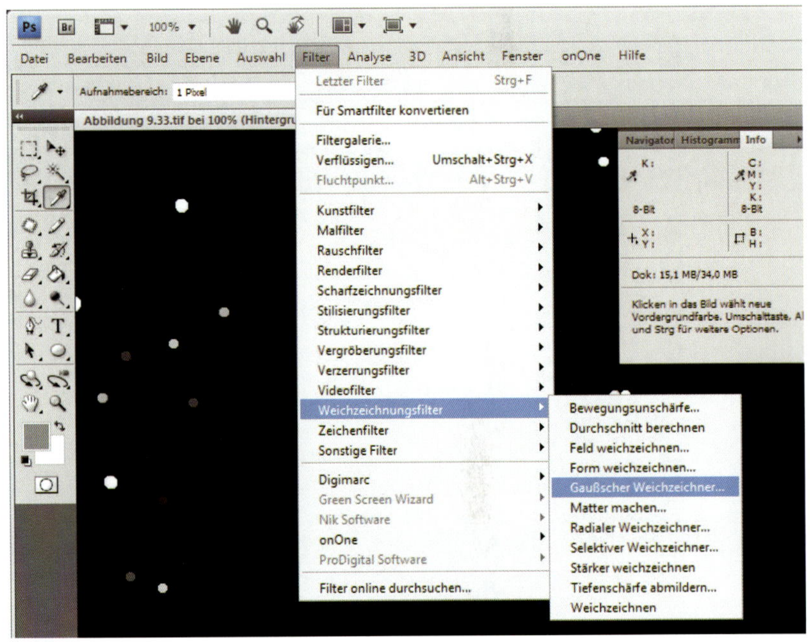

Abbildung 9.57
Gaußscher Weichzeichner

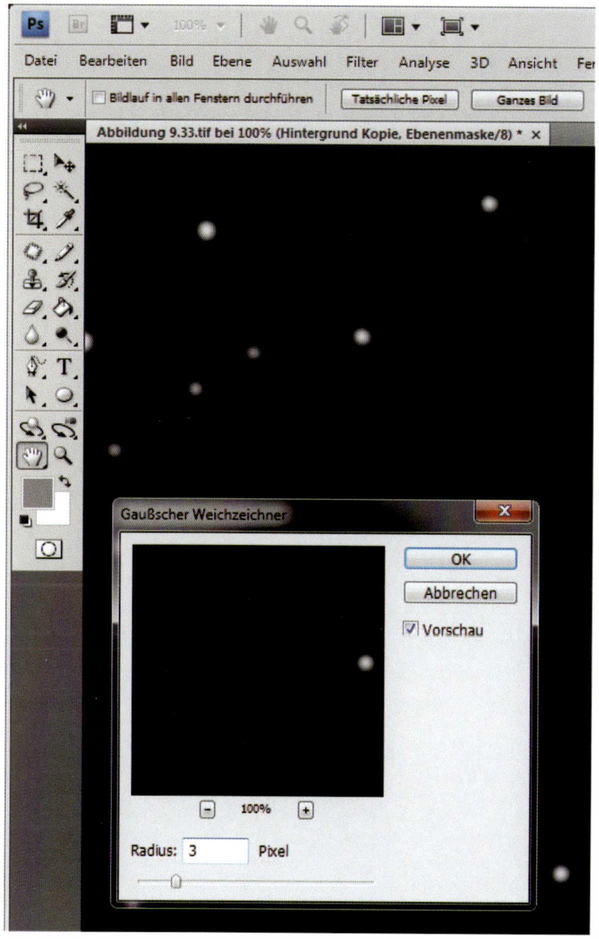

Abbildung 9.58
Radius auswählen

Der duplizierte Layer wird nun durch einen Mausklick aktiviert. Unter FILTER|SONSTIGE FILTER wählen Sie DUNKLE BEREICHE VERGRÖSSERN (Abbildung 9.59).

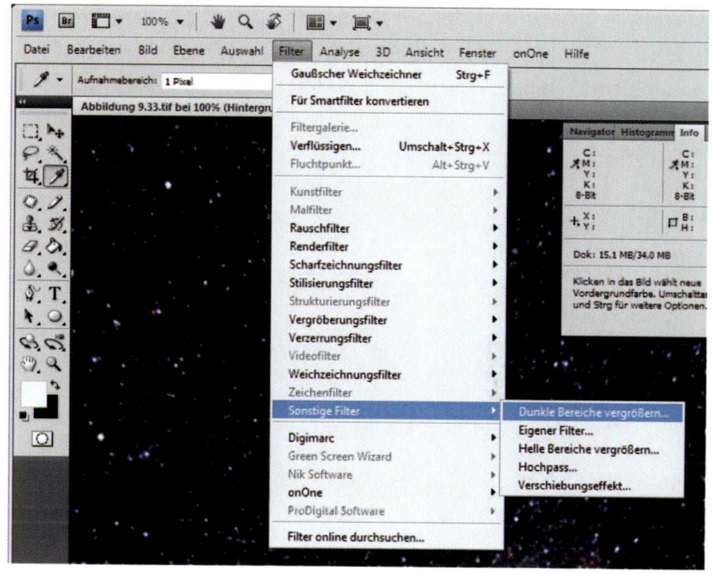

Abbildung 9.59
Dunkle Bereiche vergrößern

Ein Pixelradius von eins bis drei (ich habe 2 eingestellt) Pixel führt zum gewünschten Ergebnis. Zuletzt zoomen Sie das Bild auf 100% und passen die Deckkraft des Layers so an, dass die Sterne keine dunklen Höfe zeigen (hier im Beispiel 44%). Mit der Tastenkombination (Strg)+(Shift)+(E) reduzieren Sie alles auf die Hintergrundebene. Bei Bedarf kann das Bild noch mit UNSCHARF MASKIEREN geschärft werden (Abbildung 9.60).

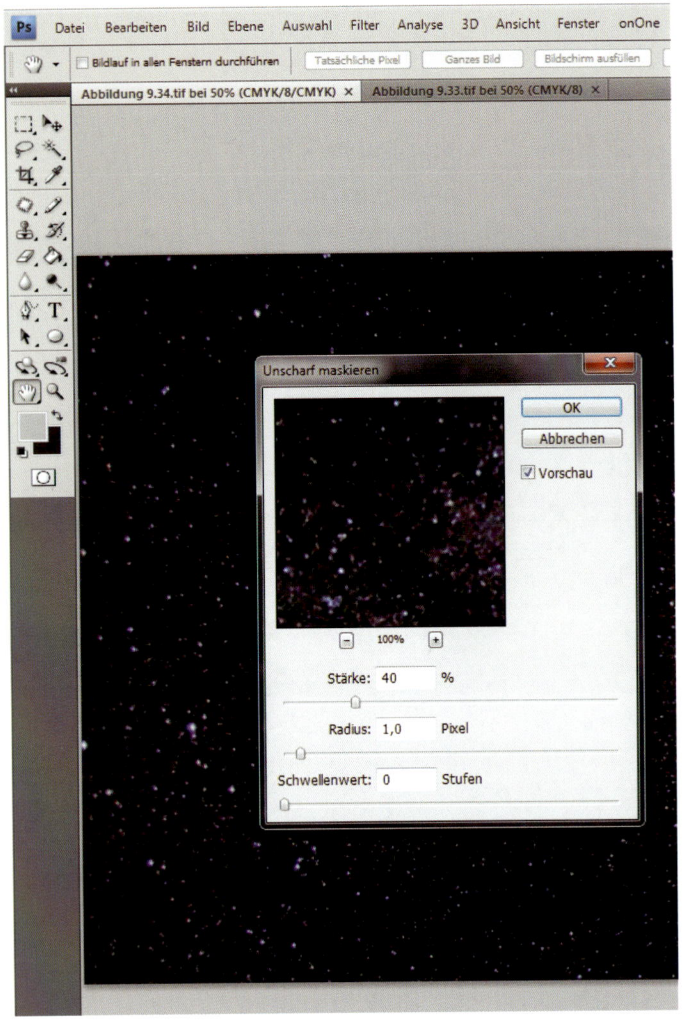

Abbildung 9.60
Unscharf maskieren

In Abbildung 9.61 und Abbildung 9.62 noch zwei Aufnahmen der Milchstraße von Andreas Schnabel.

Abbildung 9.61
Foto: Andreas Schnabel. Schnabel schreibt dazu: *3 x 600 Sek., ISO 1250, F/5.6, Canon EOS 5D Mark II, 24 mm. Bearbeitung: Fitswork (Hintergrundglättung) und Adobe Photoshop. Das Bild zeigt die Sommermilchstraße im Bereich Schwan-Kepheus. Das Foto wurde im September 2011 auf dem 12. HTT in Jeßnigk (Südbrandenburg) aufgenommen.*

Abbildung 9.62
Foto: Andreas Schnabel. Schnabel schreibt dazu: *Canon EOS 600D, 15 x 60 Sek., ISO-1600, F/5.6, Walimex-8-mm-Fisheye-Objektiv und feststehende Kamera. Aufgang der Milchstraße über dem Osthorizont. Das Foto wurde an meinem Beobachtungsstandort in der Nähe meiner Heimatstadt Lübben aufgenommen.*

9.6 EIN GRÖSSENVERGLEICH

Zum Abschluss des Buches möchte ich Ihnen noch etwas zum Nachdenken mitgeben:

Das Weltall ist riesig. Das wissen Sie – ist bekannt. Doch folgen Sie mir zu einem kleinen Zahlenspiel.

- Unsere Erde hat einen Durchmesser von ca. 12.700 km.
- Der Große Rote Fleck (riesiger ovaler Antizyklon) auf dem Planeten Jupiter ist ca. 24.000 km groß. Unsere Erde würde also 2x in diesen Sturm hineinpassen.
- Jupiter ist der größte Planet unseres Sonnensystems und hat am Äquator einen Durchmesser von ca. 142.000 km. Dies entspricht einer Strecke von 11-mal unsere Erde hintereinander aufgereiht.
- Unsere Sonne hat einen Durchmesser von ca. 1.392.700 km. Bleiben wir bei dem Gedankengang der aufgereihten Erde (wie Perlen auf einer Schnur), dann würden wir nun unsere Erde 109-mal hintereinander aufreihen, um den Durchmesser unserer Sonne zu erreichen. Eine unglaubliche Größe.

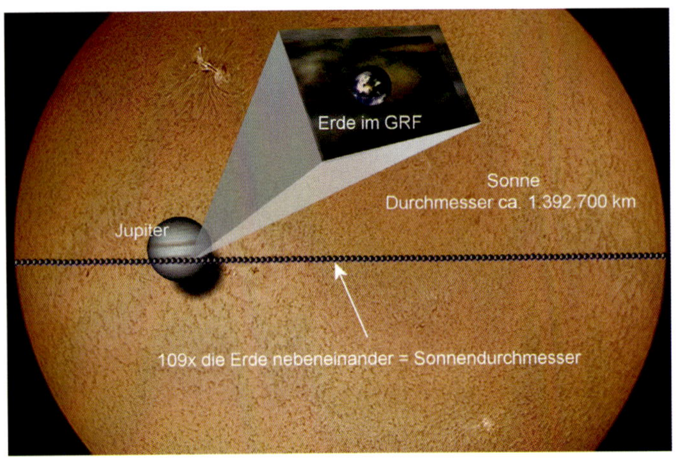

Abbildung 9.63
Größenvergleich 1

In Abbildung 9.63 sind die Größenverhältnisse in unserem Sonnensystem dargestellt. Bevor Sie nun weiterlesen, lassen Sie diese gigantischen Größen auf sich wirken. Stellen Sie sich vor, wie klein der Mensch ist, der auf dieser winziger Erde lebt. Welche unvorstellbare Größe hat unsere Sonne …

Im Sternbild großer Hund gibt es einen Stern namens VY Canis Majoris. Seine scheinbare Helligkeit liegt bei nur 8 mag, somit ist dieser mit dem bloßen Auge nicht zu sehen. Mit einem Teleskop wird es Ihnen sicherlich gelingen, eine gute Sternenkarte vorausgesetzt. VY Canis Majoris ist ein roter Riesenstern – also eine rote Sonne.

Roberta M. Humphreys errechnete im Jahr 2006 den Radius von VY Canis Majoris auf das 1800- bis 2100-Fache des Sonnenradius (Quelle: Wikipedia). Andere Forschungsergebnisse behaupten, dass VY Canis Majoris eher ein normaler Roter Riese ist und sein Durchmesser nicht ganz so enorm ausfällt. Wie dem auch sei, fest steht: Dieser Stern ist gigantisch.

Sie bemerken schon, worauf es jetzt hinausläuft:

1.392.700 km (unsere Sonne) x 1800 Radius (die kleinste Annahme von Humphreys) = 2.506.860.000 km. In Worten: VY Canis Majoris hat einen Durchmesser von über 2,5 Milliarden Kilometer.

- Das entspricht 197.390 Erden in Reihe (auf einer Schnur).
- Wäre unsere Erde so klein wie ein Tischtennisball (40 mm), dann hätte VY Canis Majoris einen Durchmesser von ca. 8 km.
- Würden wir mit einem Auto, das mit einer Geschwindigkeit von 100 km/h fährt, den Durchmesser von VY Canis Majoris durchfahren, wären wir etwa 2850 Erdenjahre unterwegs.

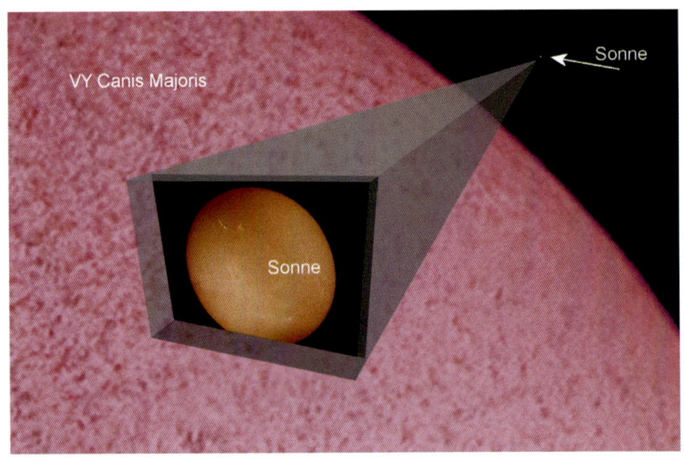

Abbildung 9.64
Größenvergleich 2

ANHANG

Eine verpasste Gelegenheit gibt es bei der Astrofotografie kaum (wenn man jetzt mal von der kleinen Geschichte am Buchanfang absieht). Vieles ist im Laufe der Zeit wiederholbar. Die meisten Motive kommen im Jahresrhythmus immer wieder und man kann seine Aufnahmetechniken immer weiter verfeinern oder zum Beispiel Aufnahmen bei besserem Wetter nachholen. Die Astrofotografie ist ein erfüllendes schönes Hobby. Wenn Sie dieses Buch zu Ende gelesen haben und von dem Virus der Astrofotografie angesteckt worden sind (oder waren Sie es vielleicht schon vorher?), dann geht es Ihnen so wie mir. Astrofotografie macht süchtig, seien Sie gewarnt. In diesem Sinne wünsche ich Ihnen: *Allzeit klare Sicht*.

Roland Störmer

Über den Autor

Roland Störmer fotografiert seit über 23 Jahren. Mit der digitalen Astrofotografie beschäftigt er sich seit Anfang 2008. Neben einigen Auftragsfotografien hat er schon kleinere Videoproduktionen erfolgreich umgesetzt.

Im Frühjahr 2013 erschien sein Buch »Himmelsphänomene fotografieren«.

Seit einigen Jahren betreibt er die Internetseite `www.digital-foto-video.eu`.

Roland Störmer wohnt mit seiner Frau und seinen zwei Kindern in der Nähe von Unna / Nordrhein-Westfalen.

Danksagung

Dank gilt meiner Frau Beate und meinen beiden Kindern. Zum einen wegen der großen Geduld, die meine Familie mit mir hatte, da dieses Buch doch viel mehr Zeit in Anspruch nahm, als ich zuerst vermutet hatte, und zum anderen für die vielen Hilfestellungen; sei es beim Korrekturlesen oder bei der Auswahl der Bilder.

Weiterer Dank gilt all denen, die mich mit Grafiken und Bildern unterstützt haben.

Bildnachweis

Alle Abbildungen, soweit nicht anders angegeben, von Roland Störmer.

- Abbildung 2.22, 9.30, 9.31 von Carsten Frenzl
- Abbildung 3.7, 3.10, 3.13, 3.17, 3.18, 5.34, 7.1, 7.22, 9.63, 9.64 von Ralf Struck
- Abbildung 3.14 von N.N. (einem Astro-Kollegen)
- Abbildung 6.9, 6.10, 6.11 von Thomas Borowski
- Abbildung 6.83, 6.84, 6.90, 6.91 von Hannes Hase-Bergen
- Abbildung 6.93, 6.92 von Uwe Neumann und Andreas Schnabel
- Abbildung 9.24, 9.25 von Eike Runschke
- Abbildung 9.32 von Thorsten Schutzeichel
- Abbildung 9.28, 9.29 von Rainer Eisenhuth
- Abbildung 9.37, 9.38, 9.39 von Andreas Hattinger
- Abbildung 9.40, 9.41, 9.42 von Michael Natschke
- Abbildung 9.61, 9.62 von Andreas Schnabel

Links

Annie's Astro Actions	http://www.eprisephoto.com/astro-actions
AstroArt 5	http://www.msb-astroart.com
Astro-Kalender	http://www.CalSky.com
Astronomy Tools	http://www.prodigitalsoftware.com
AutoStakkert	http://www.autostakkert.com
AviStack	http://www.avistack.de/download.html
Corel	http://www.corel.com
DeepSkyStacker DSS	http://deepskystacker.free.fr/german/index.html
Fitswork	http://www.fitswork.de/software
Gimp	http://www.gimp.org
Gimp-Anleitung	http://manual.gimp.org/de
Giotto	http://www.giotto-software.de
GradientXTerminator	http://www.rc-astro.com/resources
Nead Image	http://www.neatimage.com
PHD Guiding	http://www.stark-labs.com/phdguiding.html
Photoshop (Elements)	http://www.adobe.com/de
PixInsight	http://www.pixinsight.com
Polsuche	http://astro.schmid-koenig.de
RegiStax	http://www.astronomie.be/registax
Startrails	http://www.startrails.de
Stellarium	http://www.stellarium.org

PROFIFOTO

MAGAZIN FÜR PROFESSIONELLE FOTOGRAFIE

JETZT Probelesen!
3 AUSGABEN **PROFI**FOTO
NUR 9,90 EURO

JETZT TESTEN

DAS MAGAZIN FÜR PROFESSIONELLE FOTOGRAFEN
... UND ALLE, DIE ES WERDEN WOLLEN!
GO WWW.PROFIFOTO.DE

JETZT AUCH BEI iTUNES!

Index

Numerisch

A

B

C

D

Index

Index